工业视觉系统编程及基础应用

主　编　梁洪波　葛大伟
副主编　马海杰　彭宽栋　顾三鸿　赵立勇
参　编　司艳姣　吴方芳　沈栋慧　邓小龙
　　　　井　辉　丁怡宁

U0379876

机 械 工 业 出 版 社

本书围绕工业视觉技术的具体应用，基于 DCCKVisionPlus 平台软件，详细介绍了工业视觉系统的环境搭建、图像采集、软件编程、HMI 界面设计、外围设备通讯与交互，通过典型的工程项目实现工业视觉系统的检测、测量、识别、引导四大类应用，同时引入 3D 视觉、深度学习等前沿技术。

本书贯彻"科技服务社会"的理念，与时俱进地融入素养教育元素，引入工程案例和先进技术，体现了"教、学、做"一体化。本书具有新形态教材的特点，配套丰富的数字化教学资源，助力提升教学质量和学习效率。本书所有项目的设计源自苏州德创测控科技有限公司（简称德创）大量真实的工业视觉工程项目应用案例，配套的数字化教学资源可在德创官网（http://www.dcck.com.cn/kczy.php）或"德创视觉之家"微信小程序中下载或查看。

本书适用于职业本科院校和高等职业院校自动化类、电子信息类相关专业"机器视觉技术"相关课程的教学，也可作为学生工程实践创新教学和参赛训练指导用书。

图书在版编目（CIP）数据

工业视觉系统编程及基础应用/梁洪波，葛大伟主编. —北京：机械工业出版社，2024.1（2025.1 重印）
职业教育智能制造领域高素质技术技能人才培养系列教材
ISBN 978-7-111-74718-5

Ⅰ. ①工… Ⅱ. ①梁… ②葛… Ⅲ. ①计算机视觉-程序设计-职业教育-教材 Ⅳ. ①TP302.7

中国国家版本馆 CIP 数据核字（2024）第 001714 号

机械工业出版社（北京市百万庄大街 22 号 邮政编码 100037）
策划编辑：黎 艳 责任编辑：黎 艳
责任校对：杜丹丹 张 薇 封面设计：鞠 杨
责任印制：李 昂
河北环京美印刷有限公司印刷
2025 年 1 月第 1 版第 2 次印刷
184mm×260mm·20.75 印张·528 千字
标准书号：ISBN 978-7-111-74718-5
定价：59.80 元

电话服务 网络服务
客服电话：010-88361066 机 工 官 网：www.cmpbook.com
010-88379833 机 工 官 博：weibo.com/cmp1952
010-68326294 金 书 网：www.golden-book.com
封底无防伪标均为盗版 机工教育服务网：www.cmpedu.com

序1

机器视觉作为实现工业自动化和智能化的关键技术，是人工智能发展最快、前景最广阔的一个分支，其重要性就如眼睛对于人的价值，已经广泛应用于工业、民用、军事和科学研究等领域。工业视觉是机器视觉在工业领域内的应用，是机器视觉的一个重要的应用领域，在工业生产过程中的信息识别、表面质量检测、目标定位引导、尺寸测量等方面发挥着越来越重要的作用，其应用范围主要包括汽车、电子、光伏、新能源、半导体、医疗、物流、印刷包装、食品等行业。

当前，全球机器视觉的应用呈爆发式增长，导致对机器视觉人才数量、质量的需求不断增加，而我国机器视觉技术技能人才匮乏，与巨大的市场需求严重不协调。目前本科院校的教学内容偏向机器视觉理论、算法和图像处理等方面，而职业本科院校、高等职业院校和技工院校只有少部分开设了相关课程，普遍存在师资力量缺乏、配套课程资源不完善、机器视觉实训环境不系统、技能考核体系不完善等问题，难以培养出满足企业需要的机器视觉专业人才，将会制约我国机器视觉技术的推广和新兴产业的发展。

针对企业迫切需要掌握机器视觉系统编程、应用和维护的高素质技术技能人才，德创（苏州德创测控科技有限公司的简称—编者注）依托十余年的机器视觉工程项目应用经验，以就业优先为导向，以"工业视觉系统运维员"数字新职业的职业技能要求和产业岗位需要为出发点，立足大国工匠和高技能人才培养要求，将"产、学、研、用"相结合，组织企业专家、工程技术人员和高校教师共同开发了机器视觉系列丛书。

该系列丛书深入贯彻了产业应用型人才培养"以能力培养为核心，以技能训练为主线，以理论知识为支撑"的指导思想，通过详细的工程项目案例，使读者认识机器视觉技术，全面掌握机器视觉的检测、测量、识别、引导四大类应用知识和技能，同时引入3D视觉、深度学习等前沿技术，为职业未来发展指明方向。该系列丛书既可作为应用型本科院校、职业本科大学、高等职业院校和技工院校相关专业的教材，也可供从事机器视觉编程与应用的技术人员参考。

希望机器视觉系列丛书能够成为我国机器视觉行业的发展和人才培养的有效力量，推动制造业高端化、智能化发展，推进新型工业化，加快制造强国、质量强国和数字中国的建设。

机器视觉产业联盟（CMVU）理事长　潘津

序2

近年来，随着人工智能、大数据、机器人流程自动化和3D成像等技术的不断演进，机器视觉在高光谱成像、热成像工业检测、工业机器人、深度学习等领域的应用越来越广泛，推动了机器视觉技术在各个领域的需求不断增长。机器视觉成功地将图像处理应用于工业自动化领域，对物体进行非接触检测、测量，提高加工精度、发现产品缺陷并进行自动分析决策，以及定位引导机器人等装置实现实时跟踪抓取，使得工业视觉成为智能制造装备对信息获取及分析的关键环节，同时也是全球制造业转型升级的关键技术之一，广泛应用在3C电子、半导体、锂电、光伏、印刷、食品、烟草制品、医疗、邮政等行业。

中国积极推进制造业的智能化和信息化建设，在《智能检测装备产业发展行动计划（2023—2025年）》《"十四五"智能制造发展规划》《制造业质量管理数字化实施指南（试行)》《新一代人工智能发展规划》等政策文件中，智能制造装备、智能检测装备及其核心部件机器视觉产品被明确列为重点发展领域之一。作为全球第一制造业大国，中国正处于制造业转型升级的关键期间，对于提高生产率、降低成本、提升产品质量的需求日益提高。得益于政策的支持，人工智能、大数据等新一轮科技浪潮的推动和市场的不断扩大，特别是中国在新能源、光伏等新兴制造业领域逐步占据全球领先地位，势必会推动中国机器视觉的快速发展。

作为全球机器视觉领域的领导者，康耐视（COGNEX）已有40多年的发展历史，现已成为制造业自动化领域视觉系统、视觉软件、视觉传感器和工业读码器的主要提供商。中国是康耐视重要市场之一，其机器视觉将迎来快速发展的黄金时期，然而现阶段中国机器视觉领域人才储备严重不足，对整个产业而言，机器视觉系统的编程应用、现场调试、维护保养、技术管理等方面人才普遍存在巨大缺口，缺乏经过系统教学与培训、能熟练应用机器视觉系统的专业人才，这也是影响康耐视机器视觉技术与产品能够更快速推广的因素之一。快速推进中国新型工业化和实施科教兴国战略，需要有与时俱进的应用型人才教育体系，以及人才培养所需的配套专业教学资源，这方面引起了康耐视的重视并提供了有利的支持。

机器视觉系列丛书由德创牵头，联合中国区域众多高校和企业，针对中国机器视觉行业人才现状和需求共同编写而成。该系列丛书依托德创十余年的机器视觉工程项目经验和应用技术积累，以及康耐视先进的机器视觉技术和产品，以企业实际用人需求和岗位能力要求为导向，以创新型、复合型、应用型人才培养为目标，强化学生解决机器视觉系统现场问题的逻辑思维能力训练，注重解决实际问题的编程应用能力培养，形成了"知识、能力、素质"为一体的课程体系。该系列丛书既适合初学机器视觉的应用型本科院校、职业本科院校、高等职业院校和技工院校相关专业的学生学习，也适合从事机器视觉相关领域的工程技术人员参考。

机器视觉系列丛书立足"让机器视觉更简单"，致力于培养造就大批德才兼备的高素质机器视觉人才，助力中国科教兴国战略、人才强国战略和创新驱动发展战略的深入实施，对推动中国教育强国、科技强国和人才强国建设具有积极的意义。

康耐视亚太区 Vision Software 高级产品经理　曲海波

前言

机器视觉（Machine Vision，MV）作为人工智能技术的一个重要的研究分支，在工业上的应用是其重要的方向。工业视觉系统通过光学装置和非接触式传感器代替人眼来做测量和判断，将图像处理应用于工业自动化领域，提高产品加工精度、发现产品缺陷并进行自动分析决策，广泛应用于识别、测量、检测和引导等场景，是制造业高度自动化的关键点。

随着中国制造业产业升级进程的推进与人工智能技术水平的提升，国内的工业视觉行业获得了空前的发展机遇。目前，我国已经成为全球制造业的加工中心，也是世界工业视觉发展最活跃的地区之一，应用范围几乎涵盖了3C电子、新能源、半导体、汽车等国民经济的各个领域。**2021年12月，工业和信息化部、国家发展和改革委员会、教育部等八部门联合发布的《"十四五"智能制造发展规划》指出：到2025年，70%的规模以上制造业企业大部分实现数字化网络化，重点行业骨干企业初步应用智能化；智能制造装备和工业软件技术水平的市场竞争力显著提升，市场满足率分别超过70%和50%；到2035年，规模以上制造业企业全面普及数字化网络化，重点行业骨干企业基本实现智能化。**这意味着随着我国工业制造领域的自动化和智能化程度的深入，工业视觉将具有更广泛的发展空间。**2023年2月，工业和信息化部、教育部、财政部等七部门联合印发《智能检测装备产业发展行动计划（2023—2025年）》的通知，提出智能检测装备是智能制造的核心装备，明确机器视觉算法、图像处理软件等专用检测分析软件的开发作为基础创新重点方向。**

在全球范围内的制造产业战略转型期，我国工业视觉产业迎来爆发性的发展机遇，然而，现阶段我国工业视觉领域人才供需失衡，缺乏系统培养、具备工程实践能力，并能熟练使用和维护工业视觉系统的专业人才。职业教育要适应产业转型升级需要，着力加强高技能人才培养，全面提升职业技能培训基础能力，加强职业技能培训教学资源建设和基础平台建设。**2021年3月，人社部、市场监管总局、统计局正式发布"工业视觉系统运维员"等13个新职业信息。2022年9月，《中华人民共和国职业分类大典（2022年版）》审定颁布会召开并审议通过，首次将"工业视觉系统运维员"标识为数字职业。**针对这一现状，为了更好地推广工业视觉技术的应用和满足工业视觉新职业技能的需求，需要编写一本系统、全面且符合产业需求的工业视觉技术实用教材。

本书围绕工业视觉技术的具体应用，基于DCCKVisionPlus平台软件，详细介绍工业视觉系统的环境搭建、图像采集、软件编程、HMI界面设计、外围设备通讯与交互等相关知识，通过典型的工程项目实现工业视觉系统的检测、测量、识别、引导四大类应用，并引入3D视觉、深度学习等前沿技术。每个项目融合了《工业视觉系统运维员国家职业标准》对知识点、技能点的要求，内容相对独立，立足大国工匠和高技能人才培养要求。为了让学习者获得更好的学习体验，本书的每个项目都提供了任务工单、知识准备（跟我学）、任务实施（跟我做）、任务实施记录及验收单、技能训练和知识测试等丰富的学习资源。任务工单描述了任务功能实现的具体要求，知识准备对完成任务所用相关知识点进行了详细讲解，任务实施是手把手带领学习者动手实践，这样既能学又能做。在学和做的过程中提升学习者严谨认真、遵章守则、精益求精的职业素养和创新精神。

本书贯彻"科技服务社会"的理念，与时俱进地融入素质教育元素，以就业优先为导向，以职业技能和产业岗位需要为出发点，引入工程案例、先进技术，体现了"教、学、做"一体化。本书属于新形态教材，配套丰富的数字化教学资源，可采用线上、线下混合式教学方法，以及"软件模拟+真机实操"的教学手段，助力提升教学质量和学习效率。本书所有项目的设计源自苏州德创测控科技有限公司（简称德创）大量真实的工业视觉工程项目应用案例，配套的数字化教学资源可在德创官网（http://www.dcck.com.cn/kczy.php）或"德创视觉之家"微信小程序中下载或查看。

本书由梁洪波和葛大伟任主编，马海杰、彭宽栋、顾三鸿和赵立勇任副主编，参加编写的还有司艳姣、吴方芳、沈栋慧、邓小龙、井辉和丁怡宁。全书由梁洪波和葛大伟统稿，具体编写分工为：葛大伟编写项目1；马海杰编写项目2；彭宽栋编写项目3；赵立勇编写项目4；沈栋慧编写项目5；井辉编写项目6；邓小龙和丁怡宁编写项目7；顾三鸿编写项目8；司艳姣编写项目9和项目10；吴方芳编写项目11和项目12；梁洪波编写项目13。本书在编写过程中还参考了部分行业网络资料和文献，同时得到了中国机器视觉产业联盟、康耐视、德创等单位的有关领导和工程技术人员，以及安徽交通职业技术学院、山西机电职业技术学院、杭州科技职业技术学院、江苏信息职业技术学院、南京城市职业学院、无锡机电高等职业学校等高校相关教师的鼎力支持与帮助，在此一并表示衷心的感谢！

因作者水平有限，书中难免有疏漏之处，恳请读者批评指正。任何意见和建议可反馈至E-mail：edu@dcck.com.cn。

编　者

名称	图形	名称	图形	名称	图形
项目 1-任务 1-1 工业视觉软件		项目 1-任务 2-4 相机通讯配置		项目 2-任务 1-2 添加工具块输入与输出	
项目 1-任务 1-2 工业视觉软件下载与安装		项目 1-任务 3-1 软件界面与基本操作		项目 2-任务 2-1 图像基础知识	
项目 1-任务 1-3 工业视觉软件授权		项目 1-任务 3-2 相机连接		项目 2-任务 2-2 图像类型转换工具	
项目 1-任务 2-1 系统硬件组成		项目 1-任务 3-3 取像工具		项目 2-任务 2-3 直方图工具	
项目 1-任务 2-2 网络配置信息		项目 1-任务 3-4 实时取像		项目 2-任务 2-4 锂电池有无检测	
项目 1-任务 2-3 系统硬件安装与调试		项目 2-任务 1-1 工具块工具		项目 3-任务 1-1 TCP 通讯	

（续）

名称	图形	名称	图形	名称	图形
项目 3-任务 1-2 网络调试助手		项目 4-任务 2-1 HMI 界面基本操作		项目 5-任务 2-1 当前时间工具	
项目 3-任务 1-3 TCP 通讯测试		项目 4-任务 2-2 HMI 界面设计		项目 5-任务 2-2 格式转换工具	
项目 3-任务 2-1 监听工具		项目 5-任务 1-1 结果图像工具		项目 5-任务 2-3 字符串操作工具	
项目 3-任务 2-2 数据读写工具		项目 5-任务 1-2 逻辑运算工具		项目 5-任务 2-4 ICogImage 保存图像工具	
项目 3-任务 2-3 数据输入输出应用		项目 5-任务 1-3 多元选择工具		项目 5-任务 2-5 图像全部保存	
项目 4-任务 1-1 HMI 界面		项目 5-任务 1-4 图像信息显示		项目 6-任务 1-1 用户日志	
项目 4-任务 1-2 新建 HMI 界面		项目 5-任务 1-5 HMI 界面结果显示		项目 6-任务 1-2 添加用户日志	

（续）

名称	图形	名称	图形	名称	图形
项目6-任务2-1 写日志工具		项目7-任务3-1 图像旋转工具		项目8-任务2-1 PLC及其通讯	
项目6-任务2-2 日志应用		项目7-任务3-2 循环开始与结束工具		项目8-任务2-2 PLC通讯调试工具	
项目7-任务1-1 分支与分支选择工具		项目7-任务3-3 延时工具		项目8-任务2-3 PLC通讯与交互	
项目7-任务1-2 预设数据工具		项目7-任务3-4 循环应用		项目8-任务3-1 工业IO通讯	
项目7-任务1-3 分支与分支选择应用		项目8-任务1-1 工业串口通讯		项目8-任务3-2 工业IO通讯工具	
项目7-任务2-1 流程选择与合并工具		项目8-任务1-2 串口调试工具		项目8-任务3-3 工业IO通讯与交互	
项目7-任务2-2 流程选择与合并应用		项目8-任务1-3 工业串口通讯与交互		项目9-任务1-1 图像模板匹配工具(1)	

（续）

名称	图形	名称	图形	名称	图形
项目 9-任务 1-2 图像模板匹配工具(2)		项目 9-任务 2-4 锂电池颜色检测		项目 10-任务 1-3 锂电池标定	
项目 9-任务 1-3 图像模板匹配工具(3)		项目 9-任务 3-1 缺陷检测分析(1)		项目 10-任务 2-1 图像边缘提取工具	
项目 9-任务 1-4 图像定位工具		项目 9-任务 3-1 缺陷检测分析(2)		项目 10-任务 2-2 结果数据相关工具(1)	
项目 9-任务 1-5 锂电池定位		项目 9-任务 3-3 变量管理与写变量工具		项目 10-任务 2-2 结果数据相关工具(2)	
项目 9-任务 2-1 图像颜色识别工具(1)		项目 9-任务 3-4 锂电池缺陷检测		项目 10-任务 2-2 结果数据相关工具(3)	
项目 9-任务 2-1 图像颜色识别工具(2)		项目 10-任务 1-1 相机标定		项目 10-任务 2-5 锂电池尺寸测量	
项目 9-任务 2-1 图像颜色识别工具(3)		项目 10-任务 1-2 图像标定工具		项目 10-任务 3-1 图像几何特征工具(1)	

（续）

名称	图形	名称	图形	名称	图形
项目 10-任务 3-1 图像几何特征工具(2)		项目 11-任务 2-2 锂电池字符识别		项目 12-任务 2-3 锂电池标准位示教	
项目 10-任务 3-1 图像几何特征工具(3)		项目 12-任务 1-1 手眼标定原理		项目 12-任务 3-1 引导原理	
项目 10-任务 3-4 数值计算工具		项目 12-任务 1-2 手眼标定工具		项目 12-任务 3-2 特征定位工具	
项目 10-任务 3-5 锂电池中心点计算		项目 12-任务 1-3 光源设定工具		项目 12-任务 3-3 引导计算工具	
项目 11-任务 1-1 图像条码识别工具		项目 12-任务 1-4 锂电池手眼标定		项目 12-任务 3-4 锂电池移动抓取	
项目 11-任务 1-2 锂电池条码识别		项目 12-任务 2-1 标准位示教原理		项目 13-任务 1-1 3D 视觉技术	
项目 11-任务 2-1 图像字符识别工具		项目 12-任务 2-2 标准位示教工具		项目 13-任务 1-2 3D 工具	

（续）

名称	图形	名称	图形	名称	图形
项目 13-任务 1-3 3D 视觉技术基础应用		项目 13-任务 2-2 深度学习工具		项目 13-任务 2-3 深度学习基础应用	
项目 13-任务 2-1 深度学习技术					

目录

1

项目1　工业视觉软件图像采集

技能要求

技能要求

《工业视觉系统运维员国家职业标准》工作要求（四级/中级工）

职业功能	工作内容	技能要求	相关知识
系统构建	装配准备	（1）能识读装配工艺文件 （2）能准备装配所需的工具、工装 （3）能准备装配所需的零部件	（1）装配工艺文件的识读方法 （2）装配工具、工装的选用方法 （3）装配零部件的识别与选用方法
	硬件安装	（1）能按照作业指导书安装相机、镜头、光源及配件 （2）能按照作业指导书连接电气元件	（1）相机、镜头、光源及配件的安装方法及要求 （2）电气元件连接方法及要求
	软件安装	（1）能按照软件使用手册安装/卸载工业视觉软件 （2）能按照软件使用手册验证软件基本功能	（1）工业视觉软件的安装与卸载方法 （2）工业视觉软件功能的验证方法
系统编程与调试	通电调试	（1）能按照作业指导书进行通电测试 （2）能配置视觉系统的通讯⊖参数	（1）视觉系统硬件通电方法及要求 （2）视觉系统通讯配置方法
	光学调试	（1）能调整相机视野 （2）能调整镜头聚焦成像 （3）能调整光源亮度	相机、镜头、光源参数设置方法
	功能调试	能按要求完成设备功能验证	视觉系统功能验证方法
系统维修与保养	系统维修	（1）能识别并描述视觉系统硬件故障 （2）能判断图像成像效果 （3）能识别并描述视觉系统通讯故障	（1）视觉系统硬件故障识别方法 （2）系统图像成像效果分析方法 （3）视觉系统通讯故障分析方法

任务引入

科技的创新发展是加快建设制造强国、质量强国、数字中国和推进新型工业化的关键。当今世界正处于新一轮科技革命和产业变革的加速拓展期，中国要成为现代化强国，需要遵循工

⊖　本书采用通讯，与软件界面保持一致。

业化和现代化一般规律，顺应新一轮科技革命和产业变革大趋势，坚持创新在我国现代化建设全局中的核心地位，建设科技强国，实现高水平科技自立自强，成为世界主要科学中心和技术创新高地。工业视觉技术经过不断的创新和迭代，现已广泛应用于工业传感器、影像处理技术、机器人控制软件或算法、人工智能等方面，促进了工业视觉应用的广度和深度，广度体现在 2D 向 3D 递进，深度体现在算法层的开发。与此同时，各种各样的视觉软件应运而生。

党的二十大报告提出加快构建新发展格局，着力推动高质量发展，实施推动制造业高端化、智能化发展的各项措施。在制造业领域中，工业视觉软件可以实现自动化生产，降低人工操作的误差率，提高装配和检测的效率，缩短生产周期和产品上市的时间。这不仅可以提高企业的生产率，降低生产成本，还可以提高产品的质量和稳定性，提高客户的满意度。这些因素使工业视觉软件成为现代制造业不可或缺的应用之一。

本项目着重介绍如何使用 DCCKVisionPlus 工业视觉软件来采集一张清晰的图像，为后续视觉程序的创建提供良好的图像来源。

任务工单

任务名称	工业视觉软件图像采集		
设备清单	机器视觉实训基础套件（含工业相机、镜头、光源等）；锂电池样品或图像；DCCKVisionPlus 平台软件；工控机或笔记本计算机	实施场地	具备条件的工业视觉实训室或装有 DCCKVisionPlus 平台软件的机房
任务目的	了解工业视觉行业相关术语；掌握工业视觉系统硬件的组成及其安装与调试方法；掌握在工业视觉软件中进行取像的操作流程		
任务描述	利用机器视觉实训基础套件在工业视觉软件中完成实时取像		
素质目标	提高学生的科学素养水平；培养学生对社会实践的认知；培养学生安全意识、工程意识、团结意识		
知识目标	掌握工业视觉硬件的安装和使用方法；熟悉工业视觉系统的通讯配置过程；掌握工业视觉软件的基本组成		
能力目标	能正确地连接工业相机；能完成软件的安装和激活；可以实现硬件和软件的综合使用		
验收要求	能搭建工业视觉系统并进行实时取像，当取像效果不佳时可以进行优化。详见任务实施记录单和任务实施验收单		

任务分解导图

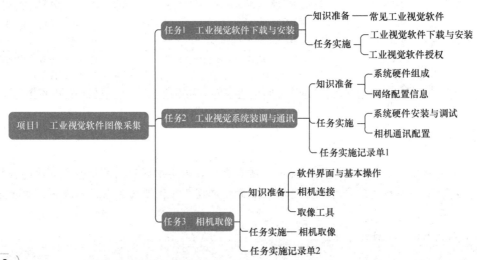

任务1 工业视觉软件下载与安装

 知识准备

工业视觉软件

常见工业视觉软件

随着视觉技术的不断发展，与之相关的软件种类也在不断增多，可根据项目需要和开发者偏好进行选择，常见的软件主要有以下几种。

1. OpenCV

OpenCV（图1.1）是一个开源计算机视觉库，可以用于图像处理、视频处理、目标检测、人脸识别等多种计算机视觉相关任务。其底层采用C++编写，同时也提供了Python、Java、Matlab、.NET等多种语言的接口，方便开发者进行快速开发和原型搭建，是计算机视觉研究和应用开发的必备工具之一。OpenCV程序界面如图1.2所示。

图1.1 OpenCV标识

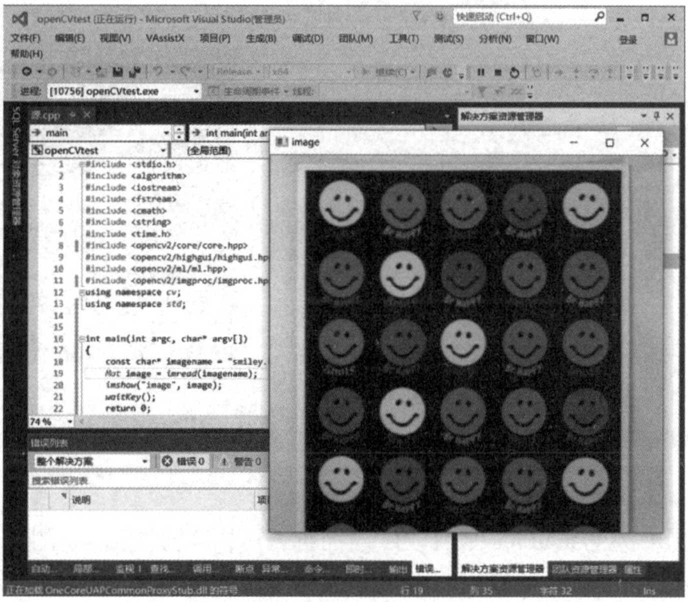

图1.2 OpenCV程序界面

2. HALCON

HALCON是德国MVTec公司开发的一套完善的标准的机器视觉算法包，具有卓越的图像处理和分析功能、应用广泛的机器视觉集成开发环境。HALCON支持Windows，Linux和Mac OSX操作环境，扩大了软件的应用范围。打开HALCON软件界面如图1.3所示。

3. VisionPro

VisionPro是美国康耐视公司的一款视觉处理软件，主要用于设置和部署视觉应用。借助VisionPro，用户可执行各种功能，包括几何对象定位和检测、识别、测量和对准，以及针对半导体和电子产品应用的专门功能。VisionPro软件可与广泛的.NET类库和用户控件完全集成。VisionPro程序设计界面如图1.4所示。

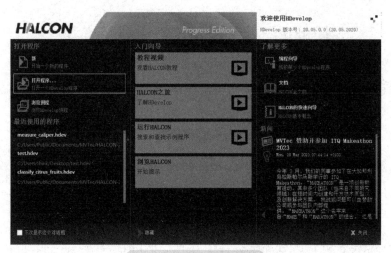

图 1.3　HALCON 界面

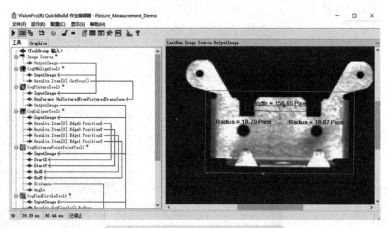

图 1.4　VisionPro 程序设计界面

4. DCCKVisionPlus 平台软件

DCCKVisionPlus 平台软件（简称 V+平台软件），如图 1.5 所示，是苏州德创测控科技有限公司的一款集开发、调试和运行于一体的可视化的机器视觉解决方案集成开发环境，无代码编程。V+平台软件专注于机器视觉的应用，集成了采集通讯、视觉算法、数据分析、行业模块、人机交互以及二次开发等视觉项目常用功能和模块，如图 1.6 所示。

图 1.5　DCCKVisionPlus 平台软件

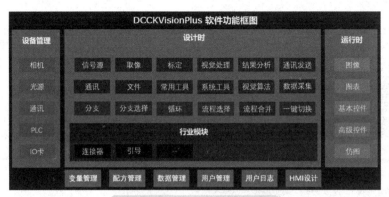

图1.6 V+平台软件功能模块

V+平台软件在程序设计层面全方位地提供拖拽、连接、界面参数设置等可视化手段，无须编程即可构建一个完整的视觉应用程序，具有简单、快速、灵活、所见即所得的特点，在工业领域的引导、检测、测量和识别四大类应用中使用较为广泛，如图1.7所示。

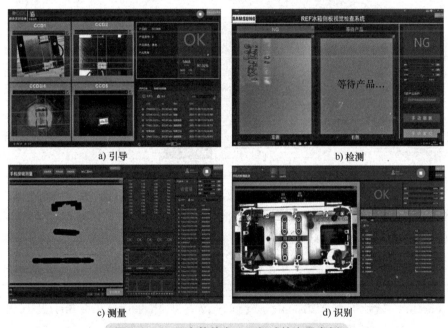

a) 引导　　　　　　　　　　　　　　b) 检测

c) 测量　　　　　　　　　　　　　　d) 识别

图1.7 V+平台软件在工业领域的应用案例

任务实施

一、工业视觉软件下载与安装

1. 软件下载

（1）V+平台软件下载　本课程内容基于V+平台软件V3.1.0E RC5教育版，该版本是为学生和教师量身定做的，包含V+平台软件所有的功能与模块，可为师生提供方便、安全、高效的使用体验。软件下载地址为http://www.dcck.com.cn/azb.php？id=523，具体下载操作见表1.1。

工业视觉软件
下载与安装

表 1.1　V+平台软件下载步骤

步骤	示意图	操作说明
1		打开下载界面，选择"V+平台软件 V3.1.0E RC5 教育版"，单击"下载"按钮
2	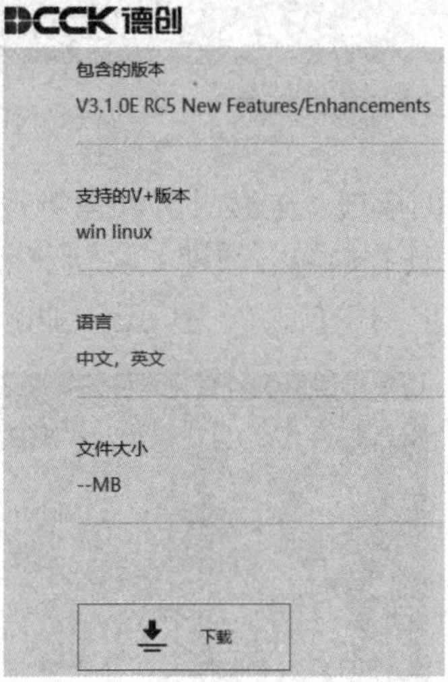	单击"下载"按钮
3	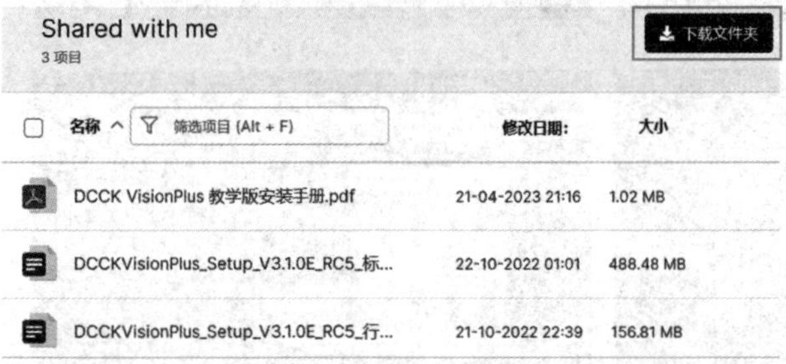	单击"下载文件夹"按钮，完成所有文件和软件安装包的下载 注：也可以选择单独下载文件和软件安装包

　　（2）VisionPro 软件下载　　VisionPro 软件建议安装 VisionPro 8.2 SR1 及其以上版本。VisionPro 8.2 SR1 的下载地址为 http://www.dcck.com.cn/azb.php?id=525&k=&page=2，进入下载界面直接下载即可。

　　2. 软件安装

　　安装 V+平台软件和 VisionPro 软件需要的计算机系统配置建议见表 1.2。

表 1.2　计算机配置建议

软硬件	要求
CPU 和内存	为确保软件运行顺畅，建议工控机使用 Intel Core 6 代 I 5 以上处理器+8G 内存或同等配置
操作系统	建议使用 Win7（X64）或者 Win10（X64）版本的系统

　　注：安装软件时建议关闭计算机中的防火墙，确认关闭杀毒软件，以防止安装过程中误删除插件，导致安装不完整。

（1）V+平台软件安装　具体操作见表1.3。

表1.3　V+平台软件安装操作步骤

步骤	示意图	操作说明
1	DCCKVisionPlus Setup V3.1.0E RC5 20221021.rar DCCKVisionPlus Setup V3.1.0E RC5 20221021 DCCKVisionPlus_Setup_V3.1.0E_RC5_标准版.exe	解压 V+平台软件安装压缩包 找到"DCCKVisionPlus_Setup_V3.1.0E_RC5_标准版.exe" 双击文件开始安装
2	选择安装语言 选择安装时要使用的语言： 简体中文 确定　取消	语言选择"简体中文"选项，单击"确定"按钮
3	安装 - DCCKVisionPlus 3.1.0 E_RC5 许可协议 继续安装前请阅读下列重要信息。 请仔细阅读下列许可协议。您在继续安装前必须同意这些协议条款。 DCCKVisionPlus软件使用声明 请您必认真阅读和理解本声明。本软件的所有或任意部分一经下载、复制、安装或使用，即表示您（下称"用户"）接受本声明全部条款。本声明与其他书面协议具有同等效力。用户仅在同意本声明的情况下使用，如不接受本声明则不得使用本软件。使用本软件所包含的或通过本软件访问的其他材料与服务，均受到本声明约束。用户也可提出与行协商订立其他书面协议（如批量许可协议、购买合同等），以补充或取代本声明的全部或任何部分。 ⦿ 我同意此协议(A) ○ 我不同意此协议(D) 下一步(N)　取消	弹出"许可协议"对话框，勾选"我同意此协议"选项，单击"下一步"按钮
4	安装 - DCCKVisionPlus 3.1.0 E_RC5 选择目标位置 您想将 DCCKVisionPlus 安装在什么地方？ 安装程序将安装 DCCKVisionPlus 到下列文件夹中。 单击"下一步"继续。如果您想选择其它文件夹，单击"浏览"。 C:\Program Files\DCCKVisionPlus　浏览(R)... At least 1.14 GB of free disk space is required. 上一步(B)　下一步(N)　取消	单击"浏览"按钮，选择程序安装的位置，单击"下一步"按钮 注：建议安装在默认路径下
5	安装 - DCCKVisionPlus 3.1.0 E_RC5 选择开始菜单文件夹 您想在哪里放置程序的快捷方式？ 安装程序现在将在下列开始菜单文件夹中创建程序的快捷方式。 单击"下一步"继续。如果您想选择其它文件夹，单击"浏览"。 DCCKVisionPlus　浏览(R)... 上一步(B)　下一步(N)　取消	单击"浏览"按钮，选择程序快捷方式的创建位置，单击"下一步"按钮 注：建议保持默认设置

（续）

步骤	示意图	操作说明
6	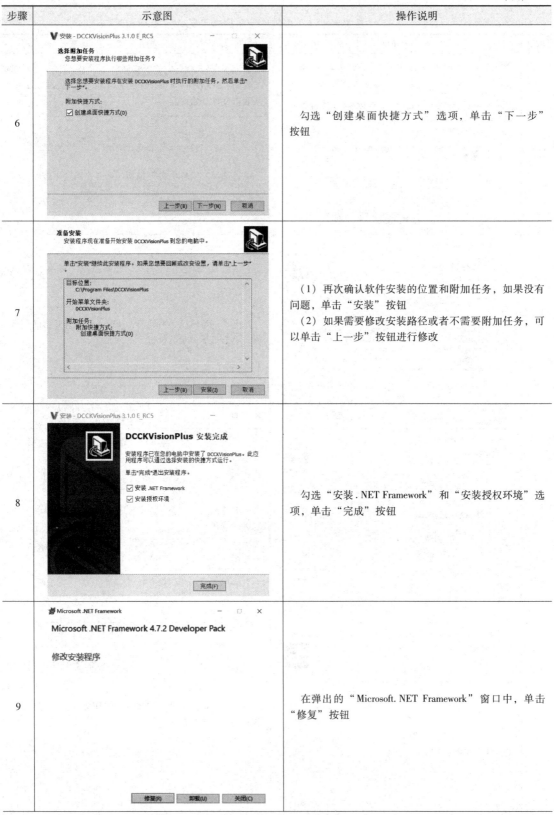	勾选"创建桌面快捷方式"选项，单击"下一步"按钮
7		（1）再次确认软件安装的位置和附加任务，如果没有问题，单击"安装"按钮 （2）如果需要修改安装路径或者不需要附加任务，可以单击"上一步"按钮进行修改
8		勾选"安装.NET Framework"和"安装授权环境"选项，单击"完成"按钮
9		在弹出的"Microsoft.NET Framework"窗口中，单击"修复"按钮

（续）

步骤	示意图	操作说明
10	 Microsoft .NET Framework — □ ×　Microsoft .NET Framework 4.7.2 Developer Pack　安装成功　关闭(C)	安装成功后单击"关闭"按钮
11	CodeMeter Runtime Kit v7.40 安装程序 — □ ×　欢迎使用 CodeMeter Runtime Kit v7.40 安装向导　通过安装向导可以更改在您的计算机上安装 CodeMeter Runtime Kit v7.40 功能的方式，或将其从您的计算机中删除。单击"下一步"继续，或单击"取消"退出安装向导。　Build 4990　上一步(B) 下一步(N) 取消	在弹出的"CodeMeter…安装程序"窗口中，单击"下一步"按钮
12	CodeMeter Runtime Kit v7.40 安装程序 — □ ×　最终用户许可协议　请认真阅读以下许可协议　德国WIBU-SYSTEMS AG与美国Wibu-Systems USA Inc.共同发布　CodeMeter和WibuKey软件授权使用协议　在使用本软件之前，请阅读本软件许可协议（"许可"）。使用本软件即表示您同意接受本协议条款的约束。如果您以电子方式访问本软件，请点击"同意/接受"按钮，表示您同意接受本　☑我接受许可协议中的条款(A)　打印(P) 上一步(B) 下一步(N) 取消	勾选"我接受许可协议中的条款"选项，单击"下一步"按钮
13	CodeMeter Runtime Kit v7.40 安装程序 — □ ×　安装范围　选择安装范围和文件夹　用户名：think　组织：　○ 只为您(think)安装(J)　CodeMeter Runtime Kit v7.40 将安装在每用户文件夹中并且仅供您的用户帐户使用。　● 为此计算机的所有用户安装(M)　CodeMeter Runtime Kit v7.40 默认情况下安装在每计算机文件夹中并且可供所有用户使用。您必须具有本地管理员权限。　上一步(B) 下一步(N) 取消	勾选"为此计算机的所有用户安装"选项，单击"下一步"按钮

（续）

步骤	示意图	操作说明
14	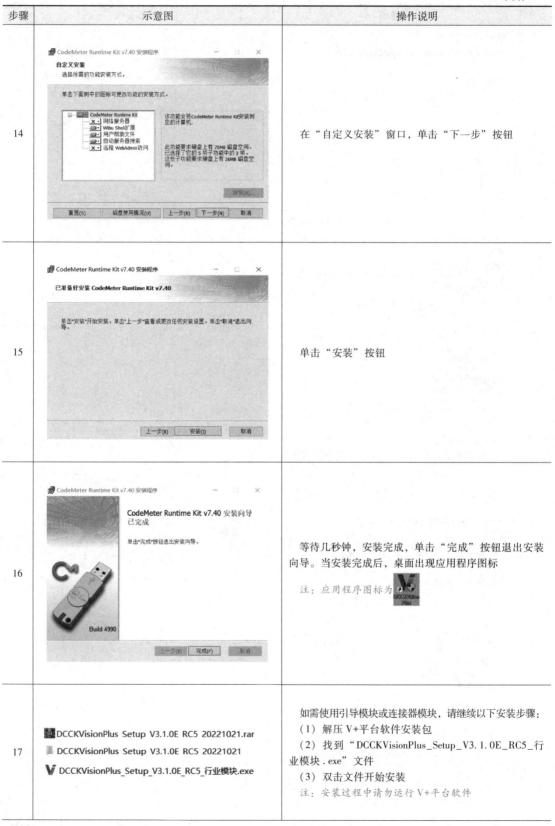	在"自定义安装"窗口，单击"下一步"按钮
15		单击"安装"按钮
16		等待几秒钟，安装完成，单击"完成"按钮退出安装向导。当安装完成后，桌面出现应用程序图标 注：应用程序图标为
17	DCCKVisionPlus Setup V3.1.0E RC5 20221021.rar DCCKVisionPlus Setup V3.1.0E RC5 20221021 V DCCKVisionPlus_Setup_V3.1.0E_RC5_行业模块.exe	如需使用引导模块或连接器模块，请继续以下安装步骤： （1）解压 V+平台软件安装包 （2）找到"DCCKVisionPlus_Setup_V3.1.0E_RC5_行业模块.exe"文件 （3）双击文件开始安装 注：安装过程中请勿运行 V+平台软件

（续）

步骤	示意图	操作说明
18	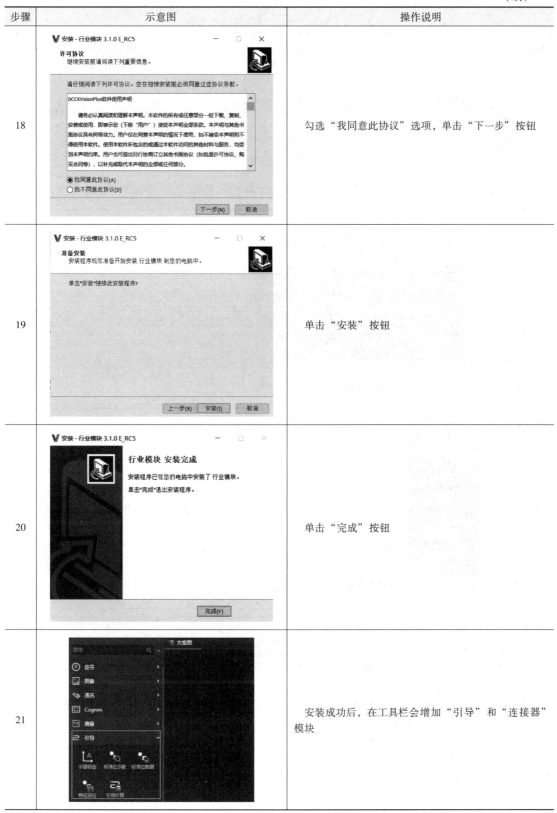	勾选"我同意此协议"选项，单击"下一步"按钮
19		单击"安装"按钮
20		单击"完成"按钮
21		安装成功后，在工具栏会增加"引导"和"连接器"模块

（2）VisionPro 软件安装　具体操作见表 1.4。

表 1.4　VisionPro 软件安装操作步骤

步骤	示意图	操作说明
1		（1）将下载的 VisionPro 安装包解压 （2）找到图示的安装启动程序"setup.exe"文件 （3）双击文件开始安装
2	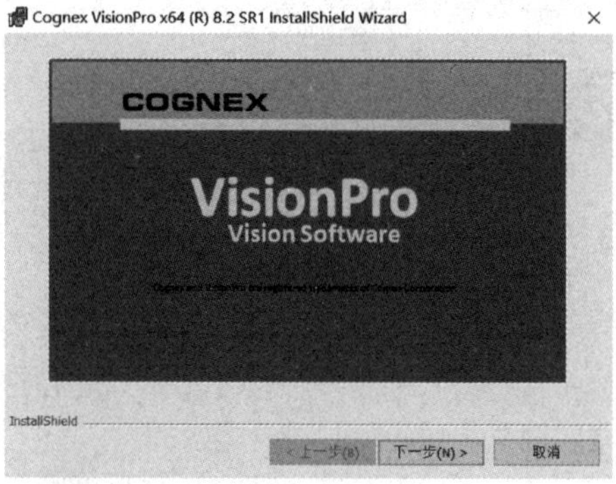	单击"下一步"按钮
3	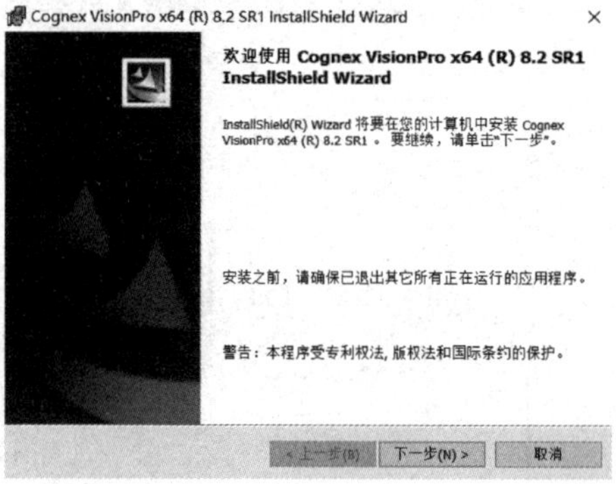	单击"下一步"按钮
4	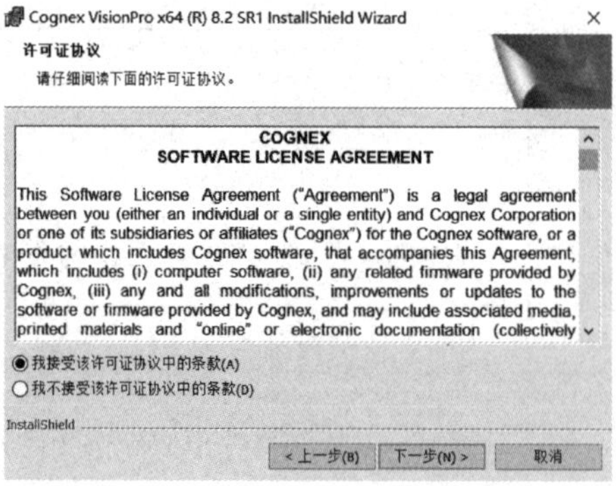	勾选"我接受该许可证协议中的条款"选项，单击"下一步"按钮

（续）

步骤	示意图	操作说明
5	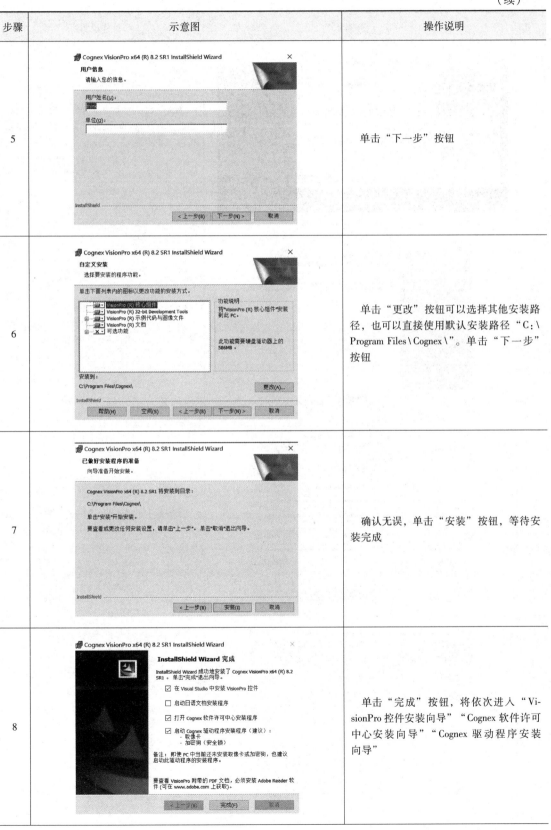	单击"下一步"按钮
6		单击"更改"按钮可以选择其他安装路径，也可以直接使用默认安装路径"C:\Program Files\Cognex\"。单击"下一步"按钮
7		确认无误，单击"安装"按钮，等待安装完成
8		单击"完成"按钮，将依次进入"VisionPro 控件安装向导""Cognex 软件许可中心安装向导""Cognex 驱动程序安装向导"

（续）

步骤	示意图	操作说明
9	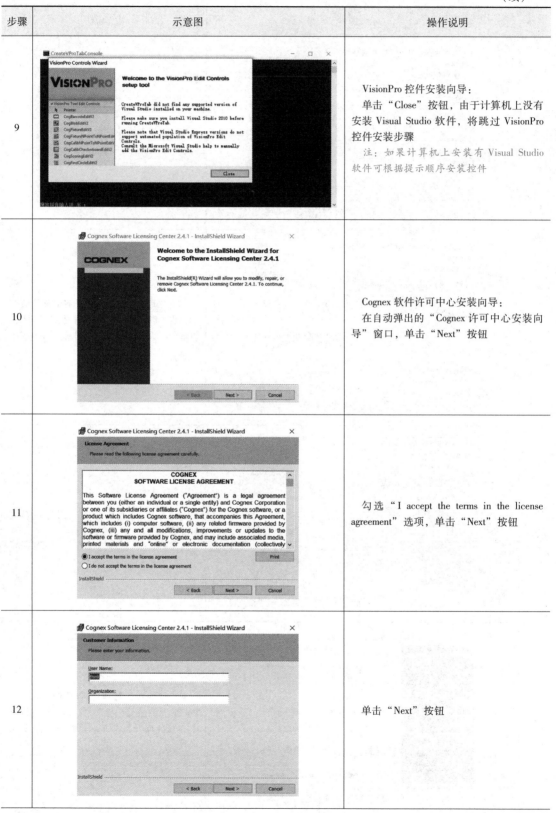	VisionPro 控件安装向导： 单击"Close"按钮，由于计算机上没有安装 Visual Studio 软件，将跳过 VisionPro 控件安装步骤 注：如果计算机上安装有 Visual Studio 软件可根据提示顺序安装控件
10		Cognex 软件许可中心安装向导： 在自动弹出的"Cognex 许可中心安装向导"窗口，单击"Next"按钮
11		勾选"I accept the terms in the license agreement"选项，单击"Next"按钮
12		单击"Next"按钮

（续）

步骤	示意图	操作说明
13	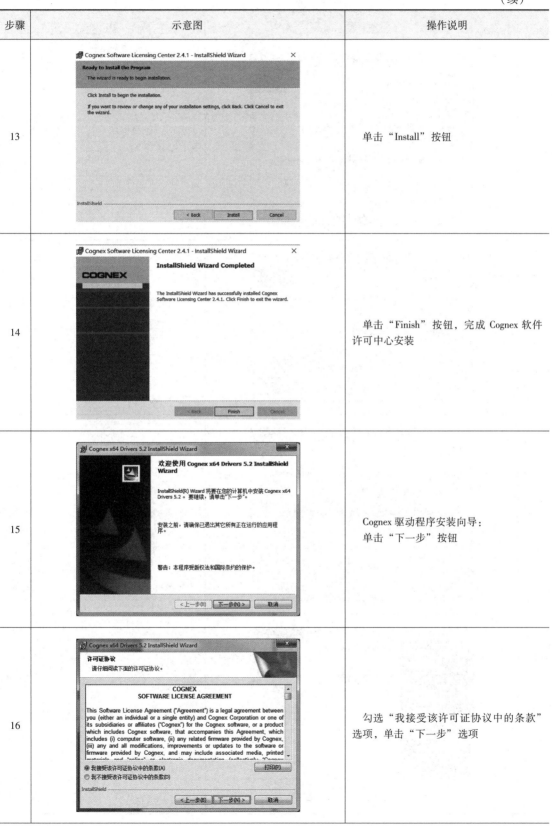	单击"Install"按钮
14		单击"Finish"按钮，完成 Cognex 软件许可中心安装
15		Cognex 驱动程序安装向导：单击"下一步"按钮
16		勾选"我接受该许可证协议中的条款"选项，单击"下一步"选项

（续）

步骤	示意图	操作说明
17		勾选"完整安装"选项，单击"下一步"按钮
18		单击"安装"按钮
19		进入等待安装界面
20		安装驱动完成，单击"完成"按钮

二、工业视觉软件授权

工业视觉
软件授权

工业视觉软件在安装完成之后，通常需要进行授权才可以正常使用。

1. V+平台软件的授权

V+平台软件的授权方式有两种：软授权和硬授权。

（1）软授权　V+平台软件可以通过试用版授权文件进行激活，具体操作步骤见表1.5。

表1.5　V+平台软件软授权操作步骤

步骤	示意图	操作说明
1	"德创视觉之家"小程序	扫描左侧"德创视觉之家"小程序码，在小程序首页单击"获取V+授权"界面 注：在首次进入"德创视觉之家"小程序，需要进行身份认证，一定要填写常用邮箱，以便获取V+授权
2	V+月度授权　【4月】DCCKVisionPlus激活文件（有效期至：5月10日）　兑换：0积分　发送邮箱	进入"V+月度授权"界面，单击"发送邮箱"按钮 注：每次获取的授权文件只有30天的期限，到期需要重新获取
3	CodeMeter控制中心	（1）单击①处的授权文件，会弹出②所示"CodeMeter控制中心"界面 （2）单击"许可更新"按钮 注：在此界面有授权文件的名称、序列号、版本信息等
4	CmFAS助手 欢迎使用CmFAS助手！	进入"CmFAS助手"界面，单击"下一步"按钮
5	CmFAS助手 请选择你希望的操作	勾选"创建许可请求"选项，单击"下一步"按钮

（续）

步骤	示意图	操作说明
6	CmFAS助手 请选择文件名 D:\Users\think\130-980752524.WibuCmRaC 选择文件名保存许可请求文件。然后点击"提交"创建文件。你可以通过Email发送此文件给开发商。 提交　帮助(H)	在"请选择文件名"的路径处默认已定位到授权文件，单击"提交"按钮，等待几秒钟
7	CmFAS助手 许可请求文件已经被成功创建。 许可请求文件已经被成功创建。 你能通过email把它发送到软件开发商。 完成(F)　帮助(H)	提示"许可请求文件已被成功创建"，单击"完成"按钮。至此，V+平台软件已成功激活

（2）硬授权　V+平台软件不同版本的永久运行版采用硬件加密狗的方式，如图 1.8 所示，具体的加密狗型号根据所选择的软件版本模块会有所不同。

2. VisionPro 软件的授权

VisionPro 8.2 SR1 软件的授权具体操作步骤见表1.6。

图 1.8　V+硬件加密狗实物

表 1.6　VisionPro 8.2 SR1 软件的授权操作步骤

步骤	示意图	操作说明
1	Cognex 最近添加 Calibration Grids CC24 Cognex Communication Ca... CFG-8700 Hardware Manual CogCLSerial Cognex Comm Card Configurator　最近添加 Cognex GigE Vision Configurator Cognex IEEE1394 DCAM Camera... Cognex Software Licensing Center	单击 Windows 系统的"开始"→"Cognex"→"Cognex Software Licensing Center"，打开软件许可中心 注：Windows 系统的"开始"图标为 ⊞

（续）

步骤	示意图	操作说明
2		单击"安装紧急许可证"按钮，单击"激活下一个紧急许可证"按钮
3	激活紧急许可证　　　　　　　　　　　　　　　　　× ⚠ 警告：每个PC上都有一定数量的紧急许可证。 　　紧急许可证仅应在无法激活正常的许可证时使用。 　　紧急许可证的有效期为3天。在紧急许可证到期之前，应该激活正常的许可证。 　　　　　　　　　　　　确定　　　取消	单击"确定"按钮完成激活；至此，VisionPro软件激活完成 注：首次安装该软件，系统上紧急许可证个数为5个，每激活一次，软件使用3天，3天后再次激活下一个许可证

任务2　工业视觉系统装调与通讯

📋 知识准备

一、系统硬件组成

工业视觉系统必备的硬件由工业相机、工业镜头、光源、光源控制器和配套线缆等构成，同时由于工业相机本身相当于一个单纯的图像采集器，既没有图像处理能力，也没有控制其他硬件的能力，所以需要通过工控机来完成相应的工作。

本项目所使用的教学实训平台为机器视觉实训基础套件（简称基础套件），型号为DC-PD100-30CA，如图1.9所示，其组成部分说明见表1.7。

系统硬件组成

图1.9　DCCK机器视觉实训基础套件（DC-PD100-30CA）

表 1.7　基础套件的组成部分

序号	示意图	说明
1		工业相机：500W 像素的彩色相机，可以采集到被测物体的颜色、形状、尺寸等信息，相机的感光芯片可实现将光信号转变为有序的电信号，相机的上端有两个插口，其中一个是电源线插口，另外一个是网线插口，相机的螺纹接口处和镜头进行连接
2		工业镜头：将目标成像在图像传感器的光敏面上，产生锐利的图像，以得到被测物的细节；通过调节镜头上的①光圈环和②对焦环来优化图像质量
3		环形光源：通过使用光源来降低相机的曝光时间，提高图像的亮度和工业视觉系统的抗干扰性
4		相机网线：工业相机采集到的图像通过网线传输到 PC 端，然后才可以进行图像处理操作
5		相机电源线：为相机提供 12V 电源
6		设备电源线：为基础套件传输 220V 电源

二、网络配置信息

对于需要进行通讯交互的双方，需要将二者的 IP 地址修改为在同一个网段内，IP 地址是 IPV4 类型，它的组成分为四段数字，每一段最大不超过255，前三段是网络号码，剩下的一段是本地计算机的号码，在同一网段内就意味着网络号码要保持相同，而本地计算机的号码不同，如图 1.10 所示。

网络配置信息

192	168	1	10
192	168	2	11

192	168	1	10
192	168	1	11

a) 两个IP地址不在同一个网段　　　b) 两个IP地址在同一个网段

图 1.10　通讯双方 IP 地址示例

任务实施

系统硬件安装与调试

一、系统硬件安装与调试

在使用基础套件进行取像之前要正确安装相关硬件，主要安装步骤见表 1.8。

表 1.8　基础套件安装步骤

步骤	示意图	操作说明
1		相机和镜头的组装： 二者都是螺纹接口，在安装时要注意将螺纹完全连接
2	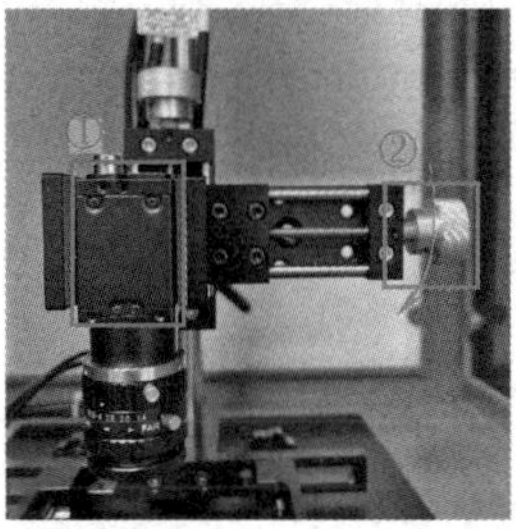	相机和镜头整体的固定： （1）将镜头朝下，相机黑色面正对自己，用相机夹持机构夹住相机，如图中①处 （2）用手慢慢向下旋转夹紧相机，如图中②处，夹紧相机不会掉落即可，不可使用太大力量旋转
3		连接相机电源线和网线： ③处为电源线，适当左右旋转，待公母头匹配后可轻松插接 ④处为网线，连接之后要锁紧网线两侧螺钉 注：在连接电源线时要注意匹配接口，不可蛮力插接
4		安装光源： （1）调节⑥处后侧扳手，可调节支撑杆高度，旋转旋钮可调节支撑杆宽度，将光源稳固放在支撑杆上后，锁紧旋钮 （2）插接⑤处的光源电源线，可看到分别对应光源控制器的两个通道：CH1、CH2，任选其一即可
5	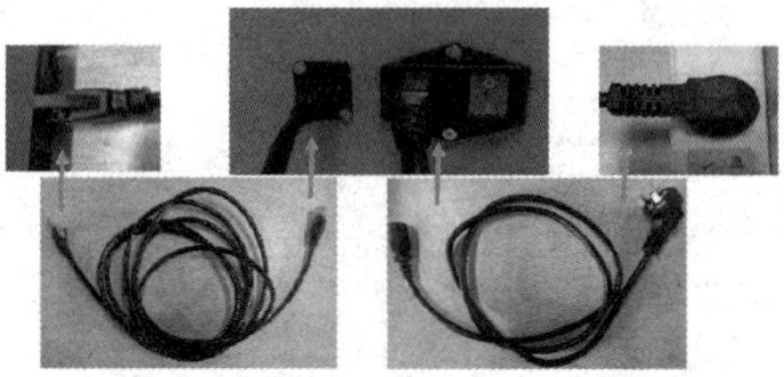	连接设备电源线和网线： （1）将网线两端分别与网口和计算机网口相连 （2）将电源线两端分别与电源口和插线板相连
6	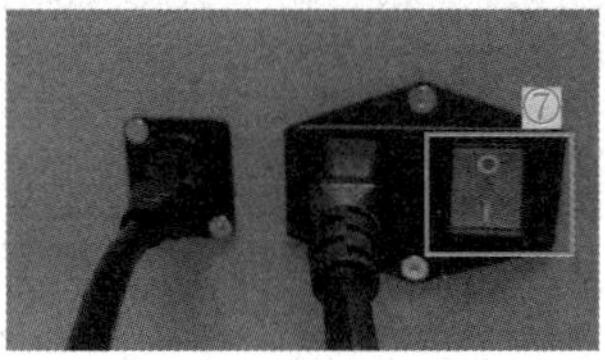	设备电源开关： 图中⑦为电源总开关 注：在使用设备时，需要打开此开关

（续）

步骤	示意图	操作说明
7		"Power" 为光源控制器开关，当⑧打开时，指示灯亮，否则指示灯灭 "CH2" 和 "CH1" 为两个不同的连接光源的通道，⑨处的旋钮可以调节光源的亮度 "H/L" 为光源控制器的 "常亮/常灭" 按钮，将⑩处的开关置于 H 侧 注：在使用设备时，需要打开光源控制器开关

通过以上步骤即可完成基础套件硬件的组装，如果电源指示灯已亮，说明正常通电，方可进行相机通讯配置。

相机通讯配置

二、相机通讯配置

工业相机的数据传输方式有很多种，如 GigE、USB、CameraLink 等，常用的 GigE 接口相机的通讯配置步骤见表 1.9。

表 1.9　GigE 接口相机的通讯配置步骤

步骤	示意图	操作说明
1	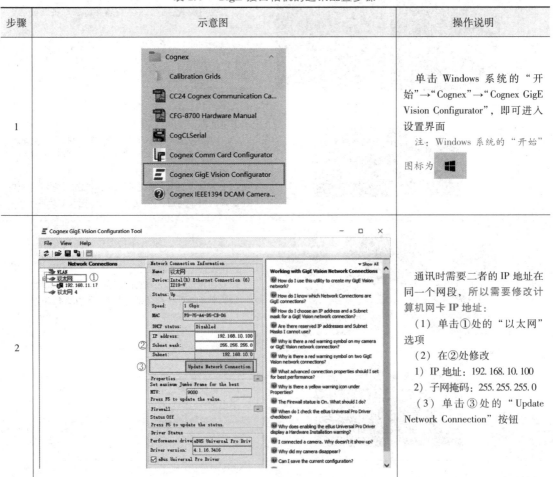	单击 Windows 系统的 "开始"→"Cognex"→"Cognex GigE Vision Configurator"，即可进入设置界面 注：Windows 系统的 "开始" 图标为
2		通讯时需要二者的 IP 地址在同一个网段，所以需要修改计算机网卡 IP 地址： （1）单击①处的 "以太网" 选项 （2）在②处修改 1）IP 地址：192.168.10.100 2）子网掩码：255.255.255.0 （3）单击③处的 "Update Network Connection" 按钮

（续）

步骤	示意图	操作说明
3	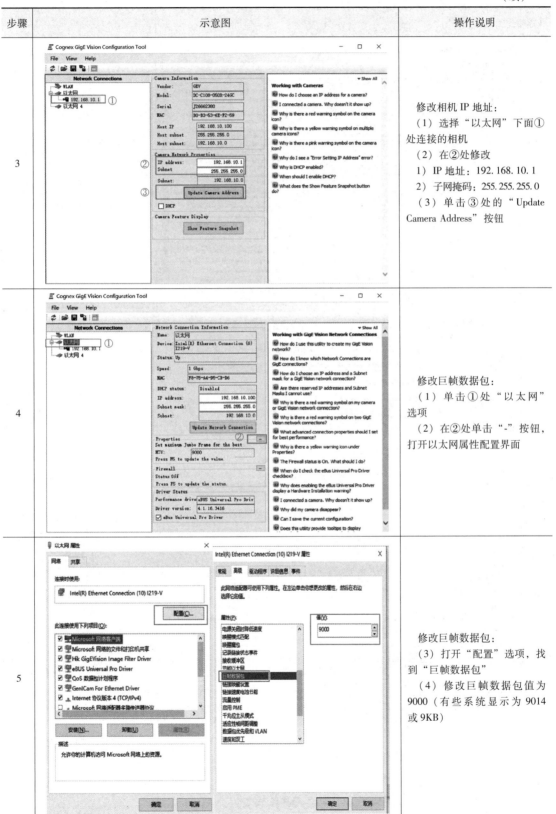	修改相机 IP 地址： （1）选择"以太网"下面①处连接的相机 （2）在②处修改 1）IP 地址：192.168.10.1 2）子网掩码：255.255.255.0 （3）单击③处的"Update Camera Address"按钮
4		修改巨帧数据包： （1）单击①处"以太网"选项 （2）在②处单击"-"按钮，打开以太网属性配置界面
5		修改巨帧数据包： （3）打开"配置"选项，找到"巨帧数据包" （4）修改巨帧数据包值为9000（有些系统显示为9014或9KB）

（续）

步骤	示意图	操作说明
6	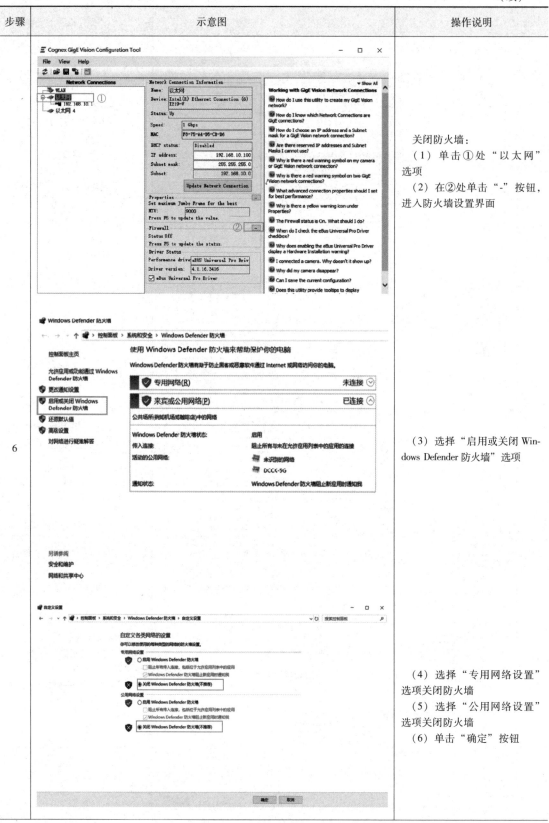	关闭防火墙： （1）单击①处"以太网"选项 （2）在②处单击"-"按钮，进入防火墙设置界面 （3）选择"启用或关闭 Windows Defender 防火墙"选项 （4）选择"专用网络设置"选项关闭防火墙 （5）选择"公用网络设置"选项关闭防火墙 （6）单击"确定"按钮

（续）

步骤	示意图	操作说明
7	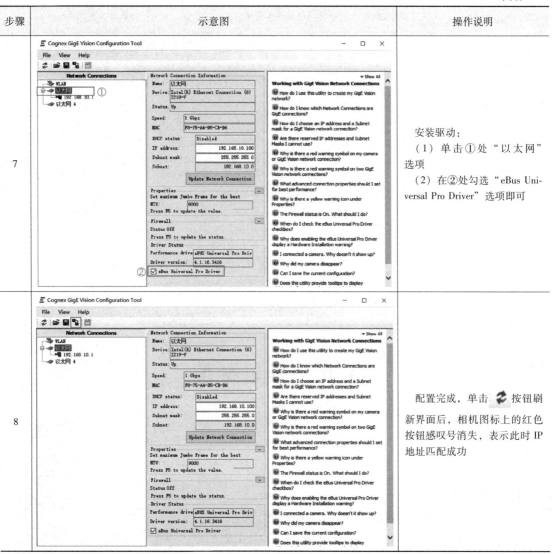	安装驱动： （1）单击①处"以太网"选项 （2）在②处勾选"eBus Universal Pro Driver"选项即可
8		配置完成，单击 按钮刷新界面后，相机图标上的红色按钮感叹号消失，表示此时 IP 地址匹配成功

任务实施记录单1

任务名称	工业视觉系统装调与通讯	实施日期	
任务要求	完成基础套件的正确组装，实现相机的正常通讯		
计划用时		实际用时	
组别		组长	
组员姓名			
成员任务分工			
实施场地			

（续）

	（请列写所需设备或环境，并记录准备情况。若列表不全，请自行增加需补充部分）	
所需设备 或环境清单	清单列表	主要器件及辅助配件
	工业视觉系统硬件	
	工业视觉系统软件	
	软件编程环境	
	工件（样品）	
	补充：_____	
实施步骤 与信息记录	（在任务实施过程中重要的信息记录是撰写工程说明书和工程交接手册的主要文档资料） 基础套件组装过程：_____ 相机通讯配置：_____	
遇到的问题 及解决方案	（列写本任务完成过程中遇到的问题及解决方法，并提供纸质或电子文档）	

任务3 相机取像

知识准备

软件界面与
基本操作

一、软件界面与基本操作

1. 模式选择

V+平台软件的界面包含两种模式：设计模式和运行模式。

（1）设计模式 用于进行方案流程设计、工具配置的设计界面，如图1.11所示。

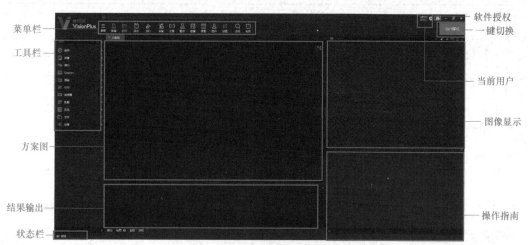

图1.11 "设计模式"界面

（2）运行模式　用于图像和数据结果显示并且便于进行交互控制的 HMI 显示界面，如图 1.12 所示，详见"项目4　HMI 界面设计"。

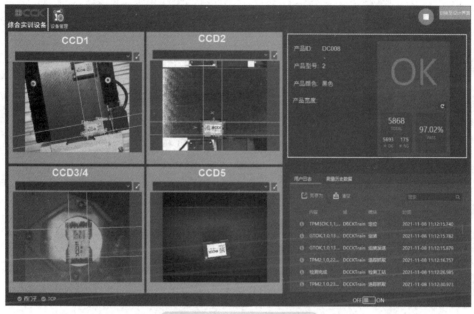

图 1.12　"运行模式"界面

2. "设计模式"主界面的菜单栏

V+平台软件的"设计模式"主界面包括菜单栏、工具栏、方案图、模式切换等，其具体说明见表 1.10。

表 1.10　"设计模式"主界面功能详细说明

序号	功能组件		说明
1		新建	新建解决方案
2		打开	打开已有的解决方案
3		保存	保存已建立的解决方案
4		运行	运行解决方案
5	菜单栏	设备	提供与外部设备连接和管理的工具，包括光源、镜头、2D 相机、3D 相机、通讯、PLC、IO 卡、组件等
6		变量	创建解决方案所需的变量，其中支持的变量类型有 Int、Double、String、Eunm、Boolean 等多种
7		配方	实现配方的工具，包括配方的添加与删除、修改、选择等
8		数据	存储和查询方案运行中生成的数据

（续）

序号	功能组件		说明
9	菜单栏	界面	可进行方案运行界面 HMI 的设计
10		用户	设置不同等级权限的用户类型
11		设置	解决方案的初始运行模式设置
12		查找	查找在解决方案中所使用的工具
13	一键切换		设计模式和运行模式的切换
14	方案图		方案设计时工具的放置区域
15	图像显示		图像效果的显示
16	结果输出		方案和工具运行信息的汇总显示
17	软件授权		查看软件授权方式和期限
18	当前用户		查看当前登录的用户信息
19	操作指南		显示当前正在使用工具的操作说明
20	状态栏		展示当前解决方案的运行状态，状态包括"就绪""运行中"两种
21	工具栏		用户可以在此区域选择需要的工具拖拽至方案图使用，具体功能见表 1.11

表 1.11 "设计模式"工具栏说明

名称	组件示意图	工具说明
工具栏	搜索 信号 图像 通讯 Cognex 测量 引导 连接器 数据 系统 文件 流程	搜索：输入关键字，快速查找对应工具
		信号：包含触发流程的各种信号
		图像：包含图像获取及相关设定工具
		通讯：包含使用各种通讯方式交换数据的工具
		Cognex：与 VisionPro 算法、功能的相关工具
		测量：对结果数据进行分析处理的相关工具
		引导：用于引导项目的常用工具集合
		连接器：用于连接器项目的常用工具集合
		数据：包含数据对象操作、运算等相关的工具
		系统：包括延时、对话框、日志等与系统功能信息相关的工具
		文件：与文本、文件和文件夹操作相关的工具
		流程：包含程序分支、循环、流程相关的工具

3. 基本操作

V+平台软件基本操作包括添加、解绑、启用、链接、运行等，添加到方案图中的工具可以进行运行、重命名、设置等操作。以"取像"工具为例，其属性设置见表 1.12。V+平台软件基本操作见表 1.13。

表 1.12 "取像"工具属性设置

名称	工具示意图	工具说明
"取像"工具		鼠标指针放在方案图的"取像"工具上，单击右键弹出属性列表； 设置：跳转到"取像"工具内部 运行：当该工具的参数设置完成后，单击运行该工具 重置运行状态：恢复工具为未运行状态 重置运行次数：恢复工具运行次数为0 重命名：自定义工具的名称 复制：复制该工具 删除：删除该工具 启用：默认勾选为启用状态，且工具高亮；未勾选则为非启用状态，工具变暗 添加注释：对工具编辑备注说明

表 1.13 V+平台软件基本操作

操作名称	示意图	操作说明
工具添加		单击"信号"工具，选择"内部触发"选项并将其以拖拽或者双击的方式添加到方案图 注：任何工具的运行都需要"信号"工具提供信号源
工具链接		鼠标指针放在①处，长按鼠标左键拖动至②处，即可链接"内部触发"工具与"取像"工具 注：其他工具的链接方法类似，多个工具需要链接后才可以按照链接的先后顺序执行动作
工具解绑		（1）鼠标指针放在链接线①处，右击选择"解绑" （2）选择"解绑"选项后，"003_取像"工具和"005_ToolBlock"工具链接断开，并自动与"006_ToolBlock"工具链接，如②处所示
工具彻底解绑		（1）鼠标指针放在链接线③处，右击选择"彻底解绑"选项 （2）断开"003_取像"工具与"005_Tool-Block"及后续所有工具链接
工具启用		选中①处的"007_取像"工具，右击选择②处的"启用"选项，"007_取像"即变成③处"非启用"状态 注：当程序运行时，启用的工具可以正常运行，非启用的工具不执行但不影响后置工具的运行

（续）

操作名称	示意图	操作说明
工具运行	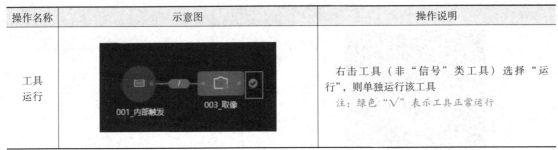	右击工具（非"信号"类工具）选择"运行"，则单独运行该工具 注：绿色"√"表示工具正常运行

二、相机连接

相机连接

在工业视觉技术的应用过程中，相机的类别不同，能够实现的视觉功能也会有很大差异，所以需要根据相机种类选择 2D 或者 3D 相机，V+平台软件中所支持的相机品牌见表 1.14。基础套件仅支持 2D 相机取像，其参数设置见表 1.15；3D 相机相关内容详见"项目 14 中任务 1 3D 视觉技术基础应用"。

表 1.14 V+平台软件支持的相机品牌

相机类型	支持的品牌			
2D 相机	德创	巴斯勒	康耐视	海康威视
3D 相机		SmartRay		深视智能

表 1.15 2D 取像的参数设置

名称	参数设置默认界面	参数及其说明
设置	设置 名称　德创1 重连(ms)　2000 SN　192.168.10.100 格式　BayerGB8 曝光(µs)　2000 增益　0 取像间隔(...　250	名称：自定义相机的名称 重连（ms）：相机掉线后重连时间 SN：相机序列号/IP 地址 格式：相机采集图像输出的格式，常用的为 Mono8（灰度）和 BayerGB8（彩色） 曝光（µs）：相机的曝光时间 增益：相机的信号放大倍数，直接影响图像的亮度 取像间隔（ms）：相机采集图像之间最小间隔时间

（续）

名称	参数设置默认界面	参数及其说明
硬件触发	硬件触发 触发　　　□ 帧开始 图像数目　　10 触发源　　　Line0 触发模式　　RisingEdge 触发延时　　0	硬件触发：通过外部I/O触发相机取像 触发：勾选"帧开始"选项，则为硬件触发 图像数目：此处数值指拍完几次形成图像 触发源：触发信号来源的信号线 触发模式：选择信号线的电平模式触发 触发延时：收到信号延时后才执行（ms）
频闪拍照	频闪拍照 频闪触发　　☑ 频闪输出　　Line1	频闪拍照：取像时控制光源频闪 频闪触发：勾选该选项，则为频闪拍照模式 频闪输出：选择相机的输出信号端口
图像裁剪	图像裁剪 中心原点 X　0 中心原点 Y　0 宽　　　　1280 高　　　　1024	图像裁剪：裁剪相机获取的图像 中心原点 X：图像的坐标原点 X 坐标 中心原点 Y：图像的坐标原点 Y 坐标 宽：指定图像裁剪后的宽度 高：指定图像裁剪后的高度

三、取像工具

取像工具

V+平台软件支持的 2D 和 3D 相机，对应的取像工具分别为"取像"和"3D 取像"两种。"取像"工具参数设置界面如图 1.13 所示。

（1）图像显示区　显示当前的图像内容。

（2）图像预览窗口　蓝色方框表示选择显示的图像；蓝色图标表示当前运行显示的图像；黄色箭头表示即将运行显示的图像。

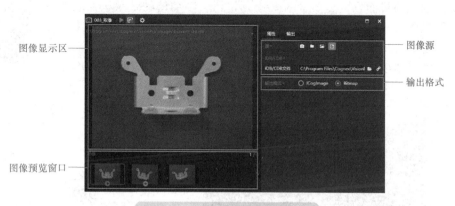

图 1.13　取像工具参数设置界面

（3）图像源　图像采集的方式有四种类型：相机、文件夹、文件和 IDB/CDB 文件（特殊格式文件，可包含多张图像）。不同的图像采集方式，其对应的参数内容不同，详见表 1.16。

（4）输出格式　图像输出的格式分两种：ICogImage 和 Bitmap。通常选择 ICogImage 格式，方便后续图像处理。

表 1.16 "取像"工具的参数说明

序号	属性参数界面	参数及其说明
1		**IDB/CDB 文件:** 直接加载 IDB/CDB 格式图像文件,如图 1.13 所示;或单击②处选择"取像"工具的前置工具,再选择前置工具输出的图像 注:其他工具与②处所示链接符号的操作类似
2		**文件:** 选择图像所在的路径,具体到图像名称。每次只能加载一张图像
3		**文件夹:** 选择图像所在的文件夹路径,具体到文件夹名称。可设置文件过滤和排序方式
4		**相机:** 选择已建立通讯的相机进行图像采集

任务实施

对工业视觉项目而言,高质量的图像会起到事半功倍的效果,而获取高质量的图像所涉及的参数配置和结构调整需要基于现有的取像硬件来完成。首先需要完成相机、镜头、光源等硬件的安装和相机通讯配置,准备工作完成后即可使用工业相机进行实时取像,其具体操作步骤见表 1.17。

实时取像

表 1.17 相机取像步骤

步骤	示意图	操作说明
1		**新建解决方案:** 双击桌面 图标,打开软件后,双击 选项,新建空白解决方案

（续）

步骤	示意图	操作说明
2	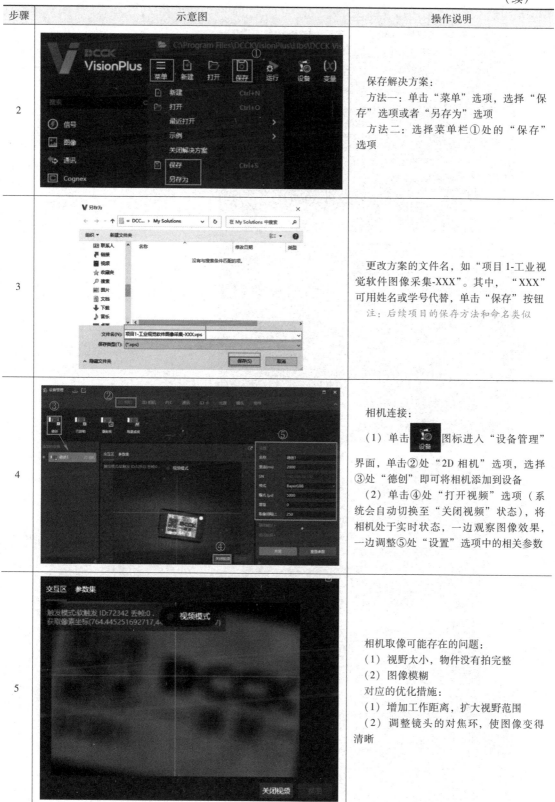	保存解决方案： 方法一：单击"菜单"选项，选择"保存"选项或者"另存为"选项 方法二：选择菜单栏①处的"保存"选项
3		更改方案的文件名，如"项目1-工业视觉软件图像采集-XXX"。其中，"XXX"可用姓名或学号代替，单击"保存"按钮 注：后续项目的保存方法和命名类似
4		相机连接： （1）单击 图标进入"设备管理"界面，单击②处"2D相机"选项，选择③处"德创"即可将相机添加到设备 （2）单击④处"打开视频"选项（系统会自动切换至"关闭视频"状态），将相机处于实时状态，一边观察图像效果，一边调整⑤处"设置"选项中的相关参数
5		相机取像可能存在的问题： （1）视野太小，物件没有拍完整 （2）图像模糊 对应的优化措施： （1）增加工作距离，扩大视野范围 （2）调整镜头的对焦环，使图像变得清晰

（续）

步骤	示意图	操作说明
5	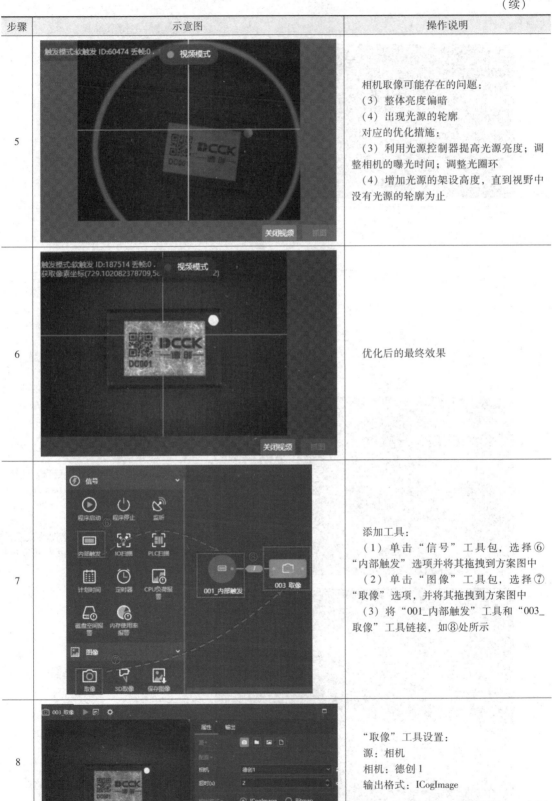	相机取像可能存在的问题： （3）整体亮度偏暗 （4）出现光源的轮廓 对应的优化措施： （3）利用光源控制器提高光源亮度；调整相机的曝光时间；调整光圈环 （4）增加光源的架设高度，直到视野中没有光源的轮廓为止
6		优化后的最终效果
7		添加工具： （1）单击"信号"工具包，选择⑥"内部触发"选项并将其拖拽到方案图中 （2）单击"图像"工具包，选择⑦"取像"选项，并将其拖拽到方案图中 （3）将"001_内部触发"工具和"003_取像"工具链接，如⑧处所示
8		"取像"工具设置： 源：相机 相机：德创1 输出格式：ICogImage

（续）

步骤	示意图	操作说明
9	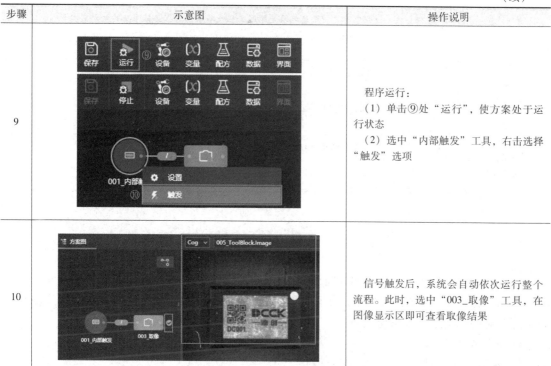	程序运行： （1）单击⑨处"运行"，使方案处于运行状态 （2）选中"内部触发"工具，右击选择"触发"选项
10		信号触发后，系统会自动依次运行整个流程。此时，选中"003_取像"工具，在图像显示区即可查看取像结果

任务实施记录单 2

任务名称	相机取像	实施日期	
任务要求	结合基础套件和 V+平台软件完成相机的实时取像，并且保证图像的亮度和清晰度		
计划用时		实际用时	
组别		组长	
组员姓名			
成员任务分工			
实施场地			
所需设备或环境清单	（请列写所需设备或环境，并记录准备情况。若列表不全，请自行增加需补充部分）		

清单列表	主要器件及辅助配件
工业视觉系统硬件	
工业视觉系统软件	
软件编程环境	
工件（样品）	

补充：_____

（续）

实施步骤与信息记录	（在任务实施过程中重要的信息记录是撰写工程说明书和工程交接手册的主要文档资料） V+平台软件中连接相机过程：_____ _____ V+平台软件中取像工具的使用：_____ 实际取像时调整图像质量过程：_____
遇到的问题及解决方案	（列写本任务完成过程中遇到的问题及解决方法，并提供纸质或电子文档） _____

技能训练　文件夹等其他方式取像

在工业视觉应用中，从相机实时采集图像是必须要掌握的一种取像方法，而从本地图像库中调用图像也是进行视觉方案测试的快捷方式，能够节省大部分硬件组装和取像质量调整的时间，对初次接触工业视觉者而言，是一种快速入门V+平台软件的途径。

1. 训练要求

1）在同一个信号源后，添加四个取像工具。

2）四个取像工具的图像源分别选择：工业相机、文件夹、文件、IDB/CDB 文件。

3）方案运行时，触发信号源，四个取像工具能正常运行。

2. 任务实施验收单

任务名称	工业视觉软件图像采集		实施日期		
任务实施评价标准	项目列表	考核要求		配分	得分
	职业素养	遵守实训室纪律，不大声喧哗，不无故迟到、早退、旷课		5	
		遵守实训室安全管理规定及操作规范，使用完毕，及时关闭设备、清理归位		10	
		注重团队协作精神，按序操作设备		5	
		注重理论与实践相结合，提高自身素质和能力，增强自身的专业性和效率		5	
	职业技能	能将取像工具和信号源正确链接		10	
		能添加多个取像工具实现不同的取像来源		10	
		能正确完成工业视觉系统的网络配置		10	
		能利用基础套件在V+平台软件上获取清晰图像		15	
		能正确读取文件夹中的图像		10	
		能正确读取单张图像		10	
		能正确读取 IDB/CDB 文件格式的文件图像		10	
		合计		100	
	小组成员签名				
	指导教师签名				
	（备注：在使用实训设备或工件编程调试过程中，如发生设备碰撞、零部件损坏等，每处扣10分）				

（续）

综合评价	1. 目标完成情况
	2. 存在问题
	3. 优化建议

【知识测试】

1. 选择题

（1）镜头上能进行旋转的部件分别是（　　　）。

A. 对焦环　　　　　B. 光圈环　　　　　C. 偏振镜　　　　　D. 遮光板

（2）取像工具的图像源包括（　　　）。

A. 相机　　　　　　B. 文件夹　　　　　C. 文件　　　　　　D. IDB/CDB 文件

（3）下列 IP 地址中与"192.168.4.20"属于同一网段并且不冲突的是（　　　）。

A. 196.168.4.21　　　　　　　　　　B. 192.168.4.10

C. 192.168.1.10　　　　　　　　　　D. 192.168.4.20

（4）V+平台软件的授权方法包括（　　　）。

A. 软授权　　　　　B. 硬授权　　　　　C. 临时授权　　　　　D. 季度授权

2. 简答题

（1）简述相机通讯配置的过程。

（2）思考取像工具的硬触发功能，简要说明硬触发的作用。

2

项目2 锂电池有无判断

技能要求

《工业视觉系统运维员国家职业标准》工作要求（四级/中级工）			
职业功能	工作内容	技能要求	相关知识
系统编程与调试	功能调试	（1）能导入与备份视觉程序 （2）能按要求调试视觉程序配置参数	（1）视觉程序导入与备份方法 （2）视觉程序参数配置方法

《工业视觉系统运维员国家职业标准》工作要求（三级/高级工）			
职业功能	工作内容	技能要求	相关知识
系统编程与调试	程序调试	（1）能按方案要求完成功能模块化编程和调试图像算法工具参数 （2）能按方案要求配置系统程序功能参数	（1）视觉程序的调试方法 （2）系统程序功能参数配置方法

任务引入

党的二十大报告强调，推动战略性新兴产业融合集群发展，构建新一代信息技术、人工智能、生物技术、新能源、新材料、高端装备、绿色环保等一批新的增长引擎，这为推动锂电产业高端化、智能化、绿色化、高质量发展指明了方向。

2022年，我国锂离子电池行业技术创新和转型升级发展持续加快，先进产品供给能力不断提升，锂离子电池产量同比增长超130%，行业总产值突破1.2万亿元。通过锂电池人工生产、装配及检测的方法无法找出极片表面的所有缺陷，也难以保证极片的质量。而工业视觉检测系统可以克服人工检测的缺点，克服如检测人员主观意愿、情绪、视觉疲劳等人为因素的影响，使检测结果标准、可量化，提高整个生产系统的自动化程度。这既节约了人力成本，也避免人为统计数据所带来的错误。

本项目着重介绍基于V+平台软件进行锂电池有无检测的思路和方案设计。

任务工单

任务名称	锂电池有无判断		
设备清单	工业视觉实训基础套件（含工业相机、镜头、光源等）；锂电池样品或图像；DCCKVisionPlus平台软件；工控机或笔记本计算机	实施场地	具备条件的工业视觉实训室或装有DCCKVisionPlus平台软件的机房
任务目的	熟悉工具块和直方图工具的使用方法及其注意事项；能转换图像类型，并添加终端输出目标数据		
任务描述	对采集的锂电池图像进行类型转换，得到像素标准差值并输出该数值，对锂电池的有无进行判断		
素质目标	提高学生在工业视觉领域的文化素养；培养学生自主探究能力和团队协作能力；培养学生精益求精的工匠精神		
知识目标	掌握工具块工具的使用方法；熟悉图像类型；掌握直方图工具的添加和使用方法；掌握视觉工具终端输出方法		
能力目标	能添加工具块的输入端与输出端；能对图像类型进行转换；能添加视觉工具终端，并输出目标数据		
验收要求	能够在软件中完成锂电池有无判断任务程序的编写、运行和调试；能够输出锂电池的像素标准差值		

任务分解导图

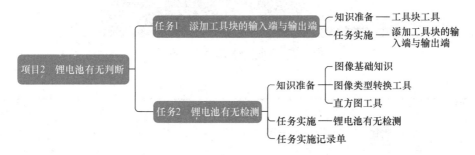

任务1 添加工具块的输入端与输出端

知识准备

工具块工具

工具块工具

1. 工具块结构

工具块（ToolBlock）工具的作用是将图像与分析该图像的一组视觉工具相关联，用于增加和改进应用程序的结构，如图2.1所示。

ToolBlock通过以下方式增加和改进应用程序的结构：

1）按功能组织所用的视觉工具，只显示必要的结果终端。

2）创建可重用组件。

3）为视觉逻辑的复杂任务提供简化的界面。

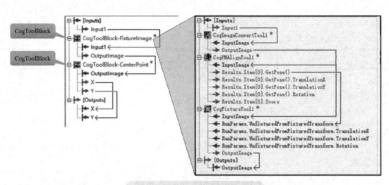

图 2.1   ToolBlock 结构

2. 工具块工具界面

在 V+软件平台中 ToolBlock 工具的默认界面如图 2.2 所示，其具体说明见表 2.1。

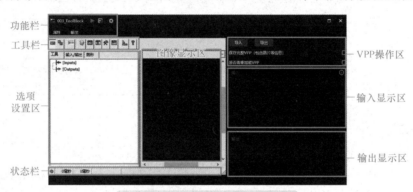

图 2.2   ToolBlock 工具默认界面

表 2.1   ToolBlock 工具界面说明

序号	功能组件		说明
1	功能栏	▶	运行工具
2		⬅	重置工具运行状态
3		⚙	高级选项，设置是否启用"运行失败时中断所属流程"功能
4		属性	设置 ToolBlock 工具属性，包括工具栏、选项设置区、图像显示区、状态栏、VPP 操作区、输入显示区和输出显示区
5		输出	显示 ToolBlock 工具输出的数据项，及其类型和值
6	VPP 操作区	导入	加载已保存的 VPP
7		导出	保存当前的 VPP，此时可以选择以下辅助功能：保存完整 VPP（包含图片等信息），是否需要加密 VPP
8	输入显示区		新建并添加 ToolBlock 工具的输入终端
9	输出显示区		输出 ToolBlock 工具的目标数据信息
10	工具栏		显示工具相关功能，包括显示方式、创建脚本、显示工具箱、帮助等，详见表 2.2

（续）

序号	功能组件	说明
11	选项设置区	ToolBlock 工具的选项设置区包括 3 个选项：工具、输入/输出、图形。不同工具在该区域的内容有所不同 工具：显示相关视觉工具，并进行调用和编程 输入/输出：设置 ToolBlock 工具的输出终端和输入终端，与输入/输出显示区的功能一致 图形：用于在目标图像上显示由工具生成的共享图形
12	图像显示区	图像显示窗口，用于显示其他视觉工具的图像缓冲区。右键单击该区域可打开包括"缩放图像""适合图像"或"子像素网格"的功能选项
13	状态栏	绿色圆圈表示工具已成功运行；红色圆圈表示工具未成功运行 状态栏会显示运行工具的时间以及所有错误代码或消息 状态栏首次显示的时间是工具的原始执行时间；第二次显示的时间包含更新编辑控件所需的时间

表 2.2　ToolBlock 工具的工具栏说明

序号	控件按钮	说明
1		打开或关闭本地图像显示窗口
2		打开一个或多个浮动图像窗口，与本地工具显示不同，用户可以调整浮动工具显示窗口的大小或移动其位置
3		用密码保护该工具，以防止用户通过 GUI 查看或修改其内容
4		打开用于执行图像验证的 Verification 控件
5		打开单独的浮动窗口，不用转至结果选项卡即可查看运行结果
6		打开用于创建简单或高级脚本的脚本窗口
7		打开视觉工具箱，以选择要添加至 ToolBlock 的视觉工具
8		打开对象编辑器窗口。此窗口可显示所有 ToolBlock 属性以及每个工具包含的属性
9		启用或禁用控件按钮中的工具提示的显示
10		打开此工具的联机帮助文件

任务实施

　　对采集到的图像进行视觉处理时，通常会选择在工具块中来完成，并需要将与图像处理相关的数据和图像传入工具块，具体操作见表 2.3。

添加工具块输入与输出

表 2.3 添加工具块的输入端与输出端步骤

步骤	示意图	操作说明
1	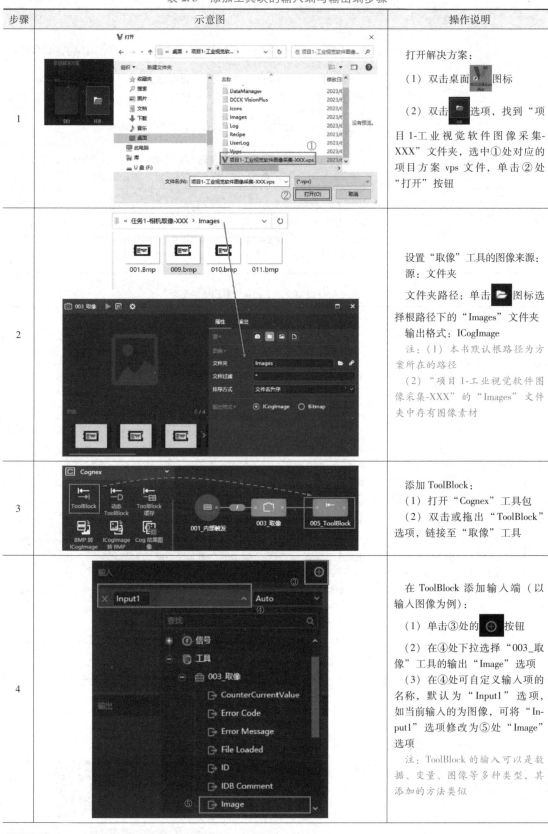	打开解决方案： （1）双击桌面 ![] 图标 （2）双击 ![] 选项，找到"项目 1-工业视觉软件图像采集-XXX"文件夹，选中①处对应的项目方案 vps 文件，单击②处"打开"按钮
2		设置"取像"工具的图像来源： 源：文件夹 文件夹路径：单击 ![] 图标选择根路径下的"Images"文件夹 输出格式：ICogImage 注：（1）本书默认根路径为方案所在的路径 （2）"项目 1-工业视觉软件图像采集-XXX"的"Images"文件夹中存有图像素材
3		添加 ToolBlock： （1）打开"Cognex"工具包 （2）双击或拖出"ToolBlock"选项，链接至"取像"工具
4		在 ToolBlock 添加输入端（以输入图像为例）： （1）单击③处的 ![] 按钮 （2）在④处下拉选择"003_取像"工具的输出"Image"选项 （3）在④处可自定义输入项的名称，默认为"Input1"选项，如当前输入的为图像，可将"Input1"选项修改为⑤处"Image"选项 注：ToolBlock 的输入可以是数据、变量、图像等多种类型，其添加的方法类似

（续）

步骤	示意图	操作说明
5		在 ToolBlock 添加输出端： （1）输入图像⑥处"Image"选项作为输出拖拽至⑦处［Outputs］选项，在"Outputs"选项的下级即可看到输出图像"Image"选项 （2）在⑧处的输出显示区会同步 ToolBlock 的输出项 *注：ToolBlock 的输出可以是数据、变量、图像等多种类型，其添加的方法类似*

任务2　锂电池有无检测

图像基础知识

 知识准备

一、图像基础知识

在工业视觉应用中，相机的成像过程如图2.3所示，成像系统会收集场景元素所反射的能量，并将产生与接受的能量成正比地输出结果，将这些输出结果从模拟信号经过放大和模数转换，最终得到图中的数字化后的图像，简称为数字图像。在数字图像中有整齐排列的方格，这些方格是相机所能识别到的最小单元，称为像素。

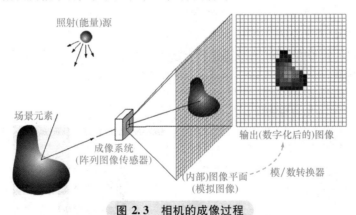

图 2.3　相机的成像过程

数字图像的表示方法是对图像处理算法的描述和利用计算机处理图像的基础。一个二维数字图像的常见表示方法有二值图像、灰度图像和 RGB 图像，如图2.4所示。

1. 二值图像

二值图像又称黑白图像，每个像素只有黑、白两种颜色的图像。在图像中，像素只有0和1两种取值，0表示黑色，1表示白色，通常用于表示物体的轮廓或边缘等信息，因此二值图像更擅长分离出目标物体，适合图像轮廓检测、识别和跟踪等应用场景。

a) 二值图像　　　　　b) 灰度图像　　　　　c) RGB图像

图 2.4　二维数字图像表示方法

2. 灰度图像

灰度图像中每个像素的信息由一个量化后的灰度等级来描述，不含彩色信息、只含亮度信息。标准灰度图像中每个像素的灰度值用 1 个字节表示，灰度级数为 256 级，灰度值范围是 0~255。0 表示黑色，255 表示白色，1~254 为灰度过渡范围，值越大，图像越亮。因此，灰度图像可以显示更多的细节和渐变效果，适合处理需要考虑亮度和暗度的情况。

3. RGB 图像

在数字图像中，通过控制红（R）、绿（G）、蓝（B）这三个颜色分量组合在一起形成的彩色图像，称为 RGB 图像，其中每种单色都是 8bit，即从 0~255 分成了 256 个级，所以根据 R、G、B 的不同组合可以表示 $256 \times 256 \times 256 = 2^{24}$（超过 1600 万）种颜色，这种为 24bit 的 RGB 彩色图像称为全彩色图像或者真彩色图像。彩色图像包含了灰度图像没有的颜色信息维度，能够实现更加真实的显示效果。

二、图像类型转换工具

CogImageConvertTool 能够实现图像类型的转换，可以将 16 位彩色图像转换为 8 位灰度图像。V+平台软件的 CogImageConvertTool 主界面如图 2.5 所示。

在使用 CogImageConvertTool 时，"运行模式"默认为"亮度"选项，此时直接导入彩色图像即可实现从彩色图像到灰度图像的转换；如果需要实现其他类型的转换，可以在"运行模式"中选择相应的算法。

图像类型
转换工具

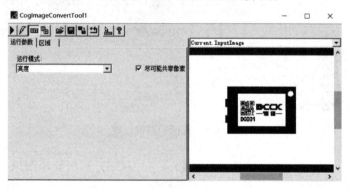

图 2.5　CogImageConvertTool 主界面

图 2.6 所示为该工具的一个应用示例，在视觉软件中，有些工具（如直方图工具）是不支持处理彩色图像的，必须用图像类型转换工具将图像转换为灰度图像或二值图像，才可以正常处理。

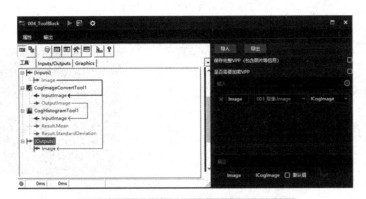

图 2.6　CogImageConvertTool 应用示例

三、直方图工具

直方图工具

CogHistogramTool 可以对整张图像或者图像中指定区域的灰度值分布情况进行统计分析，同时还可以输出详细的数据和直方图结果，但其输入图像不支持彩色图像。

CogHistogramTool 可选择的区域形状如图 2.7 所示。①处默认为"使用整个图像"选项，即对整个图像进行直方图统计。当在①处选择了区域形状，如圆形（CogCircle），在②所指示的"Current. InputImage"图像缓冲区会出现如③处所示的蓝色圆框，用鼠标选中圆框可修改其位置和大小，从而实现对指定区域进行直方图统计。

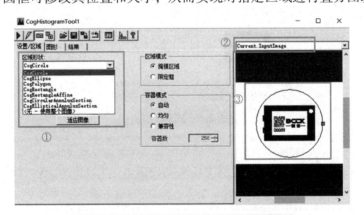

图 2.7　CogHistogramTool 区域形状选择

CogHistogramTool 的结果输出如图 2.8 所示，主要分为以下三大类：

1. 统计信息

CogHistogramTool 的结果统计信息包括：

1）指定区域灰度值的最小值、最大值、中值、平均值、标准差、方差。

2）模式：像素数最多的灰度值。

3）示例：指定区域的总像素数。

2. 数据

数据统计中详细列举出了每个灰度值的像素数和像素数占选定区域的累计百分比。

图 2.8　CogHistogramTool 结果输出

3. 直方图

选择 "LastRun. Histogram" 图像缓冲区，即可得到④处所示的灰阶-像素数直方图，在直方图中白色的竖线表示 "统计信息" 中的 "平均值"，将鼠标放在竖线上能够看到相关的提示信息。

任务实施

1. 思路分析

图 2.9 所示为相机采集的两幅图像，左侧图像中有锂电池，则图像的灰度值有等级区分，而右侧图像中无电池，图像的灰度值单一，依据图像的此差异性，可实现锂电池的有无检测。

锂电池
有无检测

图 2.9　图像对比

2. 实施步骤

在 V+平台软件中结合本项目所介绍工具来完成锂电池有无的检测，具体步骤见表 2.4。

表 2.4　锂电池有无的检测实施步骤

步骤	示意图	操作说明
1		添加图像类型转换工具： （1）在表 2.3 所示操作基础上，单击①处所示的 "显示工具箱" 按钮 （2）双击 "Image Processing" 文件夹中②处的 "CogImageConvertTool" 选项，在工具③处会出现添加的 "CogImageConvert-Tool 1" 选项 （3）将［Inputs］的输出端 "Image" 选项拖拽至 "CogImageConvertTool 1" 的 "InputImage" 选项中

（续）

步骤	示意图	操作说明
2		运行 CogImageConvertTool： （1）单击④处的"单次运行"按钮 （2）在"CogImageConvertTool 1"的⑤处出现绿点，即代表该工具运行完成，在⑥处所示的图像缓冲区可查看该工具的运行结果
3		添加直方图工具： （1）单击⑦处的"显示工具箱"选项，在弹出的工具栏中双击"Image Processing"文件夹中⑧处的"CogHistogramTool"选项 （2）在工具区⑨处会出现添加的"CogHistogramTool 1"选项 （3）将"CogImageConvertTool 1"的"OutputImage"拖拽至"CogHistogram-Tool 1"的"InputImage"选项中
4		运行 CogHistogramTool： （1）单击⑩处的"单次运行"选项 （2）在"CogHistogramTool 1"的⑪处出现绿点，即代表工具运行完成，在⑫处的图像缓冲区可查看该工具的运行结果
5		结果输出： （1）查看"CogHistogramTool"的输出参数"Result.StandardDevivation"，即标准差。无电池时，标准差为 0；有电池时，标准差在 60 以上 （2）将标准差添加到"工具块"的输出项，在①处会看到已添加的输出项 （3）另存解决方案并命名为"项目2-锂电池有无判断-XXX"

　　锂电池检测的方案实施过程中，直方图工具统计信息很齐全，但从表2.4可以看出 CogHistogramTool 在终端显示时，只显示了均值和标准差，如果需要也可以将其他统计信息显示在终端，具体操作步骤见表2.5。

表 2.5 添加工具终端的步骤

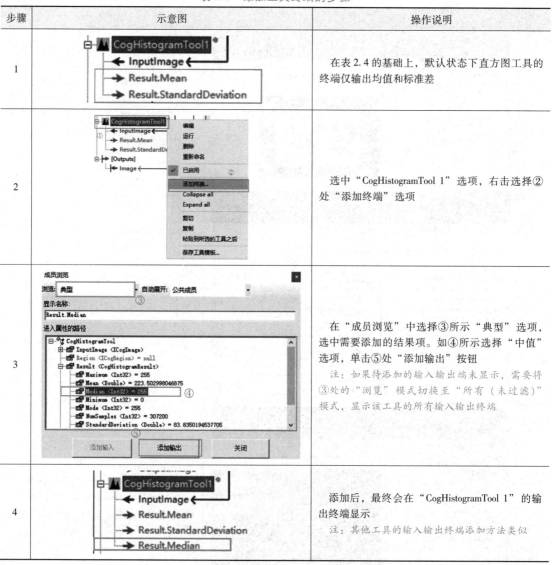

步骤	示意图	操作说明
1		在表 2.4 的基础上，默认状态下直方图工具的终端仅输出均值和标准差
2		选中"CogHistogramTool 1"选项，右击选择②处"添加终端"选项
3		在"成员浏览"中选择③所示"典型"选项，选中需要添加的结果项。如④所示选择"中值"选项，单击⑤处"添加输出"按钮 注：如果待添加的输入输出端未显示，需要将③处的"浏览"模式切换至"所有（未过滤）"模式，显示该工具的所有输入输出终端
4		添加后，最终会在"CogHistogramTool 1"的输出终端显示 注：其他工具的输入输出终端添加方法类似

任务实施记录单

任务名称	锂电池有无检测	实施日期	
任务要求	利用 V+平台软件实现锂电池有无的判断		
计划用时		实际用时	
组别		组长	
组员姓名			
成员任务分工			
实施场地			

（续）

	（请列写所需设备或环境，并记录准备情况。若列表不全，请自行增加需补充部分）	
所需设备 或环境清单	清单列表	主要器件及辅助配件
	工业视觉系统硬件	
	工业视觉系统软件	
	软件编程环境	
	工件（样品）	
	补充： _____ _____	
实施步骤 与信息记录	（在任务实施过程中重要的信息记录是撰写工程说明书和工程交接手册的主要文档资料） V+平台软件中工具块的输入端和输出端添加过程： _____ _____ V+平台软件中图像类型转换工具的使用： _____ _____ V+平台软件中直方图工具的使用： _____ _____	
遇到的问题 及解决方案	（列写本任务完成过程中遇到的问题及解决方法，并提供纸质或电子文档）	

技能训练　锂电池检测数据结果显示

通过使用图像类型转换工具和直方图工具的综合使用，用户可以实现锂电池有无的检测，采用添加终端的方式可以将工具输出的数据直观地显示在方案中，方便实时查看运行效果。

1. 训练要求

1）能在 V+平台软件中添加工具块的输入端和输出端。

2）能正确实现锂电池图像类型的转换，并进行直方图统计分析。

3）输出直方图工具的"均值"统计数据。

2. 任务实施验收单

任务名称	锂电池有无判断		实施日期		
	项目列表	考核要求		配分	得分
任务实施 评价标准	职业素养	遵守实训室纪律，不大声喧哗，不无故迟到、早退、旷课		5	
		遵守实训室安全管理规定及操作规范，使用完毕，及时关闭设备、清理归位		10	
		注重团队协作精神，按序操作设备		5	
		注重理论与实践相结合，提高自身素质和能力，增强自身的专业性和效率		5	

(续)

项目列表	考核要求	配分	得分
职业技能	能正确添加工具块工具	10	
	能正确添加工具块的输入端和输出端	10	
	能正确添加图像类型转换工具	10	
	能正确添加直方图工具	10	
	能区分常见的图像类型	5	
	能使用图像类型转换工具处理图像	10	
	能利用直方图工具对图像进行灰度数据分析	10	
	能对直方图工具进行"均值"终端数据输出	10	
合计		100	

任务实施评价标准

小组成员签名	
指导教师签名	

(备注：在使用实训设备或工件编程调试过程中，如发生设备碰撞、零部件损坏等，每处扣10分)

综合评价

1. 目标完成情况

_____

_____

_____

2. 存在问题

_____

_____

_____

3. 优化建议

_____

_____

_____

 【知识测试】

1. 选择题

（1）CogHistogramTool 的数据统计包括（　　）。

A. 最大值　　　　B. 中值　　　　C. RMS　　　　D. 均值

（2）图像的表示方法包括（　　）。

A. 二值图像　　　B. 灰度图像　　C. 彩色图像　　D. 数字图像

（3）图像中相机能识别的最小单元是（　　）。

A. 像素　　　　　B. 体素　　　　C. 网格　　　　D. 点云

（4）工具块的输出类型包括（　　）。

A. 图像　　　　　B. 布尔变量　　C. 字符串　　　D. 整型数据

2. 简答题

（1）简述锂电池有无检测的思路，是否有其他可行方案？

（2）如何实现将锂电池有无检测的工具块进行导出保存？

项目3 数据输入与输出

《工业视觉系统运维员国家职业标准》工作要求（四级/中级工）			
职业功能	工作内容	技能要求	相关知识
系统编程与调试	功能调试	（1）能导入与备份视觉程序 （2）能按要求调试视觉程序配置参数	（1）视觉程序导入与备份方法 （2）视觉程序参数配置方法
系统维修与保养	系统维修	能识别并描述视觉系统通讯故障	视觉系统通讯故障分析方法
《工业视觉系统运维员国家职业标准》工作要求（三级/高级工）			
职业功能	工作内容	技能要求	相关知识
系统编程与调试	程序调试	（1）能按方案要求完成功能模块化编程和调试图像算法工具参数 （2）能按方案要求配置系统程序功能参数	（1）视觉应用程序的调试方法 （2）系统程序功能参数配置方法

任务引入

　　数据从其字面意义上来看，是由"数"和"据"组成。"数"指的是数字和数字化的信息，而"据"则是"证据"或"依据"，综合起来理解，数据的定义就是数字化的证据和依据，是事物存在和发展状态或过程的数据化记录。

　　在如今的生产生活中，我们越来越离不开数据的助力。曾有这样的说法"世界上最宝贵的资源已经不再是石油，而是数据"，因此数据的重要性是不言而喻的。在各行各业中，数据是持续增长的，那些精通收集和传输数据的先驱者将会成为市场发展的最大潜力。发展数字经济是新一轮科技革命和产业变革的战略选择。把数据作为继土地、劳动力、资本、技术之后新的重要生产要素，是数字经济发展的必然要求。

　　对工业视觉行业而言，控制系统和视觉系统之间的数据交互是生产过程中的关键环节，通过选择合适的通讯方式，能够实现数据传输和设备控制，视觉系统输出的数据是监测产品质量的重要依据，同时也是智能化产线进行物料跟踪、产品历史记录维护以及其他生产管理的基础，而控制系统的输出数据是视觉传感器有序工作的"领导者"，二者之间相辅相成，提高生产率、保障产品质量和稳定性，为自动化生产带来更多的便利和效益。

本项目着重介绍基于 V+平台软件的 TCP 通讯，实现数据的输入和输出，与周边设备进行数据交互。

 任务工单

任务名称	数据输入/输出应用		
设备清单	工业视觉实训基础套件（含工业相机、镜头、光源等）；锂电池样品或图像；DCCKVisionPlus 平台软件；工控机或笔记本计算机	实施场地	具备条件的工业视觉实训室或装有 DCCKVisionPlus 平台软件的机房
任务目的	了解数字经济发展的重要性；掌握使用 V+平台软件进行 TCP 通讯的方法；掌握数据输入和输出的基本应用		
任务描述	使用 V+平台软件和网络调试助手建立正确的 TCP 通讯方式，基于此通讯来触发方案流程的执行并输出结果数据		
素质目标	培养学生树立正确的世界观、价值观；培养学生安全意识、创新意识；培养学生自主探究能力和团队协作能力；提高学生系统思维、辩证思维能力		
知识目标	掌握 TCP 通讯的方法；熟悉网络调试助手的使用方法；掌握 V+平台软件监听工具的使用方法；掌握数据读写工具的使用技巧		
能力目标	能在网络调试助手和 V+平台软件之间进行 TCP 通讯；能采用监听工具触发方案执行；能将 V+平台软件运行的结果数据发送给调试助手		
验收要求	能够在软件中完成数据输入/输出程序的编写、运行和调试；能够合理利用输入/输出数据		

 任务分解导图

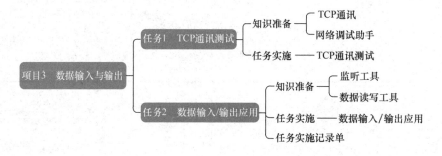

任务 1 TCP 通讯测试

TCP 通讯

 知识准备

一、TCP 通讯

1. TCP 通讯含义

TCP 通讯是一种可靠、稳定的数据传输方式，在应用时需要建立服务器和客户端之间的网络关系，即 Client-Server（C/S），如图 3.1 所示，一个服务器可以同时和多个客户端建立通讯连接。客户端负责完成与用户的交互任务，接受用户的请求，并通过网络关系向服务器

提出请求，服务器负责数据的管理，当接收到客户端的请求时，将数据提交给客户端。

2. TCP 通讯应用

TCP 通讯的主要应用场景如下：

1）大范围内传输数据，如远程监控、云端数据存储等。

2）高速且稳定地传输文件、网络数据等。

3）多设备之间的相互通讯。

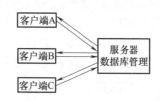

图 3.1　服务器和客户端关系示意图

3. TCP 通讯工具

V+平台软件中建立 TCP 通讯的工具界面如图 3.2 所示，其功能模块作用如下：

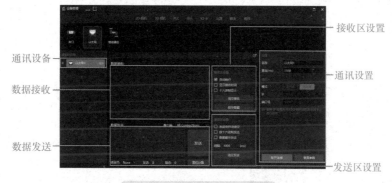

图 3.2　TCP 通讯工具界面

（1）数据接收　V+平台软件接收和发送数据的实时显示。

（2）数据发送　输入需要发送的数据。

（3）通讯设置　工业视觉系统在 TCP 通讯中可以作为客户端或服务器，其属性设置详见表 3.1。

表 3.1　通讯设置说明

名称	参数设置界面	参数及其说明
服务器		名称：自定义 TCP 通讯的名称 重连（ms）：重连间隔时间 模式：可选择客户端或者服务器，当前选择为服务器 IP：服务器 IP 地址，根据实际情况设置 端口号：服务器的端口号，根据实际情况设置 连接：参数配置完成，可进行连接 重置参数：将所有参数恢复默认值 注：在进行 TCP 通讯时，保证客户端和服务器 IP 地址在同一网段
客户端		IP：服务器 IP 地址 端口号：服务器的端口号 本地 IP：客户端 IP 地址 本地端口：客户端的端口号 注：以上 IP 地址和端口号可根据实际通讯双方进行配置

（4）接收区设置　数据接收的相关设置，包括显示数据的自动换行和接收的时间、将接收的数据以十六进制显示、清空和保存接收数据。

（5）发送区设置　数据发送的相关设置，包括发送完自动清空数据、以十六进制形式发送数据、循环发送数据、发送数据的时间间隔（ms）、清空发送的内容。

网络调试助手

二、网络调试助手

在 V+平台软件中"网络调试助手"是进行 TCP 通讯的最佳调试工具，"网络调试助手"的界面如图 3.3 所示，其具体说明见表 3.2。

网络设置

接收区设置

发送区设置

网络数据接收

发送数据

图 3.3　"网络调试助手"界面

表 3.2　网络调试助手功能说明

序号	功能组件	说明
1	网络设置	协议类型：UDP、TCP 服务器和 TCP 客户端。不同协议类型对应的设置内容略有不同 本地主机地址：本地主机的 IP 地址 本地主机端口：本地主机的端口号 远程主机地址：服务端的 IP 地址和端口号
2	接收区设置	对接收区的数据显示进行配置；保存或者清除已接收数据
3	发送区设置	对发送区的数据格式、发送方式等进行配置；清除发送内容
4	网络数据接收	显示调试助手接收到的数据
5	发送数据	编写发送数据

任务实施

TCP 通讯可以实现发送方和接收方同时并行地发送和接收数据，从而有效地减少数据传输的延迟和提高网络吞吐量，对于保证数据传输的可靠性、正确性和有序性等方面具有重要意义。基于 V+平台软件进行数据传输的基础是要保证通讯的正确建立，TCP 通讯建立过程见表 3.3。

TCP
通讯测试

表 3.3　TCP 通讯建立过程

步骤	示意图	操作说明
1	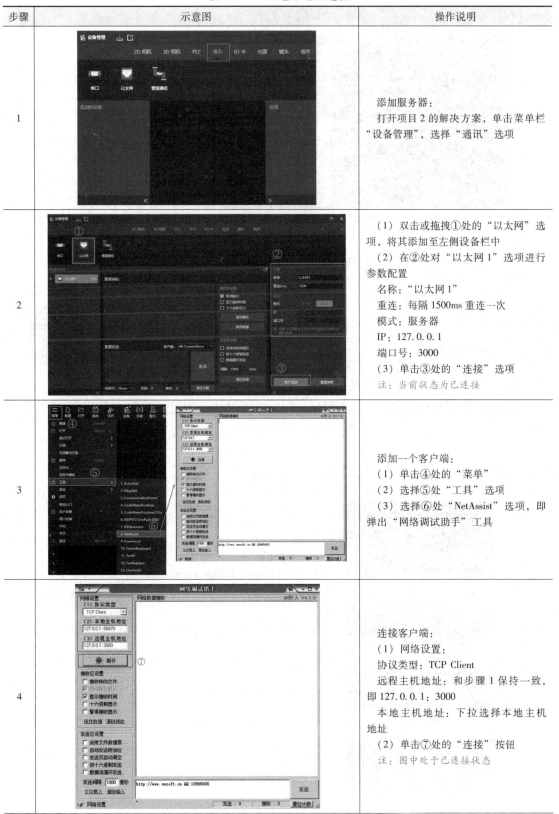	添加服务器： 打开项目 2 的解决方案，单击菜单栏"设备管理"，选择"通讯"选项
2		（1）双击或拖拽①处的"以太网"选项，将其添加至左侧设备栏中 （2）在②处对"以太网 1"选项进行参数配置 名称："以太网 1" 重连：每隔 1500ms 重连一次 模式：服务器 IP：127.0.0.1 端口号：3000 （3）单击③处的"连接"选项 注：当前状态为已连接
3		添加一个客户端： （1）单击④处的"菜单" （2）选择⑤处"工具"选项 （3）选择⑥处"NetAssist"选项，即弹出"网络调试助手"工具
4		连接客户端： （1）网络设置： 协议类型：TCP Client 远程主机地址：和步骤 1 保持一致，即 127.0.0.1：3000 本地主机地址：下拉选择本地主机地址 （2）单击⑦处的"连接"按钮 注：图中处于已连接状态

（续）

步骤	示意图	操作说明
5		通讯测试： 方法一：在 V+平台软件"通讯"界面的⑧处进行数据发送，在"网络调试助手"的"网络数据接收"区域查看通讯结果 方法二：在"网络调试助手"的⑨处发送数据，在 V+平台软件"通讯"界面的"数据接收"区域查看通讯结果

任务 2　数据输入/输出应用

监听工具

 知识准备

一、监听工具

监听工具主要用于监听外部通讯（TCP/串口/管道）或相机的硬触发信号，监听到外部信号后触发方案的执行，同时会反馈相应的交互信号。监听工具的设置见表 3.4。

表 3.4　监听工具的设置

序号	参数设置界面	参数及其说明
1	005_监听　✕ 设备　以太网1 触发条件　任意数据 手动触发	设备：建立通讯的方式可以是 TCP、串口等 注：当前是以太网通讯 触发条件： 任意数据：接收到任意数据都触发
2	触发条件　匹配数据 数据　T1	触发条件： 匹配数据：接收到和"数据"设定内容匹配时才触发 注：当前只有接收到"T1"才会触发
2	触发条件　包含数据 数据　T1	触发条件： 包含数据：接收到包含"数据"设定内容时才触发 注：当前接收内容包含"T1"即触发
	触发条件　匹配数据头 数据头　T1 数据头尾分隔符	触发条件： 匹配数据头：接收内容的数据头和"数据头"设定内容匹配时才触发 数据头尾分隔符：数据之间的分割符号，可自定义设置 注：当前接收到以"T1_"开头的数据即触发

（续）

序号	参数设置界面	参数及其说明
3	 指令　　None 弹窗　　☐	手动触发： 指令：可以模拟监听的信号 弹窗：勾选该选项，则会有弹窗提醒 *注：操作方法类似于内部触发*

二、数据读写工具

数据读写工具实现了通讯双方的数据传送，保障了通讯的闭环运行过程。读数据和写数据工具属性说明见表3.5。

数据读写工具

表 3.5　读数据和写数据工具属性说明

名称	参数设置界面	参数及其说明
读数据	006_读数据 属性　输出 通讯　以太网1 端口　0 清空数据　False 超时(s)　2	通讯：选择已建立的通讯方式 端口：数据发送方的端口号，默认为"0"，表示读取所有端口 清空数据：读出数据后是否要清空旧数据 超时（s）：相邻两次读取操作的时间差
写数据	007_写数据 属性　输出 通讯　以太网1 数据　123 ☐ 以 Hex 格式写入数据 结束符　CR/LF 端口　7000	通讯：选择已建立的通讯方式 数据：数据写入 结束符：可选择 CR/LF、CR、LF 等 端口：指定数据接收方的端口号，默认为"0"，表示发送给所有相通讯的端口

任务实施

要实现数据的输入和输出，需要在 V+解决方案中建立 TCP 通讯，并添加读数据和写数据工具，具体操作步骤见表3.6。

数据输入输出应用

表 3.6　数据输入/输出应用步骤

步骤	示意图	操作说明
1	信号 001_内部触发　003_取像　004_ToolBlock　005_监听	添加"监听"工具： 在表 3.3 的基础上，选择"信号"工具包，双击或拖出"监听"选项，并链接至"取像"工具

（续）

步骤	示意图	操作说明
2	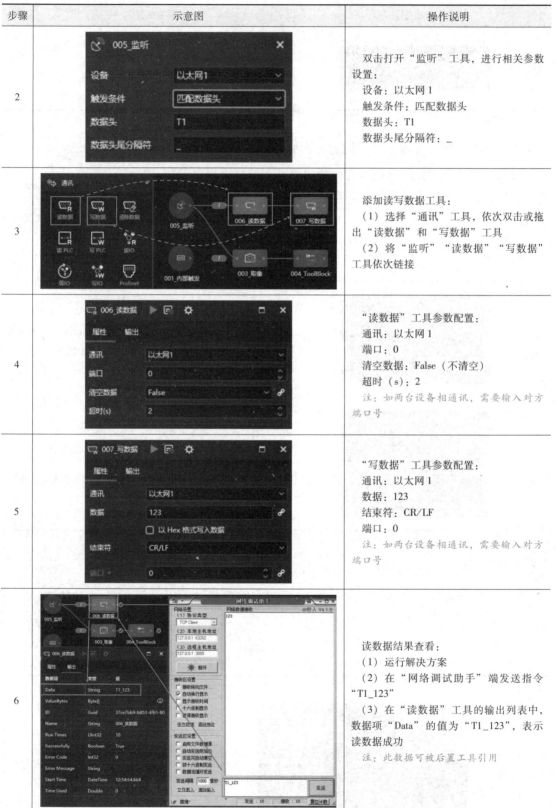	双击打开"监听"工具，进行相关参数设置： 设备：以太网 1 触发条件：匹配数据头 数据头：T1 数据头尾分隔符：_
3		添加读写数据工具： （1）选择"通讯"工具，依次双击或拖出"读数据"和"写数据"工具 （2）将"监听""读数据""写数据"工具依次链接
4		"读数据"工具参数配置： 通讯：以太网 1 端口：0 清空数据：False（不清空） 超时（s）：2 注：如两台设备相通讯，需要输入对方端口号
5		"写数据"工具参数配置： 通讯：以太网 1 数据：123 结束符：CR/LF 端口：0 注：如两台设备相通讯，需要输入对方端口号
6		读数据结果查看： （1）运行解决方案 （2）在"网络调试助手"端发送指令"T1_123" （3）在"读数据"工具的输出列表中，数据项"Data"的值为"T1_123"，表示读数据成功 注：此数据可被后置工具引用

（续）

步骤	示意图	操作说明
7	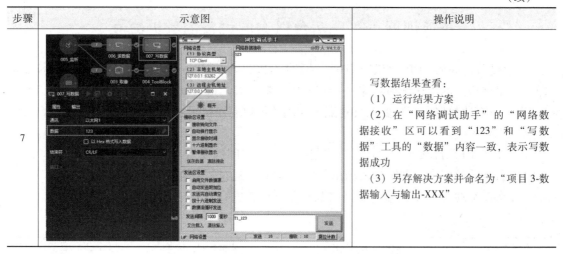	写数据结果查看： （1）运行结果方案 （2）在"网络调试助手"的"网络数据接收"区可以看到"123"和"写数据"工具的"数据"内容一致，表示写数据成功 （3）另存解决方案并命名为"项目3-数据输入与输出-XXX"

任务实施记录单

任务名称	数据输入/输出应用		实施日期	
任务要求	利用V+平台软件实现数据输入/输出应用			
计划用时			实际用时	
组别			组长	
组员姓名				
成员任务分工				
实施场地				
所需设备或环境清单	（请列写所需设备或环境，并记录准备情况。若列表不全，请自行增加需补充部分） 表： 清单列表 / 主要器件及辅助配件 工业视觉系统硬件 工业视觉系统软件 软件编程环境 工件（样品） 补充：_____			
实施步骤与信息记录	（在任务实施过程中重要的信息记录是撰写工程说明书和工程交接手册的主要文档资料） V+平台软件中TCP通讯过程：_____ V+平台软件中读数据工具的使用：_____ V+平台软件中写数据工具的使用：_____			
遇到的问题及解决方案	（列写本任务完成过程中遇到的问题及解决方法，并提供纸质或电子文档）			

技能训练　实现两台以太网设备的数据交互

　　两台设备之间的 TCP 通讯可以通过网线连接来实现，也可以通过连接同一个局域网（即同一个网段下的无线网络）来进行，而服务器和客户端之间的数据交互是 TCP 通讯的核心过程，需要读数据和写数据工具的配合使用才可以有序执行。

1. 训练要求

1）能在 V+平台软件上建立两个笔记本计算机之间的通讯。

2）服务器端将直方图工具的输出数据"均值"通过写数据发送给客户端。

3）客户端通过"读数据"来接收服务器发送的内容。

2. 任务实施验收单

任务名称		数据输入与输出		实施日期	
任务实施评价标准	项目列表	考核要求		配分	得分
	职业素养	遵守实训室纪律，不大声喧哗，不无故迟到、早退、旷课		5	
		遵守实训室安全管理规定及操作规范，使用完毕，及时关闭设备、清理归位		10	
		注重团队协作精神，按序操作设备		5	
		注重理论与实践相结合，提高自身素质和能力，增强自身的专业性和效率		5	
	职业技能	能在 V+平台软件中正确建立服务器		5	
		能使用"网络调试助手"作为客户端连接服务器		5	
		能验证 TCP 通讯是否可以正常使用		10	
		能正确使用"监听"工具接收任意数据进行触发		5	
		能正确使用"监听"工具接收匹配数据进行触发		5	
		能正确使用"监听"工具接收包含匹配的数据进行触发		5	
		能正确使用"监听"工具接收匹配数据头进行触发		5	
		能使用"读数据"工具接收数据		10	
		能使用"写数据"工具发送数据		10	
		能使用两台笔记本计算机验证 TCP 通讯过程		15	
		合计		100	
	小组成员签名				
	指导教师签名				
	（备注：在使用实训设备或工件编程调试过程中，如发生设备碰撞、零部件损坏等，每处扣 10 分）				

（续）

综合评价	1. 目标完成情况
	2. 存在问题
	3. 优化建议

 【知识测试】

1. 选择题

（1）监听工具的触发模式包括（　　）。

A. 任意数据　　　　B. 匹配数据　　　　C. 匹配数据头　　　　D. 包含数据

（2）V+平台软件中可以实现数据发送的工具是（　　）。

A. 监听　　　　B. 读数据　　　　C. 写数据　　　　D. 内部监听

（3）当"监听"工具的配置如图3.4所示时，能触发方案执行的指令是（　　）。

图3.4　"监听"参数

A. T1　　　　B. T1-1　　　　C. T1_1　　　　D. T1.1

（4）"写数据"工具的"端口"指的是（　　）。

A. 数据发送方的端口　　　　　　　　B. 数据接收方的端口

C. 0　　　　　　　　　　　　　　　D. 1

2. 思考题

（1）简述TCP通讯的过程。

（2）TCP通讯过程是先打开服务器还是先打开客户端？V+平台软件是否可以作为客户端？

项目4　HMI界面设计

✎ 技能要求

《工业视觉系统运维员国家职业标准》工作要求（四级/中级工）			
职业功能	工作内容	技能要求	相关知识
系统编程与调试	功能调试	（1）能导入与备份视觉程序 （2）能按要求调试视觉程序配置参数	（1）视觉程序导入与备份方法 （2）视觉程序参数配置方法
《工业视觉系统运维员国家职业标准》工作要求（三级/高级工）			
职业功能	工作内容	技能要求	相关知识
系统编程与调试	程序调试	（1）能按方案要求完成功能模块化编程和调试图像算法工具参数 （2）能按方案要求配置系统程序功能参数	（1）视觉程序的调试方法 （2）系统程序功能参数配置方法

⬛ 任务引入

HMI（Human Machine Interface）又称"人机界面"，是用户和工业视觉系统之间传递和交换信息的媒介和接口。用户可以通过HMI来控制和监视视觉方案的运行情况，同时HMI能够帮助使用者直接变更系统参数。设计良好的交互界面在满足强大的功能基础之上，还会给人带来舒适的视觉感受，因此，它的设计水平将直接影响项目进展的效率和用户体验的满意度。

良好的HMI界面在设计时需要考虑以下因素：

（1）易用性　要能够让用户很容易地学习和使用软件，并且可以提高用户的工作效率。

（2）一致性　在整个软件界面设计中，交互元素要保持一致，例如统一的色彩、字体和布局等。

（3）可视性　交互元素必须直观易懂，以便用户知道应该如何操作。

（4）反馈性　用户每次操作后都应该获得及时反馈，以明确他们的操作是否有效。

（5）简洁性　简洁明了的交互界面能够提高用户的注意力和专注度，没有繁琐的功能或信息不会让用户产生疲惫感。

（6）明确性　交互元素的标签和描述等必须具体明确，否则会给用户造成困惑和误解。

（7）易修改性　随着时间和使用情况的变化，软件功能和交互需求可能会发生变化，设计者应该更加方便快捷地修改调整界面以适应用户的新需求。

学习贯彻党的二十大精神，不忘初心、与时俱进，在自己的职责范围内敢想敢做、勇于创新、善于创造，为用户提供一个友好、易用性高的交互界面。

本项目着重介绍在V+平台软件中如何新建和设计操作方便、可视化强的HMI界面。

任务工单

任务名称	HMI 界面设计		
设备清单	工业视觉实训基础套件（含工业相机、镜头、光源等）；锂电池样品或图像；DCCKVisionPlus 软件；工控机或笔记本计算机	实施场地	具备条件的工业视觉实训室或装有 DCCKVisionPlus 软件的机房
任务目的	熟悉 HMI 界面的新建方法；能根据要求来设计合理的 HMI 界面		
任务描述	在完成前面任务的基础上，设计 HMI 界面来显示图像结果并实现方案运行的手动控制		
素质目标	培养学生的逻辑思维能力、设计创新能力、团队合作意识；增强学生的科学责任感和科学信心		
知识目标	熟悉 HMI 界面的作用；掌握 HMI 界面的新建方法；掌握 HMI 界面设计工具的使用方法		
能力目标	能独立创建新的 HMI 界面；能在 HMI 界面添加子窗口；能在 HMI 界面添加形状、按钮、图像显示等常用控件		
验收要求	能使用相关工具来设计合理的 HMI 界面。详见任务实施记录单和任务实施验收单		

任务分解导图

任务1　新建 HMI 界面

HMI界面

知识准备

HMI 界面

HMI 界面的作用是提升用户体验感和增强其可用性，具体体现在以下方面：

（1）传达信息　用户交互界面为用户提供了如图标、按钮、菜单、文本框等各种交互元素，这些元素可以向用户传达有关软件功能、信息和状态等方面的信息。

（2）提供反馈　用户交互界面不仅支持用户对软件进行操作和控制，还能够及时地反馈给用户一些信息，如提示信息、错误信息、进度条等，帮助用户快速地获得需要的信息或操作结果。

（3）管理数据　在用户交互界面，用户可以通过输入文本、选择选项等方式来控制软件进行相关操作；同时它也会将数据传递到软件内部并显示相应结果。

（4）提高效率　用户交互界面能够使用户更加快速地完成任务、满足需求，进而提高生产力和工作效率。

（5）快速上手　帮助用户更快地理解 V+平台软件实现的功能，减少用户认知负荷。

V+平台软件的 HMI 界面运行效果如图 4.1 所示，其提供了常见行业应用的模板，如测量、检测和引导类项目模板，以及连接器类项目模板等，如图 4.2 所示。

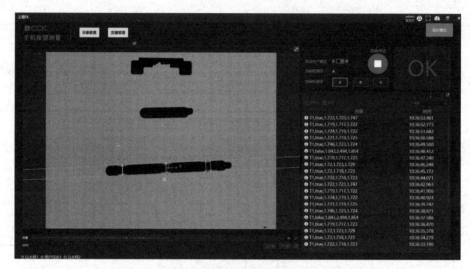

图 4.1　HMI 界面运行效果

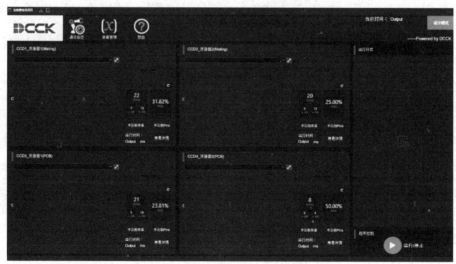

图 4.2　"4 机位"连接器类项目模板

任务实施

在 V+平台软件中创建 HMI 界面的步骤见表 4.1。

新建
HMI 界面

表 4.1　创建 HMI 界面的步骤

步骤	示意图	操作说明
1	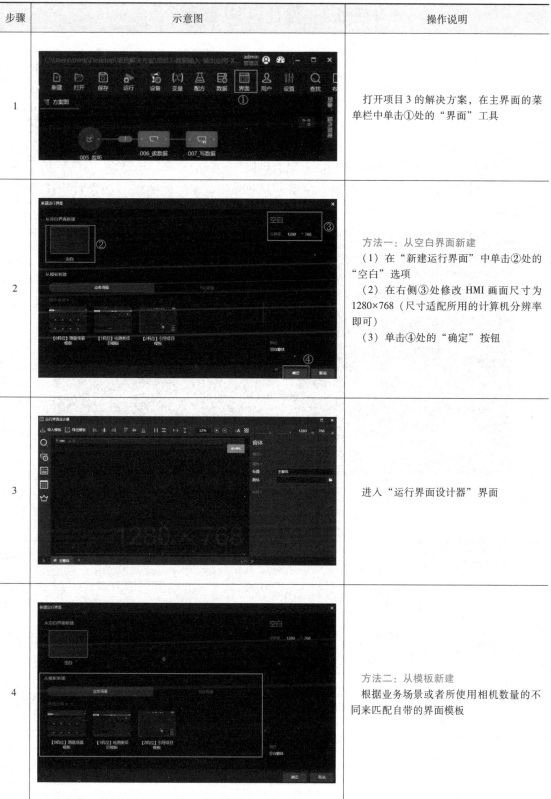	打开项目 3 的解决方案，在主界面的菜单栏中单击①处的"界面"工具
2		方法一：从空白界面新建 （1）在"新建运行界面"中单击②处的"空白"选项 （2）在右侧③处修改 HMI 画面尺寸为 1280×768（尺寸适配所用的计算机分辨率即可） （3）单击④处的"确定"按钮
3		进入"运行界面设计器"界面
4		方法二：从模板新建 根据业务场景或者所使用相机数量的不同来匹配自带的界面模板

任务2　设计 HMI 界面

📋 知识准备

HMI 界面基本操作

1. HMI 界面相关组件

在设计 HMI 界面时，主要遵循简洁易用、可操作性强的原则，满足大
多数使用者对软件操作的要求，即输入简单、方便易用、输出标准化。V+平台软件的"运
行界面设计器"工具默认界面如图 4.3 所示，其具体说明见表 4.2。

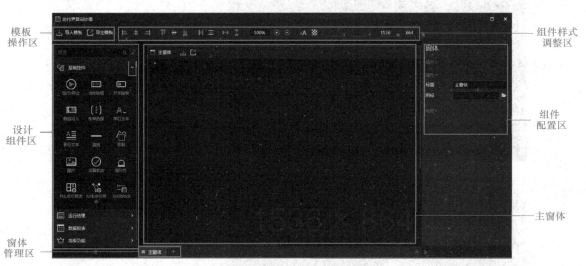

图 4.3　HMI 编辑界面

表 4.2　HMI 编辑界面说明

序号	功能组件		说明
1	模板操作区	导入模板	支持导入模板界面
		导出模板	支持将当前界面导出为模板
2	设计组件区	基础控件	设计组件库，分类展示不同功能的组件，用户拖拽所需组件至主窗体即可开展界面设计，详细说明见表 4.3
		运行结果	
		数据报表	
		高级功能	
3	窗体管理区		用户在此区域可以添加、删除子窗体，通常建议在主窗体设置"动作按钮"控件关联控制子窗体的弹出
4	组件样式调整区		此区域提供组件排列、对齐、字体样式修改、边框修改、填充修改、尺寸修改、位置修改等操作，并支持对多个组件批量调整
5	组件配置区		选中组件后，可在此区域修改组件的配置内容，不支持批量修改

（续）

序号	功能组件	说明
6	主窗体	设计组件的载体，若组件重叠则仅显示最上一层组件，画布尺寸可通过拖动右下角或在顶端"组件样式调整区"的尺寸栏进行修改，建议与实际项目显示器的分辨率匹配

表 4.3　设计组件说明

组件名称	具体工具	功能说明
基础控件	基础控件 运行/停止　动作按钮　开关控制　数值写入 枚举选择　单行文本　多行文本　直线 形状　图片　设备状态　指示灯 PLC点位状态　IO卡点位状态　ToolBlock	运行/停止：方案启动/不启动 动作按钮：可以用来显示窗体、触发信号、查看变量/设备等 开关控制：通过布尔变量设置状态为开或者关 数值写入：在 HMI 运行界面修改变量值 枚举选择：和枚举变量配合使用 单行文本：输入单行文本 多行文本：输入单行或多行文本 直线：绘制指定角度的直线 形状：绘制指定形状，如方形、梯形、圆形等 图片：插入本地图片用于 Logo 显示、背景显示等 设备状态、PLC 点位状态、IO 卡点位状态：用于监视设备、PLC、IO 卡运行状态 指示灯：将方案运行结果转换为指示灯的不同颜色直观地呈现出来 **ToolBlock**：在 HMI 界面配置 ToolBlock 工具
运行结果	运行结果 OK/NG统计　统计窗　结果数据　图像 图像(Cognex)　运行日志	**OK/NG 统计**：良率统计和显示 统计窗：统计良率相关的数据 结果数据：链接"方案设计"界面工具运行的结果数据 图像：显示 Bitmap 格式的图像 图像（Cognex）：显示 ICogImage 格式的图像 运行日志：日志的实时显示
高级功能	高级功能 仿图　配方　输入路径　Tab 控件	仿图：多用于项目中来查看历史图片的视觉处理结果 配方：同一方案适用于多种相似产品时使用 输入路径：指定文件路径 **Tab 控件**：实现一栏多用的功能
数据报表	数据报表 通用数据表　连接器数据表	通用数据表：方案输出的数据统计和显示 连接器数据表：专用于显示连接器数据结果

2. HMI 界面基本操作

良好的 HMI 界面设计涉及界面布局、功能完善、图形显示和数据统计等多方面的综合使用，其相关的基本操作主要包括添加子窗体、添加控件、字体及格式设置、填充及边框设置、控件位置设置等，具体操作方法见表 4.4。

表 4.4　HMI 界面基本操作

操作名称	示意图	操作说明
添加子窗体		（1）在表 4.1 操作的基础上，单击"+"号即可添加子窗体 （2）可根据实际情况修改窗体名称，如改为"操作须知" （3）可根据需求在右上角设置子窗体的宽和高
添加控件	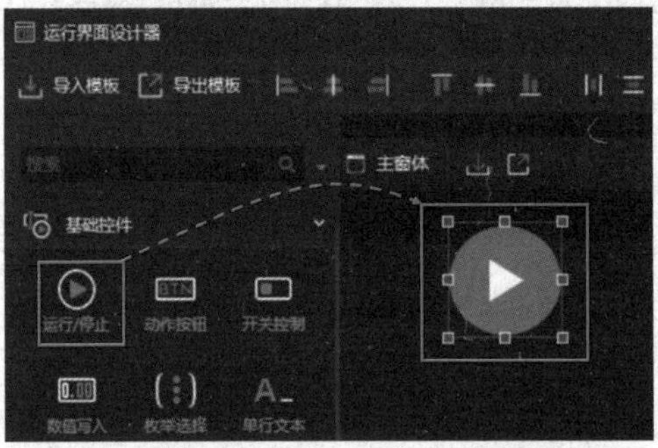	添加控件至窗体的方法有 3 种： （1）双击控件 （2）直接拖拽控件至窗体 （3）右击窗体空白处，单击"创建"，选择对应的控件 注："运行/停止"是 HMI 界面必须添加的控件，在"运行"模式时，单击该控件使方案处于"运行/停止"状态
字体及格式设置		可设置控件的字体类型、大小、颜色、粗细、下划线及字体的对齐方式 注：相关操作类似 Word 中的字体及格式设置
填充及边框设置	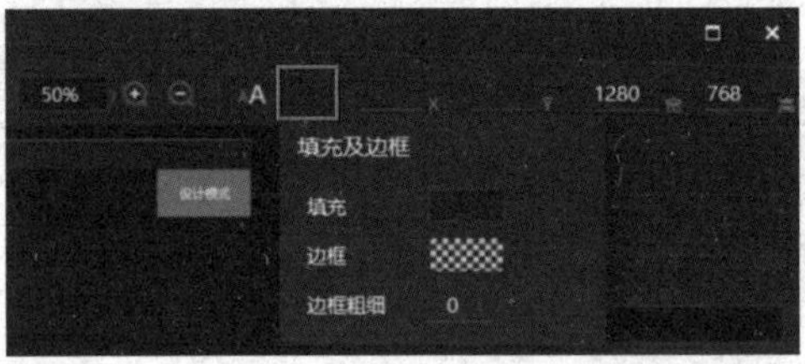	可设置控件的填充颜色、边框颜色及边框粗细
控件位置设置	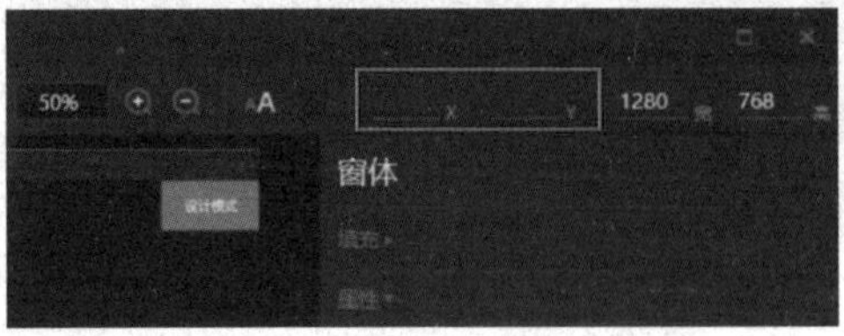	可指定控件的位置和外形的尺寸

3. 常见控件属性说明

　　HMI 界面提供的控件类型较多，功能也较全面，常见的控件包括动作按钮、图像（Cognex）、OK/NG 统计、Tab 控件、结果数据、指示灯等，其属性参数说明见表 4.5。

表4.5　常见控件属性参数说明

控件名称	属性参数界面	属性参数及说明
动作按钮		该控件可实现相应动作的执行，具体属性说明如下： （1）填充 图片：选择填充背景的图片 平铺：图片的放置方式，默认为平铺，可下拉选择填充、均匀、均匀填充 （2）圆角　按钮形状上倒角的大小，单位为像素 （3）属性 最小间隔（ms）：按钮两次触发的时间间隔 文本：定义按钮名称 动作：可选择显示窗体、触发信号、查看变量、查看设备和运行 （4）权限　可设置动作按钮的显示和操作权限 （5）高级选项　勾选时可实现方案运行中编辑该动作按钮 注：其他控件的"权限"和"高级选项"属性配置方法相同
图像（Cognex）		该控件可实现在HMI界面显示图像处理效果的功能，具体属性说明如下： 内容：单击①处的"⊕"按钮，在②处下拉选择需要显示的图像 拷贝图像：默认勾选，即图像显示通过拷贝的方式实现 图像切换：可选自动或手动，通常保持默认的自动模式 注："图像（Cognex）"的图像源可以添加多个，操作方法类似
OK/NG统计		该控件可对检测结果进行统计和直观展示，具体属性说明如下： （1）字符　设置不同的检测结果应显示的字体内容、颜色及大小 （2）属性 输入：下拉选择判断产品合格与否的工具的输出参数，通常使用输出的布尔数据 统计：勾选时，会有②处的统计窗口
Tab控件		该控件可实现灵活切换不同的Tab界面，每个Tab界面中可自由添加其他控件，具体属性说明如下： 标题：自定义Tab的名称
结果数据		该控件可将工具运行的数据结果显示在HMI界面，具体属性说明如下： 内容：单击"⊕"按钮，即可在Output1处下拉选择需要显示的结果数据
指示灯		该控件可根据开启条件显示不同的颜色和形状，其属性说明如下： （1）填充　可分别设置指示灯开启和关闭的颜色 （2）圆角　按钮形状上倒角的大小，单位为像素（注：与"动作按钮"中的圆角含义一致） （3）属性 启用：控制是否用指示灯，支持链接其他工具输出项 灯开启：控制指示灯开启或关闭，支持链接其他工具输出项

任务实施

工业视觉软件的 HMI 界面的设计过程需要明确用户的需求和期望，采用手绘或软件制作草图和模型来对界面的颜色、排版和布局进行初探，根据需求和草图分析的结果来实施界面设计过程，同时在软件使用过程中可以根据用户的反馈来优化和完善界面功能。

HMI
界面设计

V+平台软件的 HMI 界面设计步骤见表 4.6，基于此步骤设计的界面仅供学习参考，可根据实际需求和个人偏好进行优化和完善。

表 4.6 HMI 界面设计步骤

步骤	示意图	操作说明
1	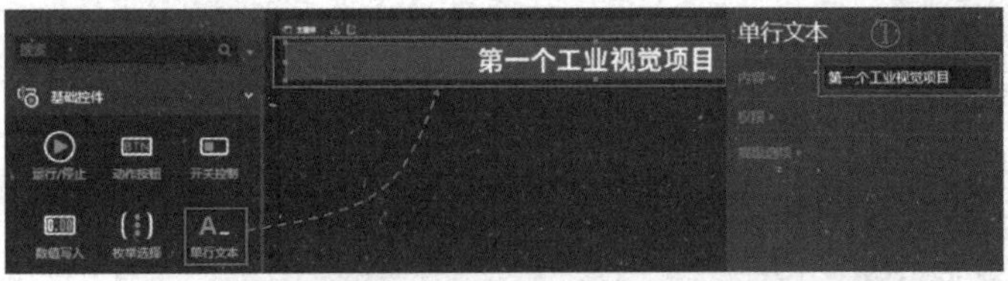	（1）在表 4.1 的操作基础上，添加"基础控件"中的"单行文本"工具 （2）在①处输入文本内容，如"第一个工业视觉项目"
2	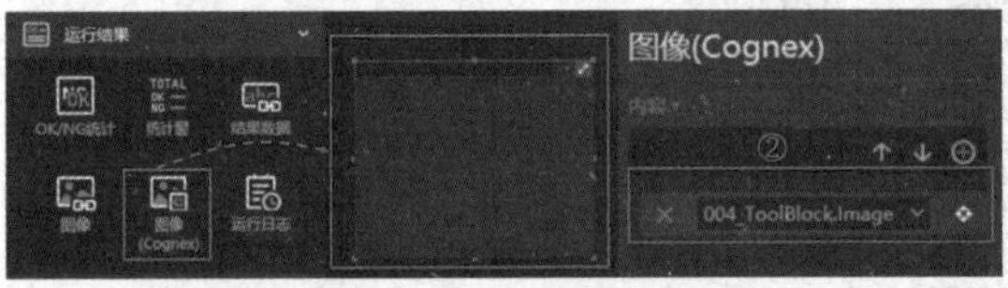	（1）添加"运行结果"中的"图像（Cognex）"工具 （2）在②处配置图像来源为"工具块"的输出图像
3	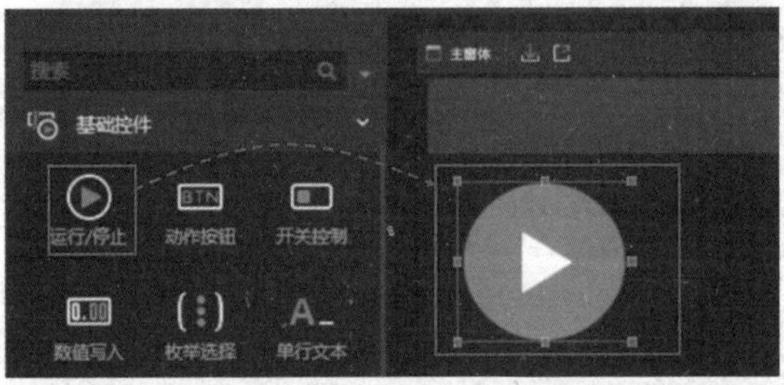	添加"基础控件"中的"运行/停止"按钮
4	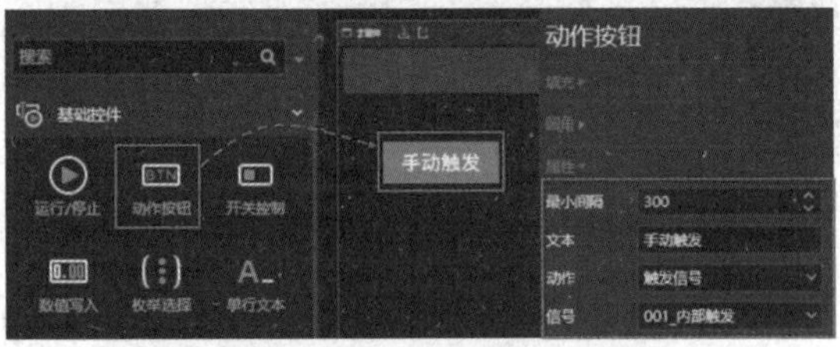	添加"基础控件"中的"动作按钮"并配置其属性： 文本：手动触发 动作：触发信号 信号：选择"001_内部触发"选项 注：样式设置参照"表 4.4 HMI 界面基本操作"
5		优化布局 调整控件大小、位置、居中显示等，使整个布局美观整洁，并关闭"运行界面设计器"界面

（续）

步骤	示意图	操作说明
6		链接"003_取像"和"001_内部触发"工具
7		（1）另存解决方案并命名为"项目4-HMI界面设计-XXX" （2）单击"运行模式"按钮
8		HMI界面运行结果查看： （1）在运行界面中单击①处的"启动"按钮 （2）单击②处的"手动触发"按钮，在③处的图像显示区会更新方案运行效果图 （3）单击④处的"设计模式"切换到方案设计界面 注：方案启动状态下，每单击一次"手动触发"按钮，与其关联的信号所在流程就运行一次

任务实施记录单

任务名称	设计 HMI 界面	实施日期	
任务要求	利用 V+平台软件设计简单的 HMI 界面		
计划用时		实际用时	
组别		组长	
组员姓名			
成员任务分工			
实施场地			
所需设备 或环境清单	（请列写所需设备或环境，并记录准备情况。若列表不全，请自行增加需补充部分） 清单列表 — 主要器件及辅助配件 工业视觉系统硬件 工业视觉系统软件 软件编程环境 工件（样品） 补充：_____		

（续）

实施步骤与信息记录	（在任务实施过程中重要的信息记录是撰写工程说明书和工程交接手册的主要文档资料） V+平台软件中新建HMI界面过程：_____ _____ V+平台软件中HMI界面设计过程：_____ _____
遇到的问题及解决方案	（列写本任务完成过程中遇到的问题及解决方法，并提供纸质或电子文档）

技能训练　HMI界面综合设计

一个完整的工业视觉解决方案需要配备良好的用户交互界面来实现以下两个方面的需求：

（1）对调试参数的可视化呈现　工业视觉软件中很多参数会影响视觉方案运行的鲁棒性和灵敏度，通过设计合理的HMI界面，可以实现数据可视化显示，直接调整，便捷快速。

（2）操作工艺的自定义功能　即使对于同一种工业视觉方案，应用场景的不同，使用习惯上依然有着不同的需求。通过优化用户界面，可以实现操作习惯的自定制功能。

因此，支持可视化管理的工业视觉系统将有助于提高生产率、降低设备故障率，改善生产场景中的生产安全性和信息普及速度。

1. 训练要求

1）能在HMI界面显示"取像"工具的采集图像和"工具块"处理后的图像。

2）能添加子窗体，并在子窗体中书写多行文本，文本的字体、颜色、背景可自行调整。

3）通过TCP通讯的方式触发方案运行，并在HMI界面监视通讯设备状态。

4）通过TCP通讯的方式触发方案运行，并在HMI界面显示"读数据"工具的运行结果数据。

2. 解决方案

与训练要求对应的参考HMI界面如图4.4所示。

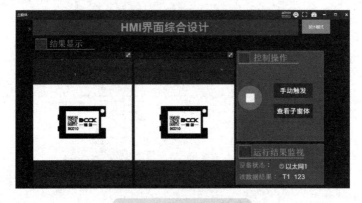

图4.4　参考HMI界面

3. 任务实施验收单

任务名称		HMI界面综合设计	实施日期		
任务实施评价标准	项目列表	考核要求		配分	得分
	职业素养	遵守实训室纪律，不大声喧哗，不无故迟到、早退、旷课		5	
		遵守实训室安全管理规定及操作规范，使用完毕，及时关闭设备、清理归位		10	
		注重团队协作精神，按序操作设备		5	
		注重理论与实践相结合，提高自身素质和能力，增强自身的专业性和效率		5	
	职业技能	能在 V+平台软件中正确创建新的 HMI 界面		10	
		能合理设置 HMI 界面的分辨率		5	
		能将采集图像显示在 HMI 界面		10	
		能在 HMI 界面触发方案运行		10	
		能将"读数据"工具的结果显示在 HMI 界面		10	
		能创建子窗口并使用按钮控制进行弹窗显示		15	
		能合理布局界面工具的大小、位置、颜色等		15	
	合计			100	
	小组成员签名				
	指导教师签名				
	（备注：在使用实训设备或工件编程调试过程中，如发生设备碰撞、零部件损坏等，每处扣10分）				
综合评价	1. 目标完成情况 _____ _____ _____ 2. 存在问题 _____ _____ _____ 3. 优化建议 _____ _____ _____				

 【知识测试】

1. 判断题

（1）HMI 界面除了可以创建新的空白界面还可以导入已有的模板。（　　）

（2）设计 HMI 界面时可以不添加"基础控件"中的"运行/停止"控件。（　　）

（3）HMI 界面"指示灯"控件的填充颜色只能是红色和绿色。（　　）

（4）HMI 界面"图片"控件可以用来显示视觉工具处理后的结果图像。（　　）

2. 思考题

（1）思考"指示灯"控件的使用方法并进行练习使用。

（2）通过使用"图像"和"图像（Cognex）"控件来简述二者之间的相同点和不同点。

项目5 结果显示与图像保存

技能要求

《工业视觉系统运维员国家职业标准》工作要求（四级/中级工）			
职业功能	工作内容	技能要求	相关知识
系统编程与调试	功能调试	能按要求调试视觉程序配置参数	视觉程序参数配置方法
《工业视觉系统运维员国家职业标准》工作要求（三级/高级工）			
职业功能	工作内容	技能要求	相关知识
系统编程与调试	程序调试	（1）能按方案要求完成功能模块化编程和调试图像算法工具参数 （2）能按方案要求配置系统程序功能参数	（1）视觉程序的调试方法 （2）系统程序功能参数配置方法

任务引入

在工业视觉系统应用中，结果图像的显示是一个非常重要且必要的环节，能够让用户、开发人员等快速了解图像处理的效果，对于算法的验证与优化都起到了至关重要的作用。

保存的历史图像一方面可以帮助工程师在没有相机取像的情况下进行离线分析，确定产品质量和性能，优化生产流程，并为制造商调整参数和维护设备提供有力的依据；另一方面也可以作为教学材料，用于展示产品质量检测的过程和结果，为学生提供直观的感受和方便理解。同时，这些图像还可以用于讲解相关的技术原理和工艺流程，帮助学生更加深入地掌握相关知识。

因此，工业视觉软件的图像保存功能对于产教融合育人的作用是非常显著的，它可以将实际工业数据带入到教学中，促进理论与实践的结合，培养素质高、专业技术全面、技能熟练的高技能人才，以便于更好地满足制造业发展的需求。

本项目着重介绍在V+平台软件中实现图像处理后的结果显示，同时根据不同的用户需求保存在方案运行过程中采集到的图像。

任务工单

任务名称	结果显示与图像保存		
设备清单	工业视觉实训基础套件（含工业相机、镜头、光源等）；锂电池样品或图像；DCCKVisionPlus 软件；工控机或笔记本计算机	实施场地	具备条件的工业视觉实训室或装有 DCCKVisionPlus 软件的机房
任务目的	熟悉图像保存和结果显示的方法；能实现采集图像的保存并将结果图像显示在 HMI 界面		
任务描述	在完成前面任务的基础上，利用所介绍的 V+平台软件工具完成图像的保存和在 HMI 界面的结果显示		
素质目标	培养学生的团队协作能力、观察和分析能力；增强学生的科学责任感和价值观念以及自我学习意识		
知识目标	熟悉保存图像工具的使用方法；掌握格式转换工具的使用方法；掌握字符串操作工具的使用方法；熟悉逻辑计算和多元选择工具的作用		
能力目标	能对数值进行格式转换；能进行字符串拼接；能将采集到的图像保存到指定文件夹；能将结果图像显示在 HMI 界面		
验收要求	能够在 HMI 界面中实时显示结果图像，并按照要求保存图像。详见任务实施记录单和任务实施验收单		

任务分解导图

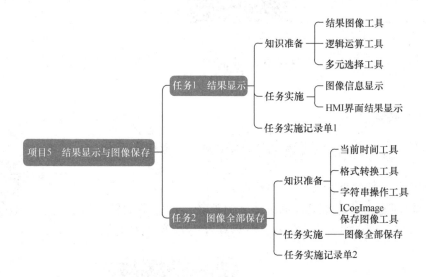

任务1　结果显示

知识准备

一、结果图像工具

V+平台软件中与结果图像相关的工具有两种：Cog 结果图像和图像（Cognex），如图 5.1 所示。

结果图像工具

a) Cog结果图像　　　　b) 图像(Cognex)

图5.1　结果图像相关工具

（1）Cog 结果图像工具　该工具在方案图中，其作用是为了将 ToolBlock 处理后的图像效果集成在一幅图像上显示，其属性说明见表 5.1。

表 5.1　结果图像工具属性说明

属性参数设置界面	属性及其说明
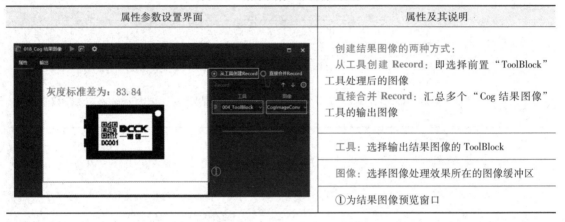	创建结果图像的两种方式： 　从工具创建 Record：即选择前置 "ToolBlock" 工具处理后的图像 　直接合并 Record：汇总多个 "Cog 结果图像" 工具的输出图像
	工具：选择输出结果图像的 ToolBlock
	图像：选择图像处理效果所在的图像缓冲区
	①为结果图像预览窗口

（2）图像（Cognex）　该工具在 HMI 界面中，用于可视化呈现结果图像，其属性说明见表 4.5。

二、逻辑运算工具

逻辑运算工具主要用于处理和分析不同结果之间的逻辑关系，实现逻辑推理和计算。

逻辑运算工具

1. 逻辑运算工具功能介绍

V+平台软件的逻辑运算工具可选择数值比较、字符串比较、与、或、异或、非等运算方法，如图 5.2 所示。各运算方法的详细说明见表 5.2。

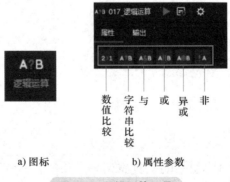

a) 图标　　　　　　b) 属性参数

图 5.2　逻辑运算工具

表 5.2　运算方法说明

序号	运算方法名称	作用
1	数值比较	对输入的 2 个数值型参数进行比较运算，并输出结果
2	字符串比较	对输入的 2 个字符串型参数进行比较运算，并输出结果
3	与	对输入的多个布尔型参数进行"与"运算，并输出结果
4	或	对输入的多个布尔型参数进行"或"运算，并输出结果
5	异或	对输入的 2 个布尔型参数进行"异或"运算，并输出结果
6	非	对输入的布尔型参数进行"非"运算，并输出结果

2. 逻辑运算工具的属性参数

根据需要进行逻辑运算的数据类型，选择相应的运算方法，其属性参数见表 5.3。

表 5.3　数值比较方法属性说明

属性参数界面	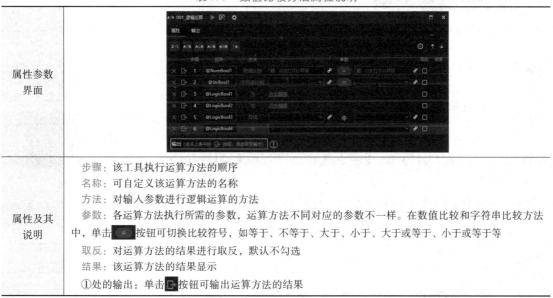
属性及其说明	步骤：该工具执行运算方法的顺序 名称：可自定义该运算方法的名称 方法：对输入参数进行逻辑运算的方法 参数：各运算方法执行所需的参数，运算方法不同对应的参数不一样。在数值比较和字符串比较方法中，单击 = 按钮可切换比较符号，如等于、不等于、大于、小于、大于或等于、小于或等于等 取反：对运算方法的结果进行取反，默认不勾选 结果：该运算方法的结果显示 ①处的输出：单击 按钮可输出运算方法的结果

三、多元选择工具

V+平台软件的多元选择工具主要实现将输入数据与多个预设参数进行比对，根据比对结果输出对应的返回值，如图 5.3 所示。该工具的属性设置界面说明见表 5.4。

多元选择工具

　　　　a) 图标　　　　　　　b) 返回值类型

图 5.3　多元选择工具

表 5.4　多元选择工具属性说明

设置默认界面	属性及其说明
	返回值类型：设置返回值的数据类型。若存在多个返回值情况，各返回值的数据类型应一致
	当数据：输入数据，即待比对的对象。此参数支持链接其他工具的结果参数
	等于：输入预设数据
	返回值：当待比对的对象等于预设参数时，工具输出的结果。此参数支持链接其他工具的结果参数
	默认值：若输入数据与所有预设数据比对均不相等时，则输出此参数的值

 任务实施

一、图像信息显示

图像信息显示

将 ToolBlock 工具块处理后的信息显示在图像上，可以实时看到产品结果数据，方便用户及时调整和优化生产过程。其信息显示的方法有以下两种：

1）导入含显示脚本的 ToolBlock 程序，其操作步骤见表 5.5。

表 5.5　导入 ToolBlock 步骤

步骤	示意图	操作说明
1	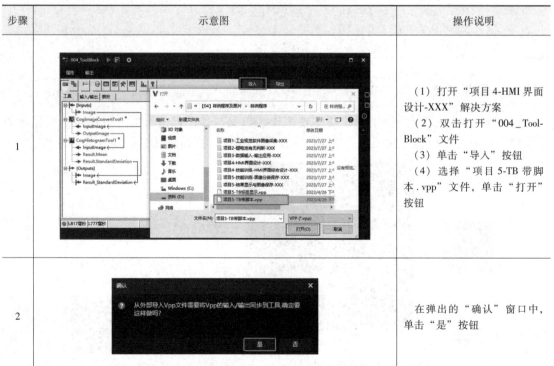	（1）打开"项目 4-HMI 界面设计-XXX"解决方案 （2）双击打开"004_Tool-Block"文件 （3）单击"导入"按钮 （4）选择"项目 5-TB 带脚本 .vpp"文件，单击"打开"按钮
2	确认 从外部导入 Vpp 文件需要将 Vpp 的输入/输出同步到工具，确定要这样做吗？ 是　　否	在弹出的"确认"窗口中，单击"是"按钮

（续）

步骤	示意图	操作说明
3		单击"ToolBlock"上①处的"运行"按钮，查看运行效果 注：运行"ToolBlock"工具的前提条件要保证"取像"工具已运行

2）利用 CogCreateGraphicLabelTool（此方法仅适用于 VisionPro 9.0 及以上版本），其操作步骤见表 5.6。

表 5.6　创建标签步骤

步骤	示意图	操作说明
1		添加标签工具： （1）在"ToolBlock"中单击①，打开②处文件夹，双击"CogCreateGraphicLabelTool"选项，将其添加到③处 （2）将 Inputs 的"Input1"拖拽到"CogCreateGraphicLabelTool"的"InputImage"工具中 （3）将"CogHistogramTool1"的"Result. StandardDeviation"拖拽到"CogCreateGraphicLabelTool"的"InputDouble"工具中
2		双击打开标签工具，"内容"设置如下： 选择器：Formatted（格式化），表达方式为"{}" 文本：灰度标准差：{D:F3}，F3 表示保留小数点后 3 位 颜色：下拉选择字体颜色

（续）

步骤	示意图	操作说明
3	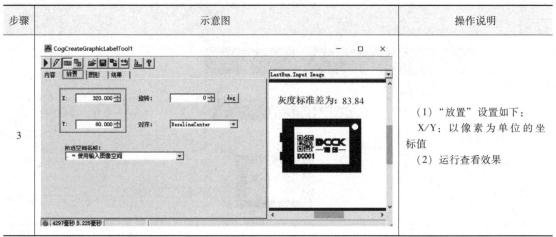	（1）"放置"设置如下： X/Y：以像素为单位的坐标值 （2）运行查看效果

二、HMI 界面结果显示

V+平台软件中图像处理结果可视化，既可以在图像中实现，其操作方法在表5.6中已详细说明，也可以在 HMI 界面通过"结果数据"来呈现，其具体步骤见表5.7。

HMI 界面结果显示

表 5.7　HMI 界面结果显示步骤

步骤	示意图	操作说明
1		（1）在表5.5操作基础上，双击或拖出"Cognex"工具包中的"Cog 结果图像"工具 （2）链接"004_ToolBlock"和"018_Cog 结果图像"
2		"Cog 结果图像"设置如下： （1）勾选"从工具创建 Record"选项 （2）工具：下拉选择"ToolBlock"选项 （3）图像：选择"ToolBlock"中图像处理效果所在的图像缓冲区"CogImageConvertTool1. InputImage"选项 （4）单击①处运行查看效果
3		（1）双击或拖出"数据"工具包中的"逻辑运算"工具 （2）链接"Cog 结果图像"和"逻辑运算"

（续）

步骤	示意图	操作说明
4	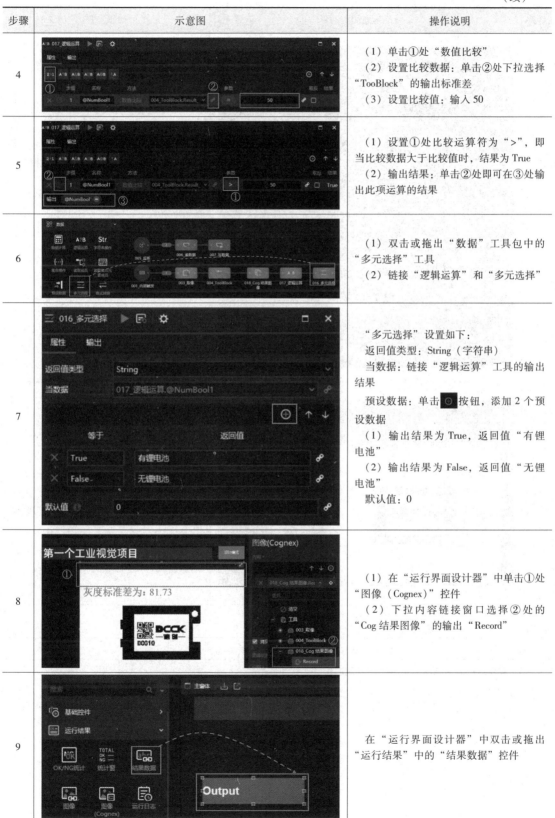	（1）单击①处"数值比较" （2）设置比较数据：单击②处下拉选择"TooBlock"的输出标准差 （3）设置比较值：输入50
5		（1）设置①处比较运算符为"＞"，即当比较数据大于比较值时，结果为True （2）输出结果：单击②处即可在③处输出此项运算的结果
6		（1）双击或拖出"数据"工具包中的"多元选择"工具 （2）链接"逻辑运算"和"多元选择"
7		"多元选择"设置如下： 返回值类型：String（字符串） 当数据：链接"逻辑运算"工具的输出结果 预设数据：单击 ⊙ 按钮，添加2个预设数据 （1）输出结果为True，返回值"有锂电池" （2）输出结果为False，返回值"无锂电池" 默认值：0
8		（1）在"运行界面设计器"中单击①处"图像（Cognex）"控件 （2）下拉内容链接窗口选择②处的"Cog结果图像"的输出"Record"
9		在"运行界面设计器"中双击或拖出"运行结果"中的"结果数据"控件

（续）

步骤	示意图	操作说明
10		（1）单击选中①处添加的"结果数据"控件 （2）在②处下拉选择"多元选择"控件的输出结果 注："结果数据"的字体样式和背景颜色可自行调整
11		在"运行模式"下： （1）单击①处启动解决方案 （2）单击②处"手动触发"按钮，运行所在的流程，并查看界面上显示的图像和结果

任务实施记录单 1

任务名称	结果显示	实施日期	
任务要求	利用 V+平台软件实现图像信息和结果显示		
计划用时		实际用时	
组别		组长	
组员姓名			
成员任务分工			

（续）

实施场地	
所需设备或环境清单	（请列写所需设备或环境，并记录准备情况。若列表不全，请自行增加需补充部分）

（请列写所需设备或环境，并记录准备情况。若列表不全，请自行增加需补充部分）

清单列表	主要器件及辅助配件
工业视觉系统硬件	
工业视觉系统软件	
软件编程环境	
工件（样品）	

补充：＿＿＿＿＿＿＿＿＿＿＿＿＿＿＿＿＿＿＿＿＿＿＿＿＿＿＿＿
＿＿＿＿＿＿＿＿＿＿＿＿＿＿＿＿＿＿＿＿＿＿＿＿＿＿＿＿＿＿＿

实施步骤与信息记录

（在任务实施过程中重要的信息记录是撰写工程说明书和工程交接手册的主要文档资料）

方案图中实现结果图像和结果输出过程：＿＿＿＿＿＿＿＿＿＿＿＿＿
＿＿＿＿＿＿＿＿＿＿＿＿＿＿＿＿＿＿＿＿＿＿＿＿＿＿＿＿＿＿＿＿

设计 HMI 界面显示图像和结果过程：＿＿＿＿＿＿＿＿＿＿＿＿＿＿＿
＿＿＿＿＿＿＿＿＿＿＿＿＿＿＿＿＿＿＿＿＿＿＿＿＿＿＿＿＿＿＿＿

遇到的问题及解决方案

（列写本任务完成过程中遇到的问题及解决方法，并提供纸质或电子文档）

任务2 图像全部保存

当前时间
工具

 **知识准备**

一、当前时间工具

在保存图像时，图像名称通常需要添加时间后缀，不仅便于图像管理，还能够为后期的查找和维护工作提供更多的信息支持，主要表现在以下两个方面：

（1）避免重复命名 在时间后缀中添加毫秒数等信息，可以防止由于快速连续保存而导致的文件名相同而被覆盖的问题。

（2）便于筛选 在图像文件名中加入时间戳可以方便检索指定时间段内的文件，避免因命名混乱、错误或杂乱无章造成的找不到所需文件的尴尬情况。

当前时间工具可以准确记录并输出图像采集的时间信息，包含了年、月、日、小时、分钟、秒钟等时间表示方法，如图 5.4 所示。当前时间工具在方案图中直接调用即可，属性不需要设置。当时间信息的数据格式不满足图像名称的命名规则时，可以使用格式转换工具进行格式转换。

a) 图标　　　　　　　　　　b) 输出项

图 5.4　当前时间工具

二、格式转换工具

V+平台软件的格式转换工具是一种能将数据从一种格式转换为另一种格式的工具，支持多种数据类型的转换，如图 5.5 所示，让用户更加灵活地应对各种数据转换需求，节省了手动转换数据的时间和人力成本，同时避免了可能出现的误差。格式转换工具的属性配置见表 5.8。

a) 图标　　　　　　　　　　b) 数据格式类型

图 5.5　格式转换工具

表 5.8　格式转换工具属性配置

属性参数默认界面	属性及其说明
	输入数据：需要进行格式转换的数据，支持链接其他工具的结果参数
	原数据格式：输入数据的格式，可下拉选择
	目标数据格式：格式转换后输出数据的格式，可下拉选择
	转换设置：目标数据格式不同，对应的内容不一样，按转换需求勾选
	预览：以上参数配置完成后，运行该工具可在此预览转换结果

三、字符串操作工具

字符串在工业视觉系统中是一种广泛使用的数据类型，字符串操作工具主要为了帮助用户更方便地操作字符串，使得复杂字符串的操作更加轻松和高效。

字符串
操作工具

1. 字符串操作工具的功能介绍

V+平台软件的字符串操作工具可选择拼接、分割、替换、大小写、去字符等方法，如图5.6所示。各方法的详细说明见表5.9。

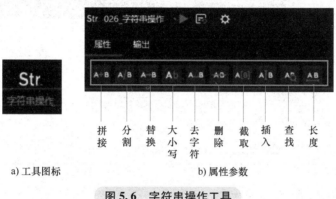

a) 工具图标　　　　　　　　　　b) 属性参数

图 5.6　字符串操作工具

表 5.9　字符串操作方法的详细说明

序号	方法名称	作用
1	拼接	按指定顺序将一个或多个字符串的值拼接为一个字符串
2	分割	对输入字符串按指定分隔符分割，并输出指定索引对应的字符值
3	替换	在输入的字符串中，用指定的新字符值替换原有字符值
4	大小写	将输入字符串的字母字符值统一转换为大写或小写
5	去字符	对输入字符串按特定规则去除空格字符
6	删除	对输入字符串删减指定字符的内容
7	截取	将输入字符串从指定位置开始截取指定长度的字符内容
8	插入	将输入字符串从指定位置开始插入指定字符内容
9	查找	在输入的字符串中，查找指定字符的位置索引（仅限首次或最后匹配的索引值）
10	长度	计算输入字符串字符内容的长度

2. 字符串操作工具的属性介绍

在使用字符串操作工具时，可根据实际情况选择所需的方法项，其属性参数说明见表5.10。

表 5.10　字符串操作工具的属性参数

属性参数 界面	
属性参数 说明	步骤：该工具执行方法项的顺序 输入：待操作的字符串来源 名称：可自定义该方法的名称 方法：对输入字符串进行操作的方法 参数：各方法执行所需的参数，运算方法不同对应的参数不一样 结果：该运算方法的结果显示 ①处的输出：单击 ▢ 按钮可输出运算方法的结果

四、ICogImage 保存图像工具

ICogImage 保存图像工具可以将取像工具和工具块处理后的输出图像全部保存下来，也可以按照指定需求分类保存，其属性参数的说明见表 5.11。

表 5.11　ICogImage 保存图像工具属性参数说明

属性参数默认界面	属性参数说明
	图像：选择保存图像的图像源
	保存："全部"选项为保存所有图像；"分类"选项为按要求分类保存
	位置：指定图像所存放的路径，可选择已存在的文件夹或链接已设置好的路径
	文件名：指定图像的名称，可直接输入名称或链接其他工具的输出项
	图像类型：图像保存格式为 Bmp 或 Jpg
	最大数量：图像保存的最大数量
	数据："分类"保存的判断依据，只能链接其他工具的输出项 注：根据数据判断结果，来选择是否保存以及确定保存位置

任务实施

V+平台软件中保存图像时需要避免因图像名称相同导致图像被覆盖的问题，因此可以考虑使用获取图像的具体时间来命名，具体操作见表5.12。

图像
全部保存

表 5.12 图像全部保存步骤

步骤	示意图	操作说明
1		（1）在表5.7操作的基础上，双击或拖出"系统"工具包中的"当前时间"工具 （2）链接"003_取像"和"023_当前时间" （3）运行解决方案，获取当前时间
2		（1）双击或拖出"数据"工具包中的"格式转换"工具 （2）链接"023_当前时间"和"025_格式转换"
3		（1）格式转换工具属性配置： 输入数据：链接"当前时间"工具的输出"Value" 目标数据格式：String 显示样式：yyyyMMddHHmmss，具体到秒 （2）单击①处"运行"，预览转换结果
4		（1）双击或拖出"数据"工具包中的"字符串操作"工具 （2）链接"025_格式转换"和"026_字符串操作"

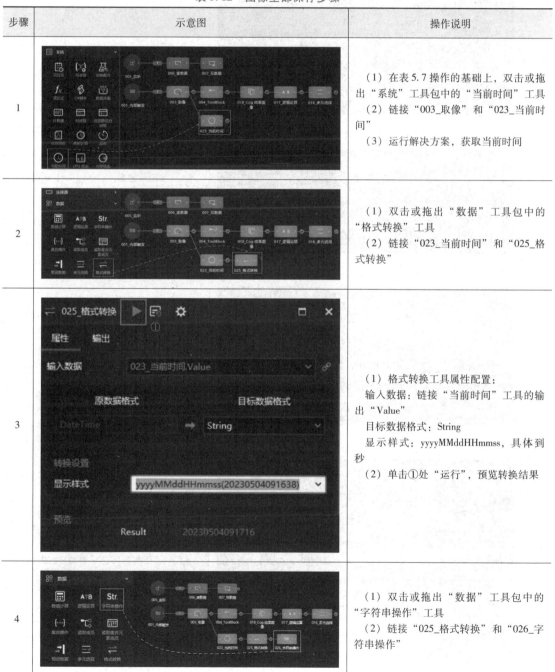

（续）

步骤	示意图	操作说明
5		字符串拼接操作： （1）单击①处添加"字符串拼接" （2）单击②处配置拼接参数 （3）单击③处添加拼接项 （4）在④处输入"CCD1" （5）在⑤处链接"格式转换"的输出项"Result" （6）分隔符下拉选择"_" （7）单击"保存"按钮 （8）单击⑥处输出拼接结果 （9）单击⑦处"运行"，在结果处预览输出结果
6		（1）双击或拖出"Cognex"工具包中的"ICogImage保存图像"工具 （2）链接"字符串操作"和"ICogImage保存图像"
7		ICogImage保存图像属性配置： 图像：链接"取像"工具的输出项"Image" 保存：勾选"全部"选项 位置：单击①处选择根路径"Images"文件夹 文件名：链接"字符串操作"的输出项"@Combine1"
8		（1）另存解决方案并命名为"项目5-结果显示与图像保存-XXX" （2）运行解决方案，在①处的"Images"文件夹中查看实时保存的图像 注：步骤中的文件名和位置仅供参考

任务实施记录单2

任务名称	图像全部保存		实施日期	
任务要求	利用V+平台软件将图像全部保存在指定位置			
计划用时			实际用时	
组别			组长	
组员姓名				
成员任务分工				
实施场地				

所需设备或环境清单	（请列写所需设备或环境，并记录准备情况。若列表不全，请自行增加需补充部分）

清单列表	主要器件及辅助配件
工业视觉系统硬件	
工业视觉系统软件	
软件编程环境	
工件（样品）	

补充：_____

实施步骤与信息记录	（在任务实施过程中重要的信息记录是撰写工程说明书和工程交接手册的主要文档资料） 图像名称的拼接过程：_____ 保存图像工具的使用过程：_____ _____
遇到的问题及解决方案	（列写本任务完成过程中遇到的问题及解决方法，并提供纸质或电子文档）

技能训练　图像分类保存

在实际项目应用中，图像的保存会依据不同的要求（如产品类型、序列条码、OK/NG等）来分类存储，同时包含获取图像的时间信息、设备、处理结果的图像名称，更有利于工作人员更快捷地追溯历史图像。

1. 训练要求

1）根据有无锂电池来将图像分两个文件夹保存。

2）当有锂电池时，文件名为"CCD1_yyMMddHHmmss_有锂电池"；当无锂电池时，文件名为"CCD1_yyMMddHHmmss_无锂电池"。

3）在HMI界面显示Record图像和检测结果。

4）在HMI界面添加指示灯控件，并实现：在有锂电池时显示绿色，无锂电池时显示红色。

2. 解决方案

与训练要求对应的参考解决方案设计如图 5.7 所示，其 HMI 界面如图 5.8 所示。

图 5.7　参考解决方案设计

a) 绿色指示灯　　　　　　　　　　　b) 红色指示灯

图 5.8　参考 HMI 界面

3. 任务实施验收单

任务名称	结果显示与图像分类保存		实施日期		
任务实施 评价标准	项目列表	考核要求		配分	得分
	职业素养	遵守实训室纪律，不大声喧哗，不无故迟到、早退、旷课		5	
		遵守实训室安全管理规定及操作规范，使用完毕，及时关闭设备、清理归位		10	
		注重团队协作精神，按序操作设备		5	
		注重理论与实践相结合，提高自身素质和能力，增强自身的专业性和效率		5	
	职业技能	能获取 ToolBlock 处理后的结果图像		10	
		能使用逻辑运算工具进行锂电池有无判断		10	
		能使用多元选择工具输出检测结果信息		10	
		能正确使用当前时间工具获取当前时间		5	
		能对时间信息进行格式转换		10	
		能使用字符串操作工具拼接文件名称		10	
		能运用 ICogImage 保存图像工具来分类保存图像		10	
		能合理布局 HMI 界面的图像和结果显示		10	
	合计			100	
	小组成员签名				
	指导教师签名				
	（备注：在使用实训设备或工件编程调试过程中，如发生设备碰撞、零部件损坏等，每处扣10 分）				

（续）

综合评价	1. 目标完成情况
	2. 存在问题
	3. 优化建议

 【知识测试】

1. 判断题

（1）多元选择工具可以进行数值比较运算。（　　　）

（2）逻辑运算工具可以输出多个方法的运算结果。（　　　）

（3）ICogImage 保存图像时位置可以链接前置工具输出项或由变量设置的路径。（　　　）

（4）ICogImage 保存图像时图像源的格式必须是 ICogImage。（　　　）

2. 思考题

（1）如何将保存图像的路径开放在 HMI 界面？

（2）练习字符串操作工具中的分割、截取、查找方法项，简要概述其使用的注意事项。

项目6　日志应用

《工业视觉系统运维员国家职业标准》工作要求（四级/中级工）			
职业功能	工作内容	技能要求	相关知识
系统编程与调试	功能调试	（1）能导入与备份视觉程序 （2）能按要求调试视觉程序配置参数	（1）视觉程序导入与备份方法 （2）视觉程序参数配置方法
《工业视觉系统运维员国家职业标准》工作要求（三级/高级工）			
职业功能	工作内容	技能要求	相关知识
系统编程与调试	程序调试	（1）能按方案要求完成功能模块化编程和调试图像算法工具参数 （2）能按方案要求配置系统程序功能参数	（1）视觉程序的调试方法 （2）系统程序功能参数配置方法

任务引入

在工业项目现场调试和应用过程中，系统运行时会出现某些问题，工程人员需要找到这些问题并解决。那么，如何快速追溯并定位到这些问题？通常是采用日志的方式。日志是一种可以追踪系统软件运行时所发生事件的方法，方便用户了解系统或软件程序的运行情况。简单来讲，是通过记录和分析日志了解一个系统或软件程序运行情况是否正常，也可以在应用程序出现故障时快速定位问题。在系统运维中，日志也很重要。此外，发生的事件也有重要性的概念，这个重要性也可以称为"严重性级别"。

本项目着重介绍 V+平台软件的用户日志功能，为后续视觉程序的调试和优化提供帮助。

任务工单

任务名称	日志应用		
设备清单	工业视觉实训基础套件（含工业相机、镜头、光源等）；锂电池样品或图像；DCCKVisionPlus 软件；工控机或笔记本计算机	实施场地	具备条件的工业视觉实训室或装有 DCCKVisionPlus 软件的机房

（续）

任务名称	日志应用
任务目的	熟悉用户日志的作用；能添加用户日志，并在HMI界面中显示日志相关内容
任务描述	在完成前面任务的基础上，利用用户日志功能记录程序流程关键环节，并在HMI界面中显示相关内容
素质目标	培养学生在软件使用过程中对系统问题追踪的意识；培养学生对程序调试的高效意识和成本意识；培养学生独立解决软件问题的能力
知识目标	熟悉日志的作用；掌握用户日志的添加方法；掌握"写日志"工具的使用方法；掌握"运行日志"工具的使用方法
能力目标	能添加用户日志，并设置相关参数；能添加并使用"写日志"工具和"运行日志"工具；能在HMI界面中显示日志相关内容
验收要求	能够在HMI界面中显示程序流程关键环节的主要内容。详见任务实施记录单和任务实施验收单

任务分解导图

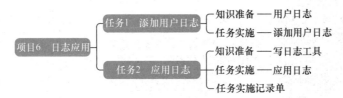

任务1　添加用户日志

知识准备

用户日志

用户日志

1. 用户日志作用

用户日志的作用是对系统运行情况的跟踪，具体体现在以下几点：

1）了解软件程序运行情况，判断是否正常，便于程序调试。

2）软件程序运行故障分析与问题定位。

3）如果应用的日志信息足够详细和丰富，还可以用来做用户行为分析。

2. 用户日志相关工具

V+平台软件的用户日志可以按照设定要求，记录与显示程序流程关键环节及主要内容；也可以显示警告、报警等重要信息。在V+平台软件中，与用户日志有关的工具有两种：写日志和运行日志，如图6.1所示。

a）写日志

b）运行日志

图6.1　用户日志相关工具

（1）写日志　该工具是在方案图中，用于获取和记录当前工具运行状态和相关信息。

（2）运行日志　该工具是在HMI界面中，用于在窗口中查看日志具体内容，如图6.2所示。

图 6.2　运行日志窗口

3. 用户日志组件相关参数

用户日志组件相关参数见表 6.1。

表 6.1　用户日志组件相关参数

参数设置默认界面	参数及其说明
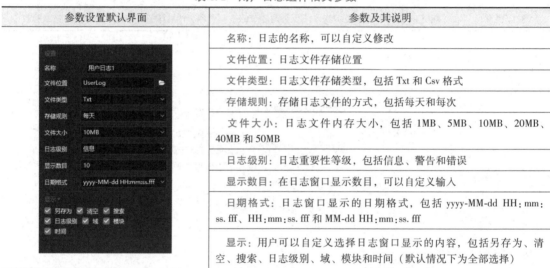	名称：日志的名称，可以自定义修改
	文件位置：日志文件存储位置
	文件类型：日志文件存储类型，包括 Txt 和 Csv 格式
	存储规则：存储日志文件的方式，包括每天和每次
	文件大小：日志文件内存大小，包括 1MB、5MB、10MB、20MB、40MB 和 50MB
	日志级别：日志重要性等级，包括信息、警告和错误
	显示数目：在日志窗口显示数目，可以自定义输入
	日期格式：日志窗口显示的日期格式，包括 yyyy-MM-dd HH：mm：ss.fff、HH：mm：ss.fff 和 MM-dd HH：mm：ss.fff
	显示：用户可以自定义选择日志窗口显示的内容，包括另存为、清空、搜索、日志级别、域、模块和时间（默认情况下为全部选择）

任务实施

用户要在 V+平台软件中使用用户日志相关功能，需要先添加用户日志组件，并设置相关参数，具体操作步骤见表 6.2。

添加用户日志

表 6.2　添加用户日志组件

步骤	示意图	操作说明
1		打开项目 5 的解决方案，单击菜单栏"设备管理"选项，选择"组件"选项

（续）

步骤	示意图	操作说明
2		（1）双击或者拖拽"用户日志"工具，将其添加至左侧设备栏中 （2）参数设置如下： 　日期格式：HH：mm：ss. fff 其他参数保持默认设置

任务2　应用日志

写日志工具

知识准备

写日志工具

写日志工具的图标如图6.1a所示，其属性参数见表6.3。它的用法是直接将其链接至目标工具，即可根据该工具运行状态获取或显示相关信息。

表6.3　写日志工具的属性参数

属性参数默认界面	属性参数及其说明
	日志：日志的名称，只可根据添加的用户日志来选择
	等级：日志重要性等级，包括信息（Info）、警告（Warming）和错误（Error）3个级别
	域：对日志内容进行区域分组，一般根据项目划分
	模块：对日志内容进行模块分组，一般根据功能划分
	内容：日志显示的具体信息，一般此处为需要在日志窗口显示的内容

任务实施

日志应用

在V+平台软件中，可以获取或写入日志内容，并在HMI界面中显示，具体操作步骤见表6.4。

表6.4　应用日志

步骤	示意图	操作说明
1		在表6.2操作基础上，选择"系统"工具包，双击或拖出"写日志"工具，并链接至"取像"工具

（续）

步骤	示意图	操作说明
2	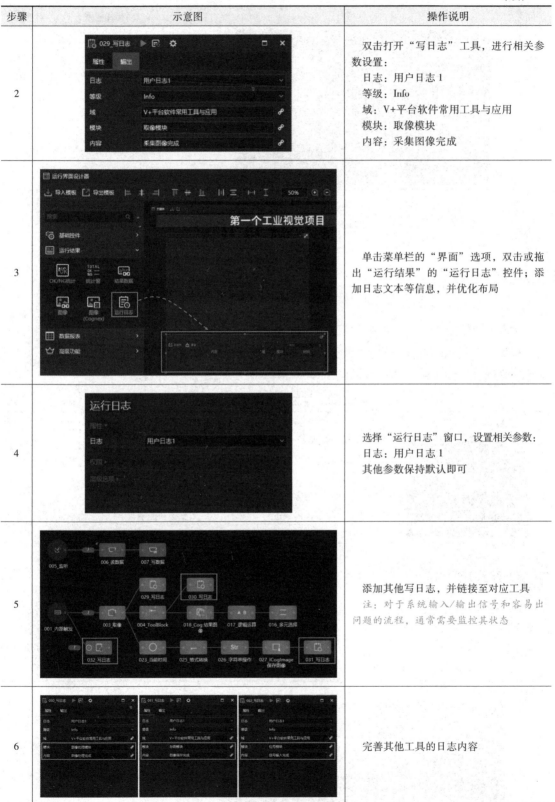	双击打开"写日志"工具，进行相关参数设置： 日志：用户日志1 等级：Info 域：V+平台软件常用工具与应用 模块：取像模块 内容：采集图像完成
3		单击菜单栏的"界面"选项，双击或拖出"运行结果"的"运行日志"控件；添加日志文本等信息，并优化布局
4		选择"运行日志"窗口，设置相关参数： 日志：用户日志1 其他参数保持默认即可
5		添加其他写日志，并链接至对应工具 注：对于系统输入/输出信号和容易出问题的流程，通常需要监控其状态
6		完善其他工具的日志内容

（续）

步骤	示意图	操作说明
7		用户日志结果查看： （1）另存解决方案并命名为"项目6-日志应用-XXX" （2）切换至"运行模式"，在运行界面中单击"启动"按钮 （3）单击"手动触发"按钮，在HMI界面中查看或搜索日志内容

任务实施记录单

任务名称	应用日志		实施日期	
任务要求	利用用户日志功能，记录视觉程序流程关键步骤，并在HMI界面中显示主要内容			
计划用时			实际用时	
组别			组长	
组员姓名				
成员任务分工				
实施场地				
所需设备或环境清单	（请列写所需设备或环境，并记录准备情况。若列表不全，请自行增加需补充部分） 	清单列表	主要器件及辅助配件
---	---
工业视觉系统硬件	
工业视觉系统软件	
软件编程环境	
工件（样品）	| 补充：_____			
实施步骤与信息记录	（在任务实施过程中重要的信息记录是撰写工程说明书和工程交接手册的主要文档资料） 添加用户日志过程：_____ 日志内容添加过程：_____ 日志内容显示过程：_____			
遇到的问题及解决方案	（列写本任务完成过程中遇到的问题及解决方法，并提供纸质或电子文档）			

技能训练　查看系统日志文件

用户通过日志能够掌握软件程序运行情况，对其运行故障进行快速分析与问题定位。日志记录的详细内容会存放在指定位置的文档中，用户需要知晓其存放位置，便于系统出现问题时可以及时查看。

1. 训练要求

1）确定系统日志文件存储位置：UserLog 文件夹。

2）确定系统日志文件类型：TXT 格式。

3）能够对信号源的输入与输出、取像结果和图像处理结果等关键环节进行日志记录。

4）打开当日的系统日志文件，并查看其具体内容。

2. 任务实施验收单

任务名称		日志应用		实施日期	
任务实施评价标准	项目列表	考核要求		配分	得分
	职业素养	遵守实训室纪律，不大声喧哗，不无故迟到、早退、旷课		5	
		遵守实训室安全管理规定及操作规范，使用完毕，及时关闭设备、清理归位		10	
		注重团队协作精神，按序操作设备		5	
		注重理论与实践相结合，提高自身素质和能力，增强自身的专业性和效率		5	
	职业技能	能正确添加用户日志组件至设备栏		5	
		能正确设置用户日志组件相关参数		10	
		能正确添加写日志工具至方案图中		10	
		能正确设置写日志属性参数		15	
		能正确添加运行日志工具至 HMI 界面中		5	
		能正确记录任务实施过程的问题及解决方案，要记录翔实、有留存价值		5	
		能正确设置运行日志相关参数		5	
		能在 HMI 界面中正确显示日志内容		5	
		能正确查看系统日志文件		10	
		能合理布局 HMI 界面，整体美观大方		5	
	合计			100	
	小组成员签名				
	指导教师签名				
	（备注：在使用实训设备或工件编程调试过程中，如发生设备碰撞、零部件损坏等，每处扣 10 分）				

（续）

综合评价	1. 目标完成情况
	2. 存在问题
	3. 优化建议

 【知识测试】

1. 选择题

（1）用户日志的级别包括（ ）。

A. 信息   B. 警告   C. 错误   D. 提示

（2）用户日志的文件存储类型包括（ ）。

A. TXT   B. DOCX   C. CSV   D. PDF

（3）添加"用户日志"至左侧设备栏的方式包括（ ）。

A. 拖拽   B. 双击   C. 单击   D. 右击

（4）用户日志的作用包括（ ）。

A. 追踪系统软件程序运行情况

B. 判断软件程序是否正常，便于调试

C. 错误程序运行故障分析与问题定位

D. 用作用户行为分析

2. 简答题

（1）简述用户日志使用过程。

（2）简述日志的作用，举例说明可以使用在何处？

7

项目7　程序流程应用

《工业视觉系统运维员国家职业标准》工作要求（四级/中级工）			
职业功能	工作内容	技能要求	相关知识
系统编程与调试	功能调试	（1）能导入与备份视觉程序 （2）能按要求调试视觉程序配置参数	（1）视觉程序导入与备份方法 （2）视觉程序参数配置方法
《工业视觉系统运维员国家职业标准》工作要求（三级/高级工）			
职业功能	工作内容	技能要求	相关知识
系统编程与调试	程序调试	（1）能按方案要求完成功能模块化编程和调试图像算法工具参数 （2）能按方案要求配置系统程序功能参数	（1）视觉程序的调试方法 （2）系统程序功能参数配置方法

任务引入

通过前面的学习，应该能够基本掌握工业视觉项目开发的基本流程和软件操作方法，为了满足功能多样化的项目需求，往往需要引入流程控制的概念。流程控制是指方案在运行的过程中，按照一定的顺序执行不同的操作以达到既定目标的技术和方法。流程控制通过程序设计结构，控制工业视觉解决方案各个部分的执行顺序。V+平台软件的流程控制工具主要分为分支与分支选择、流程选择与流程合并、循环控制三大类，如图7.1所示。

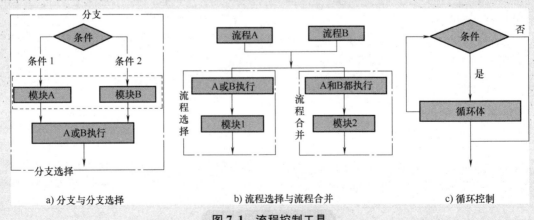

a) 分支与分支选择　　　　　　　　b) 流程选择与流程合并　　　　　　　　c) 循环控制

图7.1　流程控制工具

本项目着重介绍 V+平台软件的流程控制工具的使用方法和具体应用，以提高开发者对工业视觉软件的应用技能。

任务工单

任务名称	程序流程应用		
设备清单	工业视觉实训基础套件（含工业相机、镜头、光源等）；锂电池样品或图像；DCCKVisionPlus 软件；工控机或笔记本计算机	实施场地	具备条件的工业视觉实训室或装有 DCCKVisionPlus 软件的机房
任务目的	能合理地应用不同的程序流程控制工具来完成相关要求		
任务描述	在完成前面任务的基础上，利用分支与分支选择工具实现锂电池有无分支的内容输出；利用流程选择工具实现多个流程的选择性运行；利用流程合并工具实现多流程的同时运行和结果输出；利用循环工具实现图像的连续旋转效果显示		
素质目标	培养学生在软件使用过程中细致严谨的态度；培养学生的逻辑思维意识和独立创新能力		
知识目标	熟悉程序流程工具的作用；掌握分支与分支选择工具的使用方法；掌握流程选择与流程合并工具的使用方法；掌握循环工具的使用方法		
能力目标	能添加分支与分支选择工具，并配置属性参数；能添加流程选择与流程合并工具，完成多流程的合并与选择；能使用循环工具来控制输入图像的连续旋转		
验收要求	能使用所要求的程序流程工具实现对应的运行效果。详见任务实施记录单和任务实施验收单		

任务分解导图

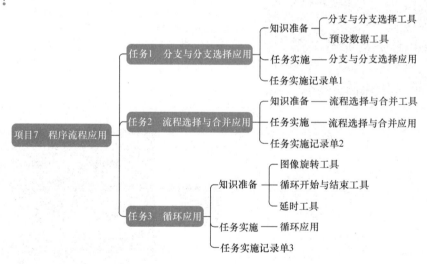

任务1　分支与分支选择应用

知识准备

分支与分支选择工具

一、分支与分支选择工具

在方案流程设计中，分支与分支选择起到非常重要的作用，可以帮助用户解决各种实际编程问题，提高程序的灵活性、可读性及可维护性。

分支工具（图 7.2a）将输入数据与各分支预设参数进行比对，根据比对结果执行对应的分支流程。通过使用分支工具，在方案流程的实现中会优化逻辑关系和调整顺序，使程序性能更好，并且允许方案发挥更广泛的功能，其属性参数说明见表 7.1。

分支选择工具（图 7.2b）须与分支工具一同使用，可以实现将多个分支的指定数据项收拢，即实际执行任一分支，后续流程都可以获取到该分支的指定数据项的值，其属性参数说明见表 7.1。

a）分支工具图标　　b）分支选择工具图标

图 7.2　分支与分支选择工具

表 7.1　分支与分支选择工具属性参数说明

名称	属性参数默认界面	属性参数及其说明
分支工具	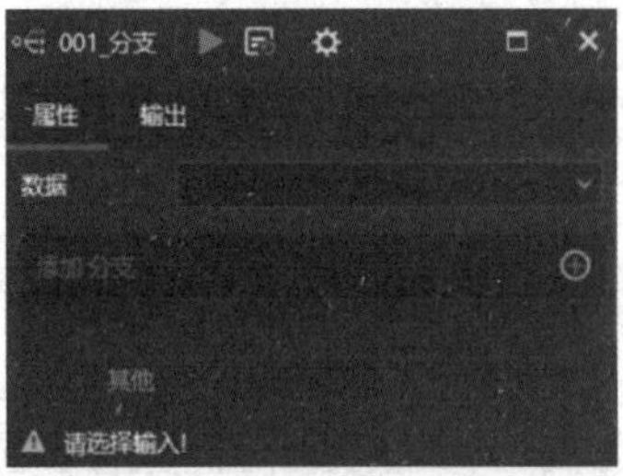	数据：即待比对的对象，支持链接其他工具的结果数据（限 Int、Boolean、String 数据格式） 添加分支：可增设多个分支选项 其他：分支数据项之外的结果 注：工具运行时，若存在多项"分支"值相同，以顺序最先者为优
分支选择工具	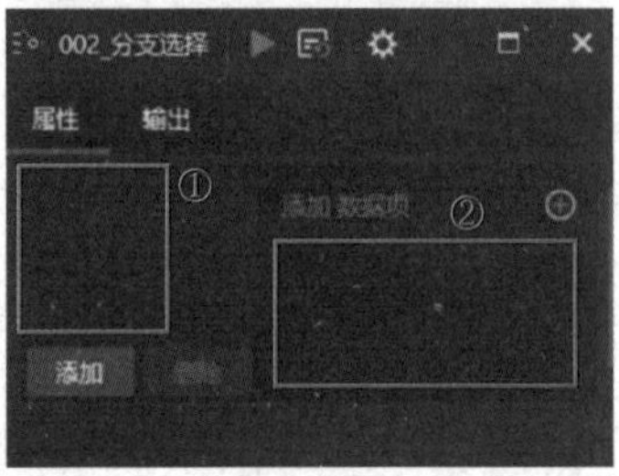	添加：可在①处添加分支项，支持添加多个分支，通常其个数和分支工具的分支个数保持一致 删除：删除①处选中的分支 添加数据项：可在②处添加数据项，支持添加多个

预设数据工具

二、预设数据工具

将经常引用的值通过预设数据工具预设为变量或常量，使得方案更容易理解和运行，提高方案的可扩展性和鲁棒性。该工具在方案中的使用位置非常灵活，可根据编程需要进行调整，其支持的数据类型有 String、Color、DataTime、Double、Int16、Int32、Real 等，如图 7.3 所示。在实际使用过程中根据需要预设的数据格式，选择相应的类型即可。

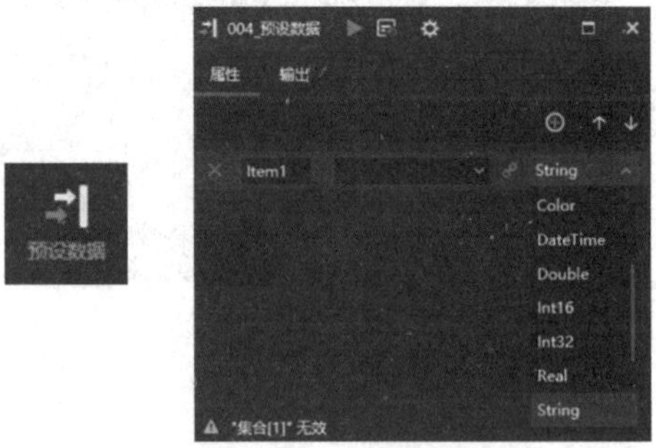

a）图标　　　　　　b）属性界面

图 7.3　预设数据工具

分支与分支
选择应用

 任务实施

通过使用分支和分支选择工具可以实现多分支并行的流程设计，具体操作步骤见表7.2。

表 7.2　分支与分支选择应用步骤

步骤	示意图	操作说明
1	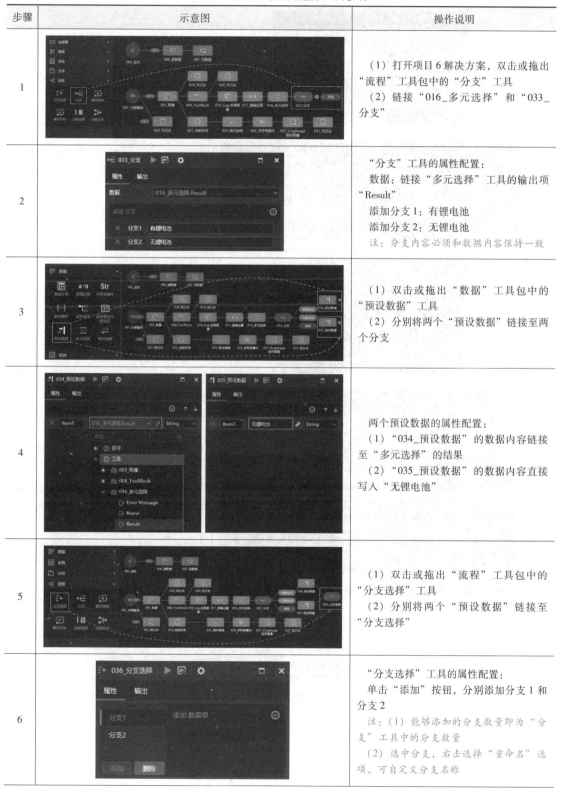	（1）打开项目6解决方案，双击或拖出"流程"工具包中的"分支"工具 （2）链接"016_多元选择"和"033_分支"
2		"分支"工具的属性配置： 　数据：链接"多元选择"工具的输出项"Result" 　添加分支1：有锂电池 　添加分支2：无锂电池 注：分支内容必须和数据内容保持一致
3		（1）双击或拖出"数据"工具包中的"预设数据"工具 （2）分别将两个"预设数据"链接至两个分支
4		两个预设数据的属性配置： （1）"034_预设数据"的数据内容链接至"多元选择"的结果 （2）"035_预设数据"的数据内容直接写入"无锂电池"
5		（1）双击或拖出"流程"工具包中的"分支选择"工具 （2）分别将两个"预设数据"链接至"分支选择"
6		"分支选择"工具的属性配置： 　单击"添加"按钮，分别添加分支1和分支2 注：（1）能够添加的分支数量即为"分支"工具中的分支数量 （2）选中分支，右击选择"重命名"选项，可自定义分支名称

（续）

步骤	示意图	操作说明
7	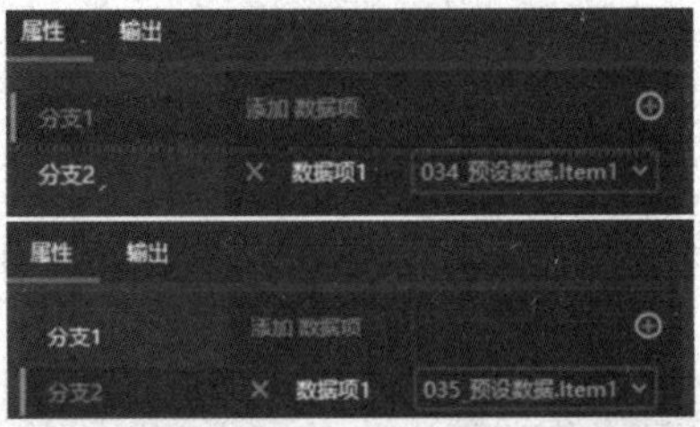	"分支选择"工具的属性配置： （1）添加分支 1 的数据项为"034_ 预设数据"的输出"Item1" （2）添加分支 2 的数据项为"035_ 预设数据"的输出"Item1"
8	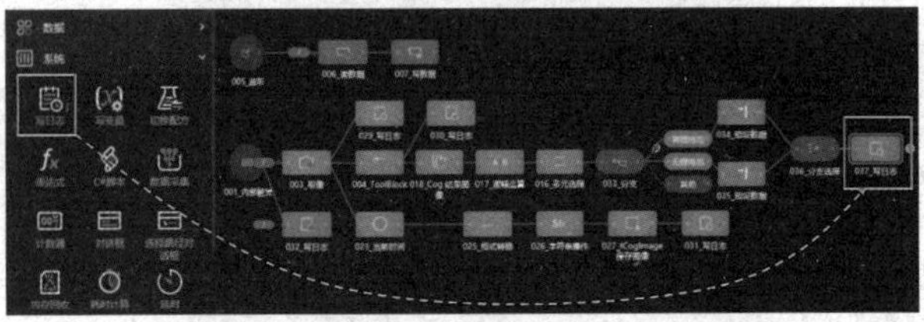	（1）双击或拖出"系统"工具包中的"写日志"工具 （2）链接"分支选择"和"写日志"
9	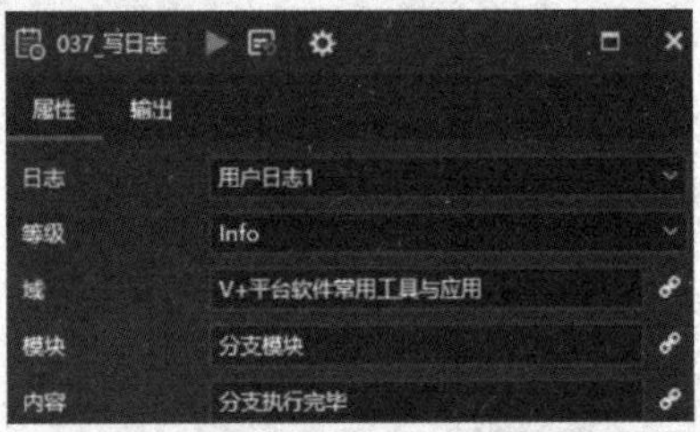	"写日志"工具的属性配置： 日志：用户日志 1 等级：Info 域：V+平台软件常用工具与应用 模块：分支模块 内容：分支执行完毕
10	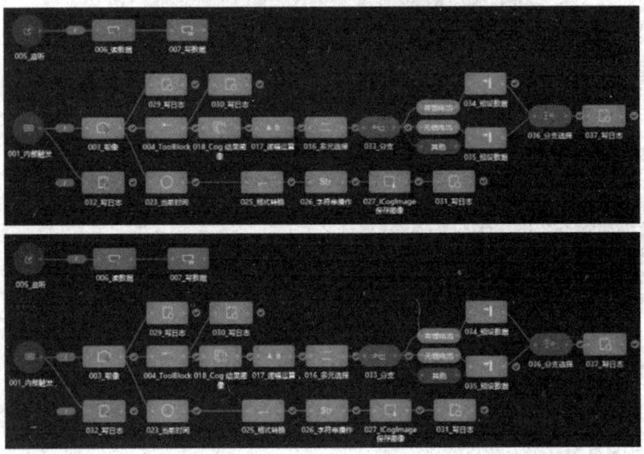	分支结果查看： （1）单击菜单栏"运行"选项 （2）触发"001_内部触发"，从运行结果可以看出，只要分支有一个执行动作，此流程都会正常执行

任务实施记录单 1

任务名称	分支与分支选择应用	实施日期	
任务要求	通过分支和分支选择工具的配合使用控制流程正常运行		
计划用时		实际用时	
组别		组长	
组员姓名			
成员任务分工			

（续）

实施场地	
所需设备或环境清单	（请列写所需设备或环境，并记录准备情况。若列表不全，请自行增加需补充部分） { 清单列表 | 主要器件及辅助配件 } 工业视觉系统硬件 工业视觉系统软件 软件编程环境 工件（样品） 补充：_____
实施步骤与信息记录	（在任务实施过程中重要的信息记录是撰写工程说明书和工程交接手册的主要文档资料） 分支工具的属性配置过程：_____ 分支选择工具的属性配置过程：_____
遇到的问题及解决方案	（列写本任务完成过程中遇到的问题及解决方法，并提供纸质或电子文档）

任务2　流程选择与合并应用

知识准备

流程选择与合并工具

流程选择与合并工具

工业视觉系统编程应用中通常会涉及多流程的方案设计，此时流程选择与合并工具会为开发者提供设计思路，从而提高开发效率和质量，增强方案的可扩展性和灵活性。在 V+平台软件的方案图中每个流程都是以"信号"工具包中的信号源为起始工具。

流程选择工具（图7.4a）会根据不同的条件来决定方案执行不同的逻辑流程，其属性参数说明见表7.3。流程选择工具的主要作用包括：

1）实现多个流程合并为一个流程，且前序任一流程执行后，后序流程即可执行。

2）该工具中所添加前序流程工具的数据项，支持被后序流程工具调用。

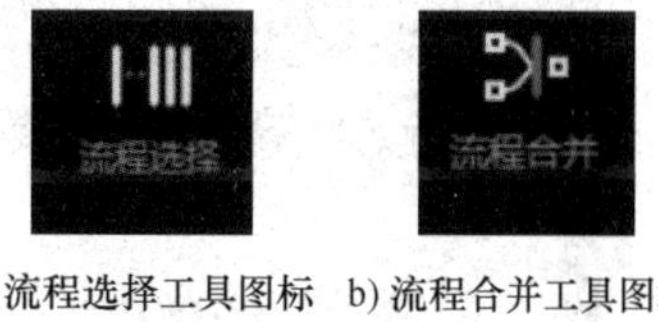

流程合并工具（图7.4b）通过"合多为一"的操作来避免工具的重复使用，降低方案运行的内存开销和代码复杂度，其属性参数说明见表7.3。流程合并工具的主要作用包括：

a) 流程选择工具图标　b) 流程合并工具图标

图7.4　流程选择与合并工具

1）将多个流程合并为一个流程，仅当前序所有流程执行后，后序流程才可执行。

2）该工具中所添加前序流程工具的数据项，支持被后序流程工具调用。

表 7.3 流程选择和流程合并工具属性参数说明

名称	属性参数默认界面	属性参数及其说明
流程选择工具	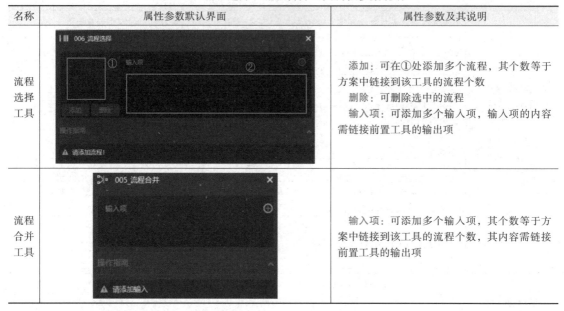	添加：可在①处添加多个流程，其个数等于方案中链接到该工具的流程个数 删除：可删除选中的流程 输入项：可添加多个输入项，输入项的内容需链接前置工具的输出项
流程合并工具		输入项：可添加多个输入项，其个数等于方案中链接到该工具的流程个数，其内容需链接前置工具的输出项

任务实施

在本项目的任务 1 基础上使用流程选择工具实现当"监听"或"内部触发"工具运行时都进行锂电池有无检测；使用流程合并工具实现当"监听"和"内部触发"工具都运行时才触发"流程合并"的后置工具执行。流程选择与合并工具的应用步骤见表 7.4。

流程选择与合并应用

表 7.4 流程选择与合并工具应用步骤

步骤	示意图	操作说明
1		（1）在表 7.2 基础上，添加"039_取像"工具，并链接至"007_写数据"工具 （2）双击或拖出"流程"工具包中的"流程选择"工具，并链接至"039_取像"和"003_取像"工具
2		"039_取像"工具属性配置： 源：文件夹 文件夹：根路径"Images" 输出格式：ICogImage

（续）

步骤	示意图	操作说明
3	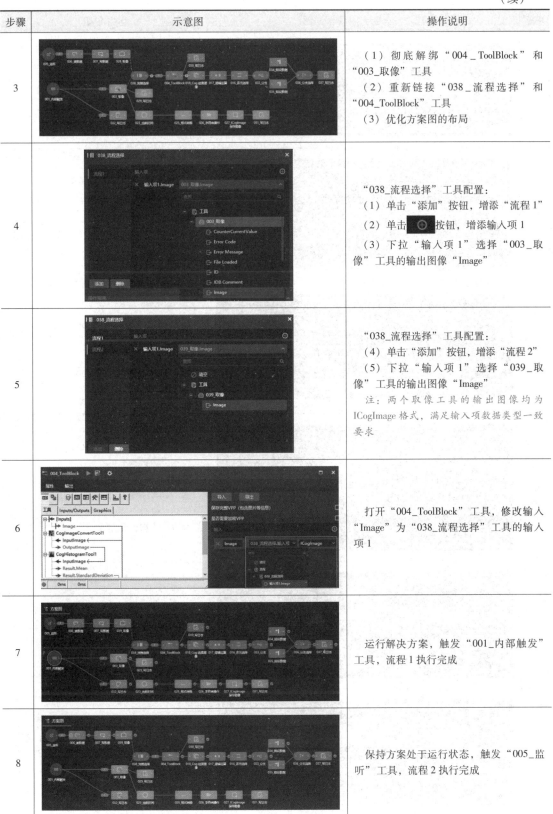	（1）彻底解绑"004_ToolBlock"和"003_取像"工具 （2）重新链接"038_流程选择"和"004_ToolBlock"工具 （3）优化方案图的布局
4		"038_流程选择"工具配置： （1）单击"添加"按钮，增添"流程1" （2）单击 ⊕ 按钮，增添输入项1 （3）下拉"输入项1"选择"003_取像"工具的输出图像"Image"
5		"038_流程选择"工具配置： （4）单击"添加"按钮，增添"流程2" （5）下拉"输入项1"选择"039_取像"工具的输出图像"Image" 注：两个取像工具的输出图像均为ICogImage格式，满足输入项数据类型一致要求
6		打开"004_ToolBlock"工具，修改输入"Image"为"038_流程选择"工具的输入项1
7		运行解决方案，触发"001_内部触发"工具，流程1执行完成
8		保持方案处于运行状态，触发"005_监听"工具，流程2执行完成

（续）

步骤	示意图	操作说明
9	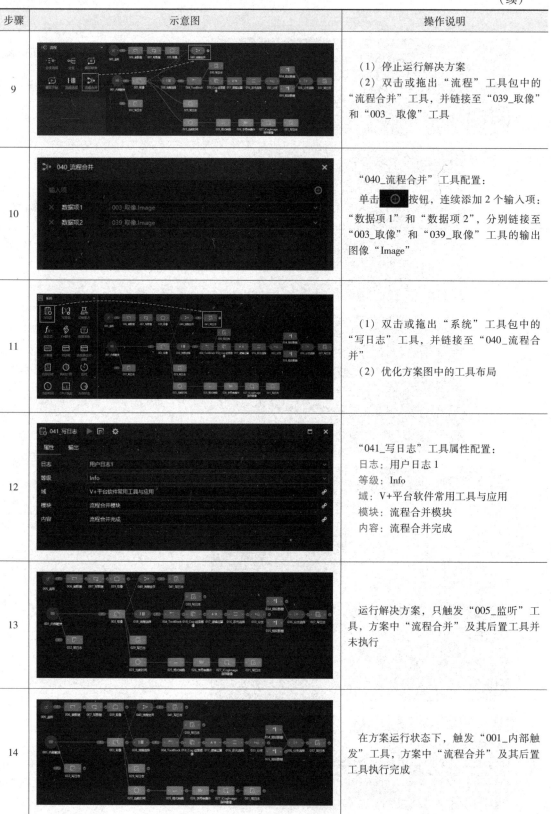	（1）停止运行解决方案 （2）双击或拖出"流程"工具包中的"流程合并"工具，并链接至"039_取像"和"003_取像"工具
10		"040_流程合并"工具配置： 单击 ⊕ 按钮，连续添加2个输入项："数据项1"和"数据项2"，分别链接至"003_取像"和"039_取像"工具的输出图像"Image"
11		（1）双击或拖出"系统"工具包中的"写日志"工具，并链接至"040_流程合并" （2）优化方案图中的工具布局
12		"041_写日志"工具属性配置： 日志：用户日志1 等级：Info 域：V+平台软件常用工具与应用 模块：流程合并模块 内容：流程合并完成
13		运行解决方案，只触发"005_监听"工具，方案中"流程合并"及其后置工具并未执行
14		在方案运行状态下，触发"001_内部触发"工具，方案中"流程合并"及其后置工具执行完成

（续）

步骤	示意图	操作说明
15		（1）在"运行界面编辑器"中右击"手动触发"按钮，选择"复制"选项，在①处粘贴此按钮 （2）选中粘贴的按钮在②处配置属性： 文本：模拟监听 动作：触发信号 信号：005_监听 其他参数保持默认设置
16		（1）在运行界面单击"启动"按钮 （2）单击"手动触发"选项查看日志更新内容
17		（1）保持方案运行状态下，单击"模拟监听"选项 （2）在弹出的窗口中，输入模拟指令"T1_123"，单击"确认"按钮
18		在"手动触发"和"模拟监听"都被执行过后，查看日志内容可知已运行"流程合并"

任务实施记录单 2

任务名称	流程选择与合并应用	实施日期	
任务要求	通过流程选择实现两个流程的选择性执行；通过流程合并实现"合二为一"的运行过程		
计划用时		实际用时	
组别		组长	
组员姓名			
成员任务分工			
实施场地			

所需设备或环境清单	（请列写所需设备或环境，并记录准备情况。若列表不全，请自行增加需补充部分）

清单列表	主要器件及辅助配件
工业视觉系统硬件	
工业视觉系统软件	
软件编程环境	
工件（样品）	

补充：＿＿＿＿＿＿＿＿＿＿＿＿＿＿＿＿＿＿＿＿＿＿＿＿

实施步骤与信息记录	（在任务实施过程中重要的信息记录是撰写工程说明书和工程交接手册的主要文档资料） 流程选择工具的使用过程：＿＿＿＿＿＿＿＿＿＿＿＿＿＿＿ ＿＿＿＿＿＿＿＿＿＿＿＿＿＿＿＿＿＿＿＿＿＿＿＿＿＿＿ 流程合并工具的使用过程：＿＿＿＿＿＿＿＿＿＿＿＿＿＿＿ ＿＿＿＿＿＿＿＿＿＿＿＿＿＿＿＿＿＿＿＿＿＿＿＿＿＿＿
遇到的问题及解决方案	（列写本任务完成过程中遇到的问题及解决方法，并提供纸质或电子文档）

任务 3 循环应用

 知识准备

一、图像旋转工具

在工业视觉项目实际应用中，对获取的图像进行预处理操作可以增强图像的对比度和亮度，消除图像上的噪点及干扰线条等，从而使得图像更用于后续的处理和分析。常见的图像预处理操作有滤波、卷积、量化、旋转等，为实现循环

图像
旋转工具

体中的图像旋转效果，需要使用 V+平台软件的图像旋转工具，其设置界面如图 7.5 所示，在实际应用中仅需要在①处勾选旋转的角度即可。

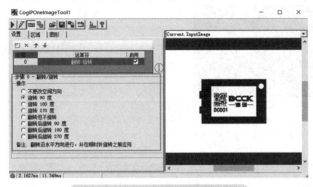

图 7.5　图像旋转工具设置界面

二、循环开始与结束工具

循环是编程过程中常见的一种流程控制结构，它允许方案重复执行循环体内的工具，直到满足特定条件后停止。循环能够帮助开发者在需要处理大量数据或需要多次执行相同任务时，节省时间和精力。通过循环还可以实现复杂算法的功能，如在对料盘中产品进行排序、搜索、遍历等操作时都需要使用循环体来辅助完成。

在 V+平台软件中，与循环体相关的工具有两种：循环开始和循环结束，如图 7.6 所示。

（1）循环开始　该工具用于设定循环条件和循环时间限制，其属性说明见表 7.5。

（2）循环结束　该工具必须和循环开始工具配合使用，循环体内的数据需要在循环结束工具中输出才可以被流程中的后置工具访问。其属性说明见表 7.5。

循环开始与
结束工具

a）循环开始工具图标　b）循环结束工具图标

图 7.6　循环相关工具

表 7.5　循环工具属性说明

名称	属性参数默认界面	属性参数及其说明
循环开始	002_循环开始　属性　输出　循环类型 ●循环次数 ○真值循环　循环次数　超时（s）　60　⚠ 未匹配循环结束	循环类型：指定循环的类型，包括循环次数和真值循环，默认选择循环次数 循环次数：确认循环次数，可输入或链接其他工具数据 超时（s）：循环体执行时长的最大值，默认为 60
	002_循环开始　属性　输出　循环类型 ○循环次数 ●真值循环　引用Bool值	循环类型：真值循环 引用 Bool 值：指定引用的 Bool 类型变量，当变量为 True，即进入循环体，否则跳出循环体

（续）

名称	属性参数默认界面	属性参数及其说明
循环结束		循环输出：输出循环体内的参数，通常无需设置

三、延时工具

延时工具是一种常见的用来控制方案执行速度的技术，只需要设定合理的时长即可用来解决方案运行中需要暂停等待的问题，如图7.7所示。

延时工具

循环应用

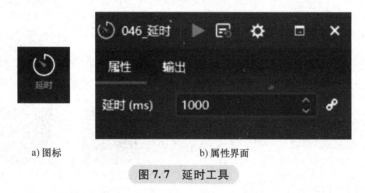

a) 图标   b) 属性界面

图 7.7　延时工具

任务实施

循环体的使用场景有很多种，下面以实现图像的连续旋转为例来说明循环开始和循环结束工具的使用方法（见表7.6）。

表 7.6　循环应用步骤

步骤	示意图	操作说明
1		（1）在表7.4基础上，参照左图新建循环流程 （2）双击或拖出"系统"工具包中的"延时"工具 （3）双击或拖出"流程"工具包中的"循环开始"和"循环结束"工具 （4）依次链接已添加的工具
2		"循环开始"工具属性配置： 循环类型：循环次数 循环次数：4 超时（s）：60

（续）

步骤	示意图	操作说明
3		取像工具属性配置： 源：文件夹 文件夹：根路径下的"AllImages" 输出格式：ICogImage 注：该文件夹中预留一张图像，名称为"循环应用"
4		ToolBlock 设置如下： （1）打开"045_ToolBlock"工具，在①处添加输入项"044_取像"的输出 Image （2）单击②处"显示工具箱" （3）打开"Image Processing"文件夹，双击③处"CogIPOneImageTool"，在工具④处会出现添加的 CogIPOneImageTool （4）将［Input1］拖拽至 CogIPOneImageTool 的"InputImage" （5）将 CogIPOneImageTool 的"OutputImage"拖拽至［Outputs］
5		（1）打开 CogIPOneImageTool，单击①处选择"翻转/旋转"运算符添加至②处，并勾选"启用"选项 （2）在③处勾选"旋转 90 度"
6		"ICogImage 保存图像"属性配置： 图像：选择"045_ToolBlock"的输出图像 保存：勾选"全部"选项 位置：选择文件夹"AllImages" 文件名：输入"循环应用" 注：与此文件夹中预留的图像名称要保持一致

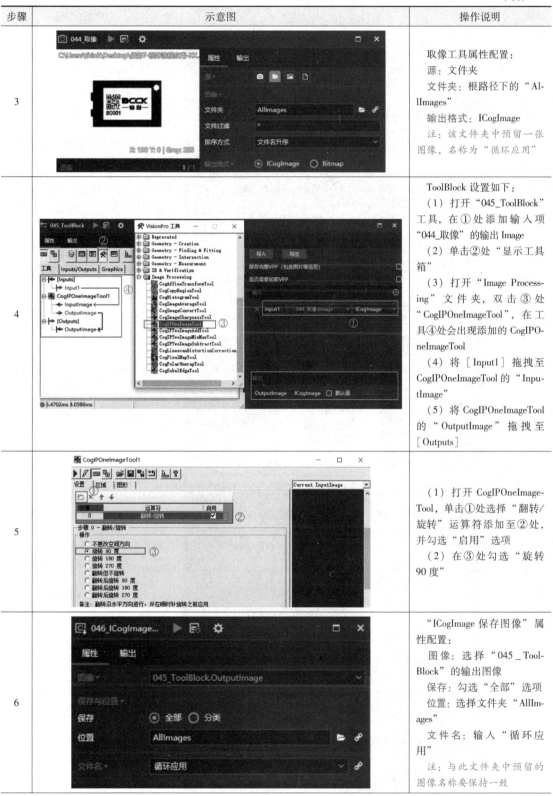

（续）

步骤	示意图	操作说明
7	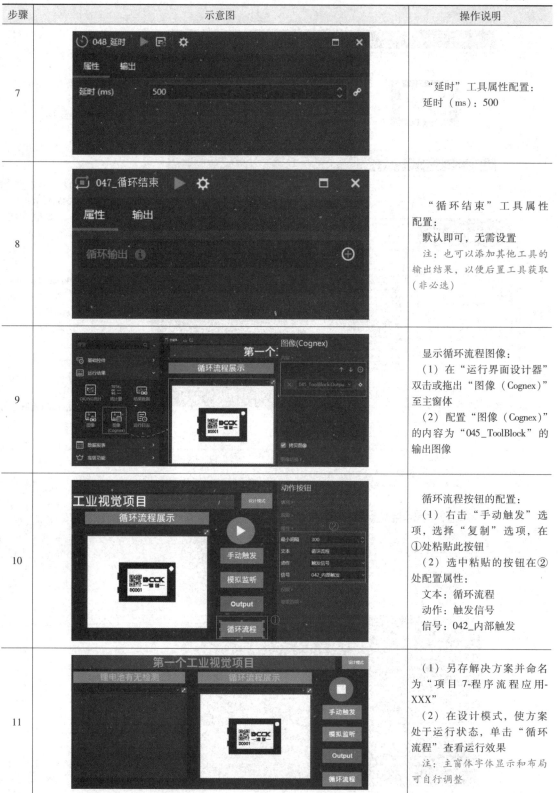	"延时"工具属性配置： 延时（ms）：500
8		"循环结束"工具属性配置： 默认即可，无需设置 注：也可以添加其他工具的输出结果，以便后置工具获取（非必选）
9		显示循环流程图像： （1）在"运行界面设计器"双击或拖出"图像（Cognex）"至主窗体 （2）配置"图像（Cognex）"的内容为"045_ToolBlock"的输出图像
10		循环流程按钮的配置： （1）右击"手动触发"选项，选择"复制"选项，在①处粘贴此按钮 （2）选中粘贴的按钮在②处配置属性： 文本：循环流程 动作：触发信号 信号：042_内部触发
11		（1）另存解决方案并命名为"项目7-程序流程应用-XXX" （2）在设计模式，使方案处于运行状态，单击"循环流程"查看运行效果 注：主窗体字体显示和布局可自行调整

（续）

步骤	示意图	操作说明
11	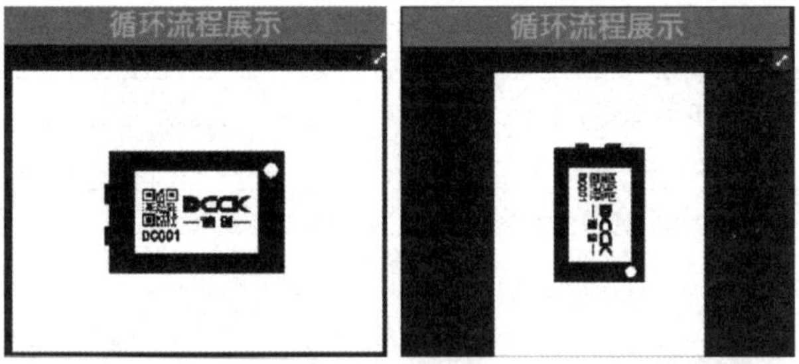	第1、2次循环的运行图像效果
12		第3、4次循环的运行图像效果

任务实施记录单3

任务名称	循环应用	实施日期	
任务要求	通过使用循环开始和循环结束工具实现图像的连续多次旋转		
计划用时		实际用时	
组别		组长	
组员姓名			
成员任务分工			
实施场地			
所需设备或环境清单	（请列写所需设备或环境，并记录准备情况。若列表不全，请自行增加需补充部分） 清单列表　　　主要器件及辅助配件 工业视觉系统硬件 工业视觉系统软件 软件编程环境 工件（样品） 补充：_____		

（续）

实施步骤 与信息记录	（在任务实施过程中重要的信息记录是撰写工程说明书和工程交接手册的主要文档资料） 循环开始工具的属性配置过程：_____ _____ 取像工具和延时时间的设置过程：_____ _____
遇到的问题 及解决方案	（列写本任务完成过程中遇到的问题及解决方法，并提供纸质或电子文档）

技能训练 程序流程综合应用

在工业视觉系统应用过程中，综合使用流程设计工具可以带来以下几方面的好处：

（1）结构清晰，易于维护 方案结构清晰化，使代码可读性更高，易于维护，帮助开发人员快速定位问题所在。

（2）模块化编程，便于协作 将多个独立的流程组合在一起，加强不同流程之间的耦合度，提高协同开发的效率。

（3）程序扩展性强 轻松实现对方案的扩展，快速添加新的业务需求，使方案更加灵活，能够更好地适应用户需求。

1. 训练要求

1）使用流程选择工具实现两条取像流程中任意一条完成取像，方案将继续执行。

2）利用 1）的图像完成图像的三次连续旋转，每次旋转 90°，将循环结束工具的循环输出设置为"工具块运行是否成功（即 ToolBlock. Successfully）"。

3）对 1）中采集的图像进行锂电池有无的检测。

4）利用流程合并工具汇总 2）和 3）的结果，当结果为 True，则在 HMI 界面统计为 OK，否则为 NG。

2. 解决方案

与训练要求对应的参考解决方案如图 7.8 所示，其 HMI 界面如图 7.9 所示。

图 7.8 参考解决方案

图7.9　参考 HMI 界面

3. 任务实施验收单

任务名称		程序流程综合应用		实施日期		
任务实施评价标准	项目列表	考核要求			配分	得分
	职业素养	遵守实训室纪律，不大声喧哗，不无故迟到、早退、旷课			5	
		遵守实训室安全管理规定及操作规范，使用完毕，及时关闭设备、清理归位			10	
		注重团队协作精神，按序操作设备			5	
		注重理论与实践相结合，提高自身素质和能力，增强自身的专业性和效率			5	
	职业技能	能正确使用流程选择工具实现流程选择功能			10	
		能正确设计循环和锂电池有无检测流程			10	
		能在关键点处添加用户日志进行记录			10	
		能正确对循环和锂电池有无检测的结果进行汇总输出			10	
		能正确使用分支来输出 OK/NG 结果			10	
		能在 HMI 界面正确添加结果图像显示			5	
		能在 HMI 界面添加 OK/NG 统计			5	
		能在 HMI 界面中正确显示日志内容			5	
		能合理布局 HMI 界面，整体美观大方			10	
	合计				100	
	小组成员签名					
	指导教师签名					
	（备注：在使用实训设备或工件编程调试过程中，如发生设备碰撞、零部件损坏等，每处扣10分）					
综合评价	1. 目标完成情况 2. 存在问题 3. 优化建议 					

【知识测试】

1. 判断题

（1）预设数据工具能设置整型、浮点型、字符串、布尔变量等多种类型的参数。
（　　）

（2）循环开始工具的真值循环所引用的 Bool 值必须为变量管理中的值。（　　）

（3）当有两个流程只需要选择其中一个运行时，可以用分支工具来实现。（　　）

（4）流程合并工具的前置流程只要有一个运行，就可以触发后置工具运行。（　　）

2. 思考题

（1）请举例说明在什么场景下可能会用到分支？什么情况下会用到分支选择？

（2）简述"流程选择"与"流程合并"工具的区别。

项目8 外围设备通讯与交互

《工业视觉系统运维员国家职业标准》工作要求（四级/中级工）

职业功能	工作内容	技能要求	相关知识
系统编程与调试	功能调试	（1）能导入与备份视觉程序 （2）能按要求调试视觉程序配置参数	（1）视觉程序导入与备份方法 （2）视觉程序参数配置方法
系统维修与保养	系统维修	能识别并描述视觉系统通讯故障	视觉通讯故障分析方法

《工业视觉系统运维员国家职业标准》工作要求（三级/高级工）

职业功能	工作内容	技能要求	相关知识
系统编程与调试	程序调试	（1）能按方案要求完成功能模块化编程和调试图像算法工具参数 （2）能按方案要求配置系统程序功能参数	（1）视觉应用程序的调试方法 （2）系统程序功能参数配置方法
系统维修与保养	系统维修	能排除视觉系统通讯故障	视觉系统通讯故障排除方法

任务引入

制造业是实体经济的基础，是国家经济命脉所系，也是建设现代化产业体系的重要领域。随着制造业高端化、智能化的发展，工业视觉系统在提高制造业生产率和质量方面已成为不可或缺的一部分。为了确保与生产线上的其他设备和控制器之间建立良好的交互关系，通讯方法的选择是必不可少的环节。在工业视觉系统中，TCP通讯、串口通讯、PLC通讯和I/O通讯是视觉系统与其他设备建立可靠连接的四种常用方式。因此，掌握这些通讯方法的特点和使用方法对于构建一个能够支持现代制造的高效、智能的视觉系统至关重要。

串口通讯可实现速度快、准确性高、可靠性强的数据传输和操作命令控制。串口通讯的协议种类很多，RS232和RS485是应用广泛的两种常见的串口协议，有着一定的抗干扰能力和近距离传输特性，常用于高温、高压、强电磁干扰等特定工作环境。PLC通讯是自动化控制领域中非常重要的一部分，能够实现不同设备之间的信息传递和交互，从而协同工作，提高自动化生产系统的效率和智能化程度。PLC通讯应用广泛，涉及各个领域的自动化控制系统，如工业生产线、交通运输、建筑自动化、能源管理等，它不仅能够实现设备之间的联动控制，还能够对整个系统进行数据采集、监控和远程控制，从而提高生产率、降低能耗、提高产品质量和安全性。

在工业视觉中，I/O 通讯分为连接数字输入模块（DI）和数字输出模块（DO）接口。该通讯方式具有简单、稳定、高效、安装便利的特点，在视觉检测的过程中经常用于直接实现数字信号的输入和输出。

本项目着重介绍 V+平台软件串口通讯、PLC 通讯和 I/O 通讯的使用方法，以便灵活应对工业视觉系统的信号交互问题。

任务工单

任务名称	外围设备通讯与交互		
设备清单	工业视觉实训基础套件（含工业相机、镜头、光源等）；锂电池样品或图像；DCCKVisionPlus 软件；工控机或笔记本计算机	实施场地	具备条件的工业视觉实训室或装有 DCCKVisionPlus 软件的机房
任务目的	熟悉工业视觉中常用的通讯方法，掌握通讯交互的流程设计思路		
任务描述	根据通讯交互规则合理设计交互流程并完成方案设计和实现		
素质目标	增强学生的逻辑思维能力；培养学生独立解决软件问题的能力；培养学生的科学思维和分析能力；增强学生的有效思维能力		
知识目标	熟悉串口通讯的使用方法；掌握 PLC 通讯相关工具的使用方法；掌握 I/O 通讯相关工具的使用方法；熟悉通讯交互的时序设计思路		
能力目标	能使用串口通讯触发程序的执行；能正确配置通讯相关工具的属性；能正确使用 PLC 调试助手		
验收要求	能够使用不同的通讯交互方法触发流程的正常运行。详见任务实施记录单和任务实施验收单		

任务分解导图

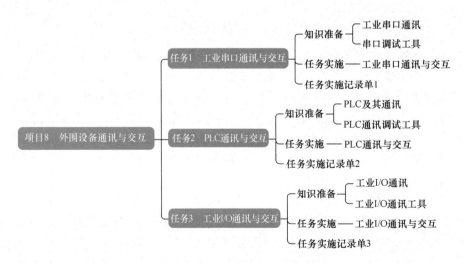

任务1 工业串口通讯与交互

工业串口
通讯

知识准备

一、工业串口通讯

1. 工业串口通讯相关定义

1）串口是串行接口（Serial Port）的简称，也称串行通讯接口或 COM 接口。

2）串口通讯（Serial Communication）是指外部工业设备和计算机之间通过数据信号线、地线等按位进行传输数据的一种通讯方式。

2. 串口硬件连接

常用的串口接头是 9 针串口，简称 DB-9，接线口以针式引出信号线的形式称为公头，以孔式引出信号线的形式称为母头。当使用串口接头将外部设备与计算机连接后，可在计算机的设备管理中查看端口是否与正常连接，如图 8.1 所示。

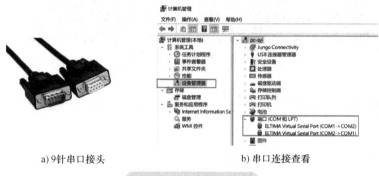

a) 9针串口接头   b) 串口连接查看

图 8.1 串口硬件连接

3. 串口通讯方式

串口通讯方式有三种：单工串行通讯，半双工串行通讯和全双工串行通讯，如图 8.2 所示。

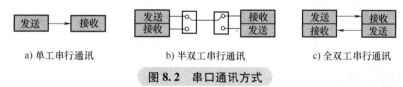

a) 单工串行通讯   b) 半双工串行通讯   c) 全双工串行通讯

图 8.2 串口通讯方式

（1）单工串行通讯 发送端和接收端的身份是固定的，发送端只能发送信息，不能接收信息；接收端只能接收信息，不能发送信息，数据信号仅从一端传送到另一端，即信息流是单方向的。

（2）半双工串行通讯 数据可以在一个信号载体的两个方向上传输，但是不能同时传输，它实际上是一种切换方向的单工通讯，不需要独立的接收端和发送端，两者可以合并一起使用一个端口。

（3）全双工串行通讯 在同一时刻信息可以进行双向传输，能够实现同时发送和接收指令的功能。工业中常用的 RS232 大部分是全双工串行通讯。

4. 串口通讯相关工具

V+平台软件串口通讯的使用方法类似于 TCP 通讯，建立串口通讯工具界面如图 8.3 所示，其相关的功能模块和参数设置见表 8.1 和表 8.2。当计算机端未连接串口设备，图中"串口"为暗灰色，表示想要进行模拟通讯，可自行上网下载虚拟串口插件并安装，即可继续本任务的学习。

基于此通讯过程进行的数据交互过程依然可采用项目 3 所介绍的监听工具、读数据和写数据工具来完成。

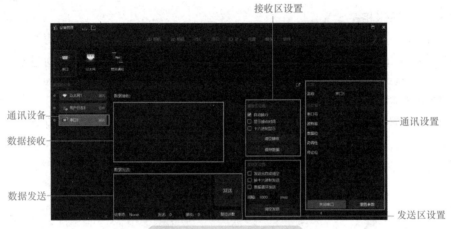

图 8.3　串口通讯工具界面

表 8.1　串口通讯功能模块说明

序号	功能区域	说明
1	通讯设备	显示已添加的串口通讯
2	数据接收	V+平台软件实时显示接收和发送的数据
3	数据发送	输入需要发送的数据
4	通讯设置	设置串口通讯的名称及其相关参数，详见表 8.2
5	接收区设置	数据接收的相关设置：显示数据的自动换行、接收的时间、将接收的数据以十六进制显示、清空和保存已接收数据
6	发送区设置	数据发送的相关设置：发送完自动清空数据、以十六进制形式发送数据、循环发送数据、发送数据的时间间隔（ms）、清空发送的内容

表 8.2　串口通讯相关参数设置

序号	参数设置默认界面	参数及其说明
1		名称：串口的名称，可以自定义修改
2		串口号：连接外部设备的接口号，可参考图 8.1 查看
3		波特率：每秒传输的数据位数，根据外部设备来设置，单位是 bit/s（比特每秒）
4		数据位：通讯中被传送字符的有效数据位，一般为 5~8 位
5		奇偶性：奇偶校验位仅占 1 位，用于进行奇校验或偶校验，奇偶检验位不是必须有的
6		停止位：按长度来算的，一般停止位有 1、1.5、2 个单位时间，共三种长度

二、串口调试工具

在 V+平台软件中"串口调试助手"是进行串口通讯的最佳调试工具，串口调试助手的界面如图 8.4 所示，其具体说明见表 8.3。

串口调试工具

图 8.4 串口调试助手的界面

表 8.3 串口调试助手功能说明

序号	功能组件	说明
1	串口设置	模拟串口通讯时需要配置的网络连接参数，包括串口号、波特率、校验位、数据位和停止位，与 V+平台软件的配置保持一致即可。参数配置完成后，单击"打开"按钮建立通讯
2	接收设置	对接收区的数据显示进行配置；保存或者清除已接收数据
3	发送设置	对发送区的数据格式、发送方式等进行配置；清除发送内容
4	数据日志	显示"串口调试助手"接收到的数据
5	数据发送	编写发送数据

任务实施

工业串口通讯与交互

在工业视觉系统中，串口通讯的作用非常广泛，它能够实现不同设备之间的数据交互和控制，如通过串口通讯的方式控制光源的频闪，提高整个检测过程的精度和效率。在 V+平台软件中建立串口通讯的步骤见表 8.4。

表 8.4 工业串口通讯与交互步骤

步骤	示意图	操作说明
1	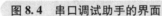	打开项目 7 的解决方案，单击菜单栏"设备管理"→"通讯"选项

（续）

步骤	示意图	操作说明
2	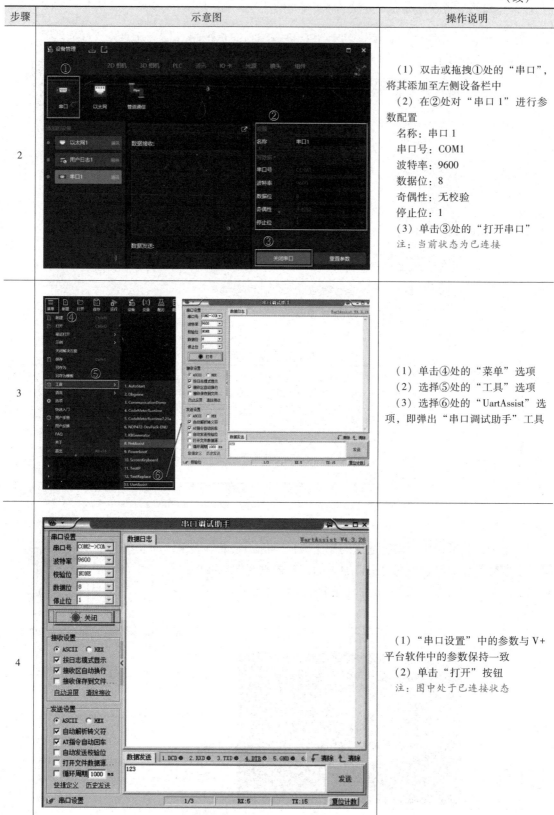	（1）双击或拖拽①处的"串口"，将其添加至左侧设备栏中 （2）在②处对"串口1"进行参数配置 名称：串口1 串口号：COM1 波特率：9600 数据位：8 奇偶性：无校验 停止位：1 （3）单击③处的"打开串口" 注：当前状态为已连接
3		（1）单击④处的"菜单"选项 （2）选择⑤处的"工具"选项 （3）选择⑥处的"UartAssist"选项，即弹出"串口调试助手"工具
4		（1）"串口设置"中的参数与V+平台软件中的参数保持一致 （2）单击"打开"按钮 注：图中处于已连接状态

（续）

步骤	示意图	操作说明
5	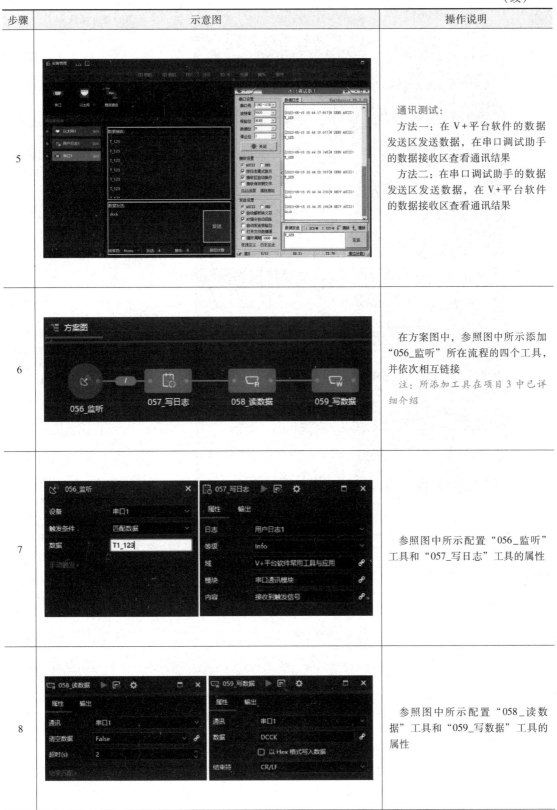	通讯测试： 方法一：在 V+平台软件的数据发送区发送数据，在串口调试助手的数据接收区查看通讯结果 方法二：在串口调试助手的数据发送区发送数据，在 V+平台软件的数据接收区查看通讯结果
6		在方案图中，参照图中所示添加"056_监听"所在流程的四个工具，并依次相互链接 注：所添加工具在项目3中已详细介绍
7		参照图中所示配置"056_监听"工具和"057_写日志"工具的属性
8		参照图中所示配置"058_读数据"工具和"059_写数据"工具的属性

（续）

步骤	示意图	操作说明
9	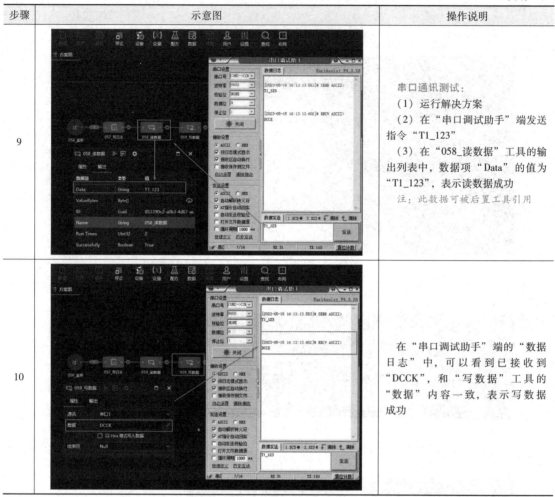	串口通讯测试： （1）运行解决方案 （2）在"串口调试助手"端发送指令"T1_123" （3）在"058_读数据"工具的输出列表中，数据项"Data"的值为"T1_123"，表示读数据成功 注：此数据可被后置工具引用
10		在"串口调试助手"端的"数据日志"中，可以看到已接收到"DCCK"，和"写数据"工具的"数据"内容一致，表示写数据成功

任务实施记录单 1

任务名称	工业串口通讯与交互	实施日期	
任务要求	通过串口通讯实现触发相机取像，并在取像完成后给调试助手回复信息		
计划用时		实际用时	
组别		组长	
组员姓名			
成员任务分工			
实施场地			

（续）

	（请列写所需设备或环境，并记录准备情况。若列表不全，请自行增加需补充部分）	
所需设备 或环境清单	清单列表	主要器件及辅助配件
	工业视觉系统硬件	
	工业视觉系统软件	
	软件编程环境	
	工件（样品）	

补充：_____

实施步骤 与信息记录	（在任务实施过程中重要的信息记录是撰写工程说明书和工程交接手册的主要文档资料） 串口通讯的建立过程：_____ _____ 取像后使用写数据工具进行回复的过程：_____ _____
遇到的问题 及解决方案	（列写本任务完成过程中遇到的问题及解决方法，并提供纸质或电子文档）

任务 2　PLC 通讯与交互

PLC
及其通讯

 知识准备

一、PLC 及其通讯

1. PLC 定义

可编程控制器（Programmable Logic Controller，简称 PLC）是一种在工业环境下应用而设计的数字运算操作电子系统。它采用了可编程的存储器，用来在其内部存储执行逻辑运算、顺序运算、计时、计数和算术运算等操作指令，并通过数字式或模拟式的输入和输出，控制各种类型的机械或生产过程。

2. PLC 常用协议和数据类型

PLC 产品种类繁多，其规格和性能也各不相同。在工业视觉系统中应用比较多的 PLC 厂家有西门子、基恩士、汇川、三菱、欧姆龙、倍福、施耐德等，各家 PLC 都有自己底层支持的专用通讯协议，如西门子支持的 S7 协议、基恩士支持的 MC 协议，施耐德、三菱和汇川支持的 MODBUS 协议等，因此在 V+平台软件中使用虚拟服务器来进行 PLC 通讯交互，需要选择对应的协议类型才可以正常交互。当连接 PLC 设备进行交互时，视觉软件和 PLC 的关系即为服务器和客户端之间的通讯，需要将二者的 IP 地址配置在同一网段来实现正确连接。

PLC 采用了多种数据类型来支持对各种输入、输出和计算任务的处理。常用的数据类型及其作用见表 8.5，不同的数据类型能容纳的数据范围会有所差异。因此在编程过程中需要根据变量的大小和用途来配置其数据类型。

表 8.5　PLC 常用数据类型

序号	数据类型	说明
1	Bool	表示存储器中位的状态为 1（True）或 0（False），占用 1 位存储空间
2	Word	16 位二进制数据类型，用于存储无符号的整数
3	Int16	16 位二进制数据类型，用于存储带符号的整数
4	String	可变长度的数据类型，用于存储文本数据，如图像存储路径、OK/NG 等
5	Real	32 位浮点型数据
6	Byte	8 位二进制数据类型，用于存储字符、整数等数据，数据范围为 0~255

3. PLC 通讯工具

在 V+平台软件中建立 PLC 通讯的工具界面（以汇川 PLC 为例），如图 8.5 所示，主要分为以下三个模块：

（1）通讯设备　显示已添加的 PLC 设备。

（2）地址配置　添加通讯交互所需的 PLC 地址，并完善其数据信息，具体说明见表 8.6。

（3）通讯设置　配置所连接 PLC 的通讯参数，以保证正常交互，具体说明见表 8.7。

PLC通讯
调试工具

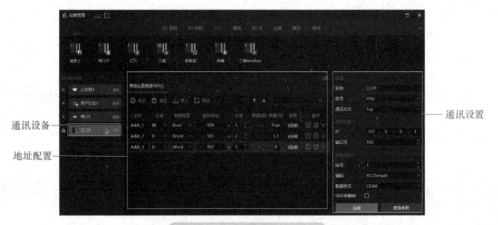

图 8.5　PLC 通讯工具界面

表 8.6　地址配置说明

序号	属性配置	说明
1	添加	添加新的地址
2	清空	清空已添加的地址
3	导入	导入地址列表
4	导出	导出现存的地址列表
5	名称	自定义地址名称，如该地址是为了接收触发信号可定义为 Trigger
6	区域	PLC 寄存器的区域可选择 M 或者 DB（D）
7	数据类型	PLC 支持的数据类型，参考表 8.5

（续）

序号	属性配置	说明
8	起始地址	存储数据的地址值
9	长度	设置地址最大能接收的数据长度
10	数据（读）	显示 PLC 读到的数据
11	数据（写）	输入需要发送给 PLC 的数据，一般用于测试交互使用
12	信息	显示当前地址的数据读写状态
13	操作	"R"—读数据；"W"—写数据；"×"—删除该地址

表 8.7　通讯设置说明

模块	参数设置界面	参数及其说明
设置	名称　汇川1 型号　H5U 通讯方式　Tcp	名称：自定义所选 PLC 名称 型号：下拉选择所需型号 通讯方式：Tcp（PLC 通讯常用方式）、串口、UDP 等
通讯设置	通讯设置 IP　127.0.0.1 端口号　0	IP：PLC 的 IP 地址 端口号：PLC 的端口号
其他设置	其他设置 站号　1 编码　PLCDefault 数据格式　CDAB 字符串颠倒　□	站号：用来区分多个 PLC 的一种序号 编码：编码方式的选择，常用的有 ASCⅡ、Unicode 等 数据格式：数据在位中的排列方式，包括 ABCD、BADC、CDAB、DCBA，默认是 CDAB 字符串颠倒：表示需要将字符串顺序颠倒
状态	连接　　重置参数	连接：参数配置完成，即可单击此处连接 PLC 重置参数：恢复参数至默认状态

在 PLC 控制系统中，PLC 扫描、读 PLC 及写 PLC 是三个重要的操作工具，如图 8.6 所示，其对应的属性配置说明见表 8.8。

a) PLC扫描工具图标　　b) 读PLC工具图标　　c) 写PLC工具图标

图 8.6　PLC 通讯工具

（1）PLC 扫描　该工具执行的是一个循环性的操作。在规定的扫描周期内当设定地址的数据类型满足触发条件时，即触发后续流程的执行，不满足则 PLC 一直处于循环扫描状态。

（2）读 PLC　从 PLC 的指定地址读取数据来获取控制系统的状态信息和结果数据，如传感器信号、执行器状态等，并支持输出读取结果。

（3）写 PLC　向 PLC 的指定地址写入适当的数据来实现开关电路、调整参数等有效控制。

表 8.8　PLC 通讯工具属性配置

工具	参数设置界面	参数及其说明
PLC 扫描	065_PLC扫描　PLC None　扫描间隔 120 毫秒　地址　触发条件 发生变化　手动触发	PLC：选择已连接的 PLC 设备 扫描间隔：设定扫描周期，单位可选秒或毫秒 地址：下拉选择已添加的地址 触发条件：即地址的数据满足触发条件即触发，可选"发生变化""变为"和"＝"
读 PLC	066_读PLC　属性　输出　PLC设备　地址名称　是否匹配 ○是 ◉否	PLC 设备：选择已连接的 PLC 设备 地址名称：下拉选择需要读数据的地址 是否匹配：一般为否，也可选择"是"并配置匹配值
写 PLC	068_写PLC　属性　输出　PLC　地址名称　写入值	PLC：选择已连接的 PLC 设备 地址名称：下拉选择需要写入数据的地址 写入值：可输入或链接前置工具的输出结果，写入值的类型要与地址中设置的类型保持一致

二、PLC 通讯调试工具

在缺少 PLC 设备的情况下，V+平台软件提供了"通讯调试"工具来代替 PLC 设备，从而实现不同品牌 PLC 通讯的模拟过程。通讯调试工具界面如图 8.7 所示，默认状态下图中右侧为空白，为了更详细说明该工具的使用方法，此时调试工具已连接虚拟服务器，其界面主要分为以下四个模块：

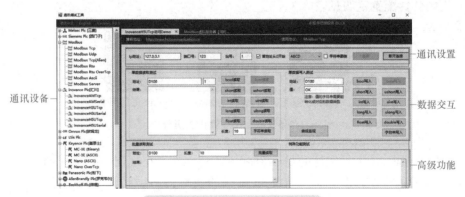

图 8.7　PLC 通讯调试工具界面

（1）通讯设备　罗列了常用的 PLC 品牌型号和相应的通讯协议，如图中的汇川 H5U 系列 PLC 和 Modbus 虚拟服务器的选择及添加。

（2）通讯设置　配置 PLC 的 IP 地址、端口号、站号、编码方式等基本通讯参数，V+

通讯配置界面的参数需要和此处保持一致。

（3）数据交互 在"地址"栏中输入完整的地址，在"值"栏中输入需要写入的数据，单击对应类型的写入按钮即可进行单地址数据写入测试；同样在"地址"栏中输入完整的地址，单击对应类型的读取按钮即可进行单地址数据读取测试。

（4）高级功能 可进行批量地址的数据读取测试。

任务实施

PLC 通讯过程中涉及多个设备之间复杂信号的交互，时序问题一直是影响 PLC 系统稳定性的主要因素之一。因此，在设计 PLC 通讯的交互信号时需要合理安排数据转发和处理的顺序，必要时可画出方案执行的流程图作为参考。锂电池有无检测的流程图如图 8.8a 所示，对应的最基础的 PLC 通讯交互顺序图如图 8.8b 所示，其方案设计的参考步骤见表 8.9。

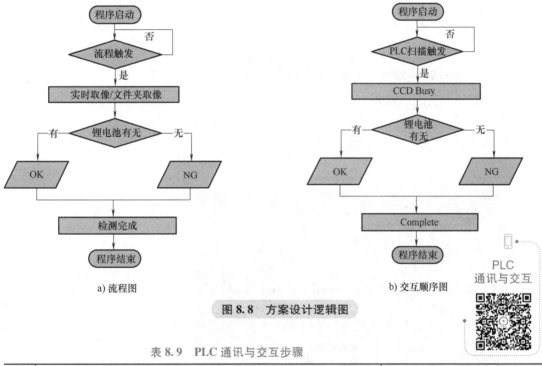

a) 流程图　　　　b) 交互顺序图

图 8.8　方案设计逻辑图

表 8.9　PLC 通讯与交互步骤

步骤	示意图	操作说明
1		在表 8.4 基础上，单击菜单栏"工具"→"3. CommunicationDemo"选项，进入"通讯调试工具"界面

（续）

步骤	示意图	操作说明
2	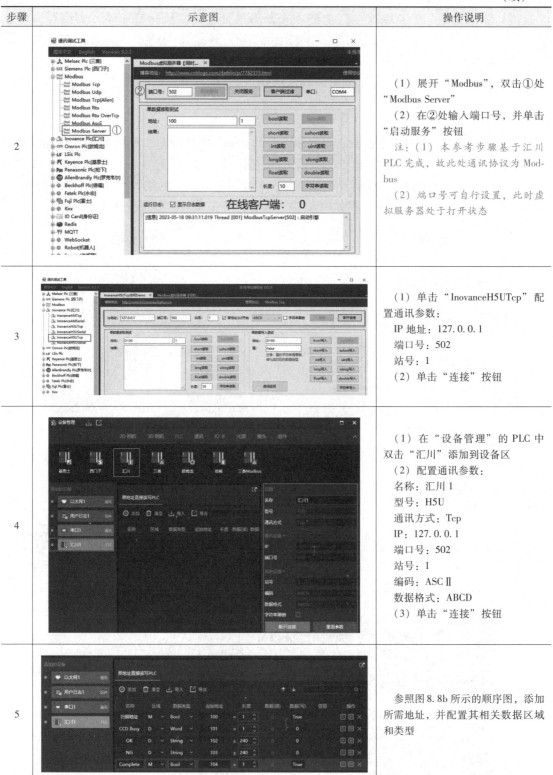	（1）展开"Modbus"，双击①处"Modbus Server" （2）在②处输入端口号，并单击"启动服务"按钮 注：（1）本参考步骤基于汇川PLC完成，故此处通讯协议为Modbus （2）端口号可自行设置，此时虚拟服务器处于打开状态
3		（1）单击"InovanceH5UTcp"配置通讯参数： IP地址：127.0.0.1 端口号：502 站号：1 （2）单击"连接"按钮
4		（1）在"设备管理"的PLC中双击"汇川"添加到设备区 （2）配置通讯参数： 名称：汇川1 型号：H5U 通讯方式：Tcp IP：127.0.0.1 端口号：502 站号：1 编码：ASCⅡ 数据格式：ABCD （3）单击"连接"按钮
5		参照图8.8b所示的顺序图，添加所需地址，并配置其相关数据区域和类型

（续）

步骤	示意图	操作说明
6	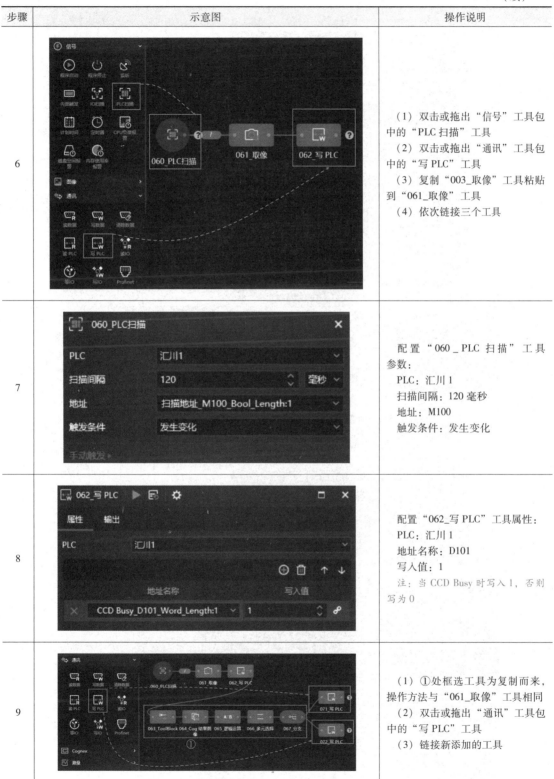	（1）双击或拖出"信号"工具包中的"PLC 扫描"工具 （2）双击或拖出"通讯"工具包中的"写 PLC"工具 （3）复制"003_取像"工具粘贴到"061_取像"工具 （4）依次链接三个工具
7		配置"060_PLC 扫描"工具参数： PLC：汇川 1 扫描间隔：120 毫秒 地址：M100 触发条件：发生变化
8		配置"062_写 PLC"工具属性： PLC：汇川 1 地址名称：D101 写入值：1 注：当 CCD Busy 时写入 1，否则写为 0
9		（1）①处框选工具为复制而来，操作方法与"061_取像"工具相同 （2）双击或拖出"通讯"工具包中的"写 PLC"工具 （3）链接新添加的工具

（续）

步骤	示意图	操作说明
10	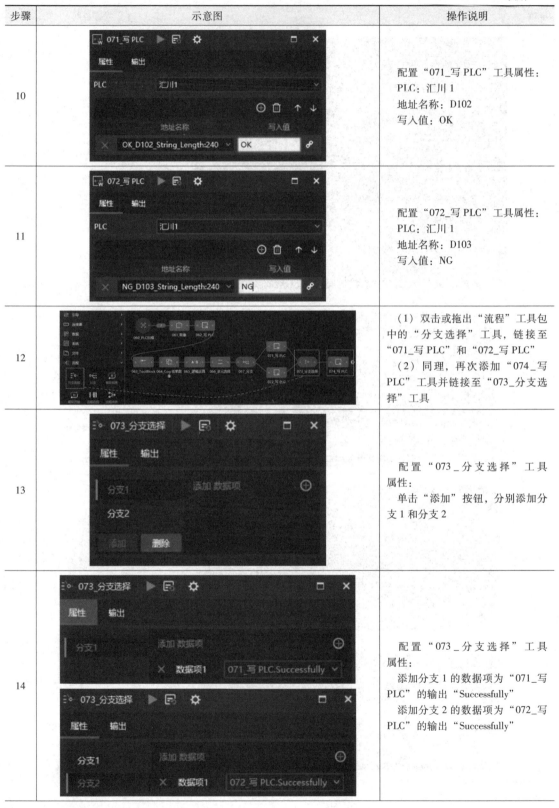	配置"071_写PLC"工具属性： PLC：汇川1 地址名称：D102 写入值：OK
11		配置"072_写PLC"工具属性： PLC：汇川1 地址名称：D103 写入值：NG
12		（1）双击或拖出"流程"工具包中的"分支选择"工具，链接至"071_写PLC"和"072_写PLC" （2）同理，再次添加"074_写PLC"工具并链接至"073_分支选择"工具
13		配置"073_分支选择"工具属性： 单击"添加"按钮，分别添加分支1和分支2
14		配置"073_分支选择"工具属性： 添加分支1的数据项为"071_写PLC"的输出"Successfully" 添加分支2的数据项为"072_写PLC"的输出"Successfully"

（续）

步骤	示意图	操作说明
15	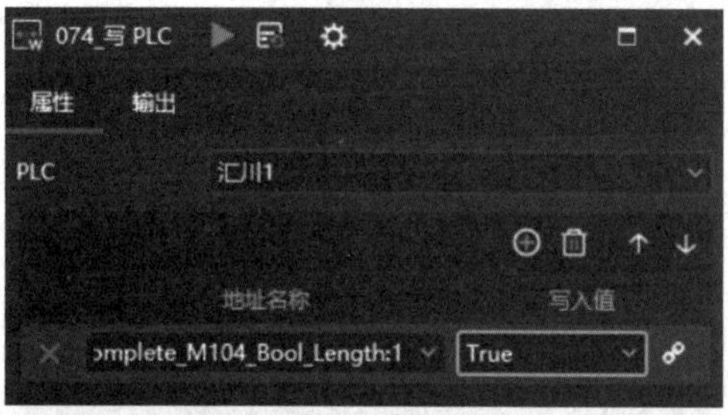 074_写 PLC 属性　输出 PLC　汇川1 地址名称　写入值 mplete_M104_Bool_Length:1　True	配置"074_写 PLC"工具属性： PLC：汇川 1 地址名称：M104 写入值：True
16	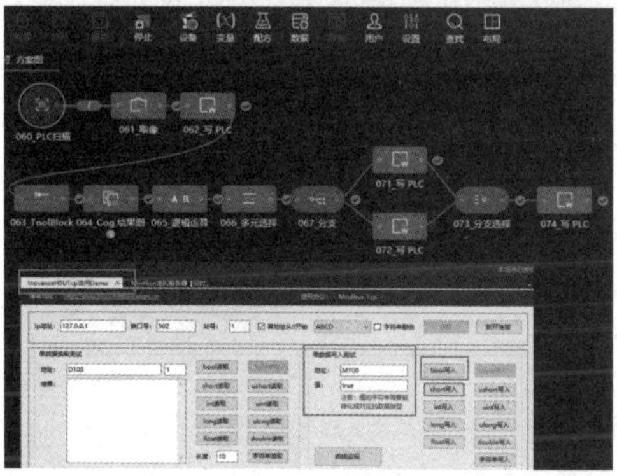 060_PLCE框　061_取离　062_写 PLC 063_ToolBlock 064_Cog 结果图 065_逻辑运算 066_串行文本 067_判定　074_写 PLC 071_写 PLC 072_写 PLC InovanceH5UTcp访问Demo	（1）保存项目 8 解决方案，启动方案运行 （2）在"通讯调试助手"的"InovanceH5UTcp 访问 Demo"页面进行触发测试： 地址：M100 值：true （3）单击"bool 写入"按钮 注："值"满足"发生变化"条件即可触发流程执行

任务实施记录单 2

任务名称	PLC 通讯与交互		实施日期	
任务要求	根据方案执行流程来完成 PLC 通讯交互，并完善用户日志实时记录运行状态			
计划用时			实际用时	
组别			组长	
组员姓名				
成员任务分工				
实施场地				
所需设备或环境清单	（请列写所需设备或环境，并记录准备情况。若列表不全，请自行增加需补充部分） 清单列表／主要器件及辅助配件 工业视觉系统硬件 工业视觉系统软件 软件编程环境 工件（样品） 补充：			

（续）

实施步骤 与信息记录	（在任务实施过程中重要的信息记录是撰写工程说明书和工程交接手册的主要文档资料） 信号顺序的理解和交互信号地址添加过程：_____ _____ 通过通讯调试助手触发流程执行过程：_____ _____
遇到的问题 及解决方案	（列写本任务完成过程中遇到的问题及解决方法，并提供纸质或电子文档）

任务 3　工业 I/O 通讯与交互

工业IO通讯

知识准备

一、工业 I/O 通讯

I/O 通讯是针对工业自动化设备中使用的各种输入输出模块而言的，利用特定的通讯协议完成上位机、下位机或其他设备之间进行数据交换和通讯的过程。通过这种方式，可以实现工业自动化系统中各种设备状态的读取或者控制。

I/O 通讯的硬件组成主要包括 IO 控制卡、扩展连接线、端子接线板及相关控制设备，如图 8.9 所示，通过正确的接线方式可以实现对相机的硬触发操作、光源的频闪控制、指示灯的亮灭、驱动轴的运动分析、开关模式的监视等多种功能。

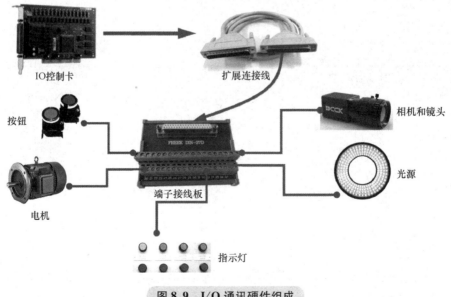

图 8.9　I/O 通讯硬件组成

二、工业 I/O 通讯工具

工业IO
通讯工具

在 V+ 平台软件中建立 I/O 通讯的配置界面（以凌华 IO 卡为例）如图 8.10 所示，主要分为以下三个模块：

（1）通讯设备 显示已添加的 IO 设备。

（2）点位信息 IO 信号通常只包括两种状态的开关量信号，即 ON（开）和 OFF（关）。在工业自动化系统中使用仅具有两种状态的数字量信号是非常方便和实用的一种方式。

（3）通讯设置 配置所连接 IO 卡的通讯参数，以保证正常交互，具体说明见表 8.10。

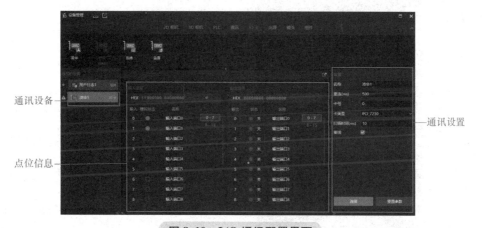

图 8.10 I/O 通讯配置界面

表 8.10 I/O 通讯设置说明

参数设置界面	参数及其说明
	名称：所连接 IO 卡的名称，可自定义
	重连（ms）：IO 卡离线后重连的间隔时间
	卡号：多个 IO 卡的排序
	卡类型：IO 卡型号
	扫描时间（ms）：循环扫描 IO 卡的间隔时间
	离线：勾选则为离线模拟状态；否则，即为连接硬件 IO 卡
	连接：配置好参数即可连接
	重置参数：恢复参数至默认状态

在 I/O 通讯信号交互过程中，会使用 IO 扫描工具、等 IO 工具、写 IO 工具、读 IO 工具，如图 8.11 所示，对应的属性配置说明见表 8.11。

a) IO 扫描工具图标 b) 等 IO 工具图标 c) 写 IO 工具图标 d) 读 IO 工具图标

图 8.11 I/O 通讯交互工具

（1）IO 扫描工具　该工具执行的是一个循环性的操作。当设定点位的状态满足触发条件时，即触发后续流程的执行；不满足时，则 IO 一直处于扫描状态。

（2）等 IO 工具　在规定的时间范围内，等待 IO 卡中设定点位的值与期望值一致。

（3）写 IO 工具　向 IO 卡的指定点位写入值来控制设备的运行状态。

（4）读 IO 工具　从 IO 卡的指定点位读取值来获取控制系统的状态信息。

表 8.11　I/O 通讯交互工具属性说明

工具	参数设置界面	参数及其说明
IO 扫描		**IO 卡**：选择已连接的 IO 卡 **点位**：选择需要扫描的点位 **触发条件**：可选择"上升沿""下降沿""跳变""高电平"和"低电平"
等 IO		**IO 卡**：选择已连接的 IO 卡 **IO 点位**：选择设定的等待 IO 点位 **期望值**：可选择"高电平""低电平""上升沿"和"下降沿" **超时（ms）**：规定可等待的最长时间
写 IO		**IO 卡**：选择已连接的 IO 卡 **写入点位**：选择需要写入数据的点位 **写入值**：可选择"高电平""低电平""高电平脉冲""低电平脉冲"或者链接其他工具的 Bool 类型输出项
读 IO		**IO 卡**：选择已连接的 IO 卡 **IO 点位**：选择需要读取状态的点位

任务实施

在工业视觉系统中，I/O 通讯的应用效果能通过硬件的状态指示灯直观的展示，便于监测设备实时运行情况，在表 8.12 中主要完成利用 I/O 通讯实现跑马灯显示效果，使得 IO 点位的前四位输出依次变亮，并且往复循环。

工业IO
通讯与交互

表 8.12 I/O 通讯与交互步骤

步骤	示意图	操作说明
1		（1）在表 8.9 基础上，单击菜单栏"设备管理"选项，选择 IO 卡，双击"凌华"将其添加到设备区 （2）配置通讯参数 名称：凌华 1 重连（ms）：500 卡号：0 卡类型：PCI_7230 扫描时间（ms）：10 离线：勾选，即自动连接
2		IO 卡的点位不需要特殊设置，仅需要修改名称来清晰说明点位意义即可
3		双击或拖出"信号"工具包中的"IO 扫描"工具
4		配置"076_IO 扫描"工具： IO 卡：凌华 1 点位：0_触发信号 触发条件：上升沿
5		（1）双击或拖出"流程"工具包中的"循环开始"和"循环结束"工具 （2）链接"076_IO 扫描"和"077_循环开始"工具
6		配置"077_循环开始"工具输出： 循环类型：循环次数 循环次数：10 超时（s）：60

（续）

步骤	示意图	操作说明
7	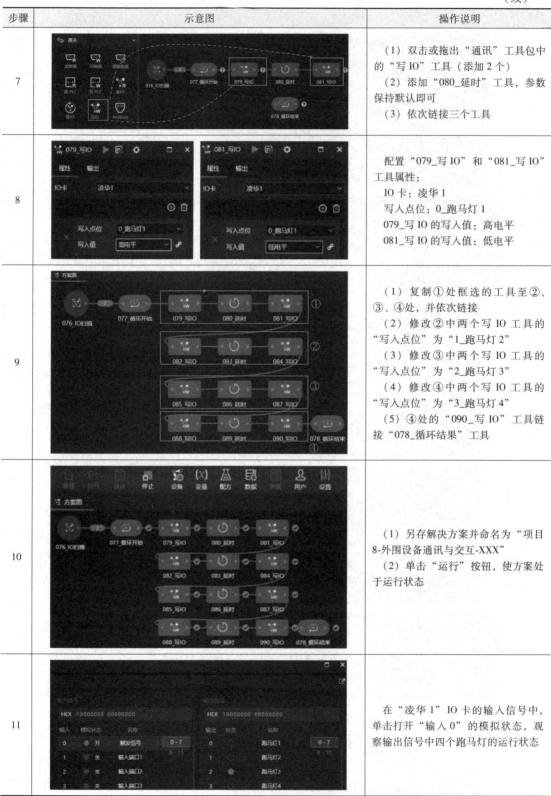	（1）双击或拖出"通讯"工具包中的"写IO"工具（添加2个） （2）添加"080_延时"工具，参数保持默认即可 （3）依次链接三个工具
8		配置"079_写IO"和"081_写IO"工具属性： IO卡：凌华1 写入点位：0_跑马灯1 079_写IO的写入值：高电平 081_写IO的写入值：低电平
9		（1）复制①处框选的工具至②、③、④处，并依次链接 （2）修改②中两个写IO工具的"写入点位"为"1_跑马灯2" （3）修改③中两个写IO工具的"写入点位"为"2_跑马灯3" （4）修改④中两个写IO工具的"写入点位"为"3_跑马灯4" （5）④处的"090_写IO"工具链接"078_循环结束"工具
10		（1）另存解决方案并命名为"项目8-外围设备通讯与交互-XXX" （2）单击"运行"按钮，使方案处于运行状态
11		在"凌华1"IO卡的输入信号中，单击打开"输入0"的模拟状态，观察输出信号中四个跑马灯的运行状态

任务实施记录单3

任务名称	工业 I/O 通讯与交互	实施日期	
任务要求	使用 I/O 通讯实现四个跑马灯的运行效果		
计划用时		实际用时	
组别		组长	
组员姓名			
成员任务分工			
实施场地			

<table>
<tr><td rowspan="2">所需设备
或环境清单</td><td colspan="3">（请列写所需设备或环境，并记录准备情况。若列表不全，请自行增加需补充部分）</td></tr>
<tr><td>
<table>
<tr><td>清单列表</td><td>主要器件及辅助配件</td></tr>
<tr><td>工业视觉系统硬件</td><td></td></tr>
<tr><td>工业视觉系统软件</td><td></td></tr>
<tr><td>软件编程环境</td><td></td></tr>
<tr><td>工件（样品）</td><td></td></tr>
</table>

补充：＿＿＿＿＿＿＿＿＿＿＿＿＿＿＿＿＿＿＿＿＿＿＿＿＿＿＿＿＿＿＿
＿＿＿＿＿＿＿＿＿＿＿＿＿＿＿＿＿＿＿＿＿＿＿＿＿＿＿＿＿＿＿＿＿＿＿
</td></tr>
</table>

实施步骤与信息记录	（在任务实施过程中重要的信息记录是撰写工程说明书和工程交接手册的主要文档资料） I/O 通讯工具的使用过程：＿＿＿＿＿＿＿＿＿＿＿＿＿＿＿＿＿＿＿＿＿＿ ＿＿＿＿＿＿＿＿＿＿＿＿＿＿＿＿＿＿＿＿＿＿＿＿＿＿＿＿＿＿＿＿ 循环体相关工具的使用过程：＿＿＿＿＿＿＿＿＿＿＿＿＿＿＿＿＿＿＿＿ ＿＿＿＿＿＿＿＿＿＿＿＿＿＿＿＿＿＿＿＿＿＿＿＿＿＿＿＿＿＿＿＿
遇到的问题及解决方案	（列写本任务完成过程中遇到的问题及解决方法，并提供纸质或电子文档）

技能训练　外围设备通讯与交互综合应用

在实际项目应用中，工业视觉系统与其他控制设备的交互要满足一定的时间顺序，如果信号传输的时序出现错乱，可能会影响产线的正常运转，降低生产率，因此，开发者在设计方案的交互信号时需要有清晰的时序概念和逻辑思维。

1. 训练要求

1）选择凌华 IO 卡的离线模式来编写单相机标准 I/O 通讯交互流程，具有心跳信号

（心跳正常意味着视觉系统处于工作状态）、CCD Ready 信号以及 CCD 和 IO 交互信号，具体见表 8.13。

2）方案启动时默认相机已准备就绪，并需要清除所有信号缓存（即将信号的状态置为低电平）。

3）通过 I/O 交互触发相机从文件夹中取像并进行锂电池有无的检测，当有锂电池时，检测结果即为 OK，否则为 NG，完成检测后需要给出完成信号。

4）在 HMI 界面可适当添加 IO 卡点位状态的监视，测试并完成方案的运行。

表 8.13　交互信号时序表

方案模块	信号顺序	I/O 状态	I/O 端口
定时器流程	心跳（PC→）	通过端口高低电平来模拟心跳	输出 0
程序启动流程	CCD Ready（PC→）	写 CCD Ready 脉冲信号，并清除所有信号	输出 1
主流程	CCD Trigger（→PC）	IO 扫描——上升沿	输入 0
	Trigger ACK（PC→）	写 IO——高电平	输出 2
	CCD Busy（PC→）	写 IO——高电平	输出 3
	OK（PC→）	写 IO——高电平	输出 4
	NG（PC→）	写 IO——高电平	输出 5
	Complete（PC→）	写 IO——高电平	输出 6
	Receive ACK	读 IO——高电平	输入 1
	Error（PC→）	当 Receive ACK 超时走分支——Error，当正常接收时走分支——清除所有信号	输出 7

注："PC→"代表由视觉软件发出信号；"→PC"代表给视觉软件输入信号。

2. 解决方案

与训练要求对应的参考解决方案如图 8.12 所示。

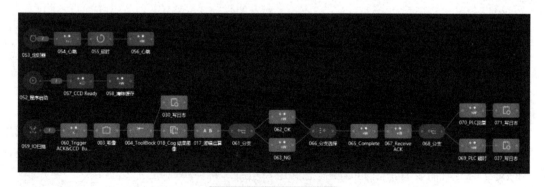

图 8.12　参考解决方案

3. 任务实施验收单

任务名称	外围设备通讯与交互综合应用		实施日期		

	项目列表	考核要求	配分	得分
任务实施评价标准	职业素养	遵守实训室纪律，不大声喧哗，不无故迟到、早退、旷课	5	
		遵守实训室安全管理规定及操作规范，使用完毕，及时关闭设备、清理归位	10	
		注重团队协作精神，按序操作设备	5	
		注重理论与实践相结合，提高自身素质和能力，增强自身的专业性和效率	5	
	职业素养	能正确配置 I/O 通讯的模拟状态	10	
		能正确理解交互信号时序表	10	
		能正确命名对应的信号名称	5	
		能正确配置心跳信号流程	10	
		能在程序启动时清除所有信号	10	
		能在主程序的合适位置写 CCD Busy 信号	5	
		能在主程序的合适位置收到 Receive ACK 信号	5	
		当程序异常或检测结果 NG 时，要发送 Error 信号	5	
		能在 HMI 界面监视 IO 卡点位状态	10	
		能合理布局 HMI 界面，整体美观大方	5	
	合计		100	
	小组成员签名			
	指导教师签名			

（备注：在使用实训设备或工件编程调试过程中，如发生设备碰撞、零部件损坏等，每处扣 10 分）

综合评价

1. 目标完成情况

2. 存在问题

3. 优化建议

【知识测试】

1. 判断题

（1）串口通讯的调试助手工具是"NetAssist"。（   ）

（2）基恩士 PLC 在模拟通讯时，需要采用 Modbus 通讯协议。（   ）

（3）PLC 通讯交互时，心跳信号主要采用写 PLC 工具来完成。（   ）

（4）采用 I/O 通讯时，读 IO 工具所配置的点位都是输入信号类型。（   ）

2. 思考题

（1）PLC 通讯是否可以和 I/O 通讯联合使用？

（2）简述采用三菱 PLC 进行通讯交互的模拟过程。

项目 9　锂电池检测

《工业视觉系统运维员国家职业标准》工作要求（四级/中级工）			
职业功能	工作内容	技能要求	相关知识
系统编程与调试	功能调试	（1）能导入与备份视觉程序 （2）能按要求调试视觉程序配置参数	（1）视觉程序导入与备份方法 （2）视觉程序参数配置方法

《工业视觉系统运维员国家职业标准》工作要求（三级/高级工）			
职业功能	工作内容	技能要求	相关知识
系统编程与调试	参数调试	（1）能按方案要求配置相机参数 （2）能按方案要求调整镜头的光圈、倍数和焦距等 （3）能按方案要求配置光源参数	（1）相机参数的调试方法 （2）镜头的调试方法 （3）光源参数的调试方法
	程序调试	（1）能按方案要求完成功能模块化编程和调试图像算法工具参数 （2）能按方案要求配置系统程序功能参数 （3）能按方案要求联调系统并生成报告	（1）视觉程序的调试方法 （2）系统程序功能参数配置方法 （3）系统联调报告生成方法
系统维修与保养	系统维修	（1）能排除单相机硬件故障 （2）能排除图像成像问题 （3）能排除视觉系统通讯故障 （4）能排除视觉系统参数错误	（1）单相机硬件故障排除方法 （2）图像成像问题排除方法 （3）视觉系统通讯故障排除方法

任务引入

　　工业视觉在整个生产环节的四类应用为：外观和瑕疵检测、精准测量测距、条码和字符识别、视觉引导与定位。其中，外观和瑕疵检测应用最为广泛，这些应用帮助企业提高生产率和提升自动化程度，避免了传统的人工视觉检查产品质量效率低、精度低等缺点，推进新型工业化的发展，深化"高端化、智能化、绿色化"的发展趋势。部分实际工业生产中的视觉检测案例如图 9.1 所示。

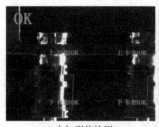 

a) 卡扣到位检测　　　　　　　　　b) 线序颜色检测

图 9.1　工业视觉检测案例

近几年，全球各地的汽车制造商都在加速推动电动汽车的普及，党的二十大报告也强调了绿色发展、循环经济的重要性，这也成为电动汽车在国内迅速发展的关键因素之一。而锂电池作为一种高效、可靠、环保的电池，具有高能量密度、寿命长、快速充放电等优点，被新能源汽车广泛采用。在工业领域，自动化设备、医疗电子、光伏储能、铁路基建、安防通讯、勘探测绘等都离不开锂电池。在生活领域中，锂电池广泛应用在数码产品、手机、移动电源、笔记本计算机、遥控器、电动牙刷等设备中。

在锂电池生产行业中，工业视觉技术可以用于电池的质量检测、制造过程的监控和分析以及产品品质的提升等方面，可以提高锂电池生产率、降低成本、提升产品质量和安全性，大大加快了企业智能制造和数字化转型，具有广泛的前景和商业价值，从而进一步推动锂电池产业的快速发展。

本项目模拟了自动化生产线中对锂电池颜色和外观进行检测和判断的过程，着重介绍V+平台软件中视觉算法的模板匹配工具、定位工具、颜色识别工具和缺陷检测工具等使用方法，为实际的生产应用培养高素质、全面的高技术技能型人才奠定了基础。

 任务工单

任务名称	锂电池检测		
设备清单	机器视觉实训基础套件（含工业相机、镜头、光源等）；锂电池样品或图像；DCCKVisionPlus 软件；工控机或笔记本计算机	实施场地	具备条件的工业视觉实训室或装有 DCCKVisionPlus 软件的机房
任务目的	正确匹配锂电池模板并定位，掌握锂电池颜色检测和缺陷检测相关视觉算法，并在 HMI 界面中正确显示相关信息		
任务描述	匹配锂电池模板并定位，输出锂电池颜色名称，检测锂电池缺陷位置，并在 HMI 界面中显示相关内容		
素质目标	提升学生对产品检测方面的专业知识和技能，增强学生的实践能力；通过找出软件编程的最优方法，培养学生的积极性、主动性、创造性；工业视觉行业技术日新月异，培养学生的终身学习意识和自我发展的能力，深刻认识推进新型工业化的重大意义		
知识目标	掌握模板匹配、颜色识别、缺陷检测工具的使用方法；掌握锂电池颜色识别和缺陷检测的程序流程		
能力目标	能设置模板匹配相关参数；能设置颜色识别相关参数；能设置缺陷检测相关参数；能在 HMI 界面中显示结果图像和相关参数		
验收要求	能够在 HMI 界面中显示程序流程关键环节的主要内容。详见任务实施记录单和任务实施验收单		

💡 **任务分解导图**

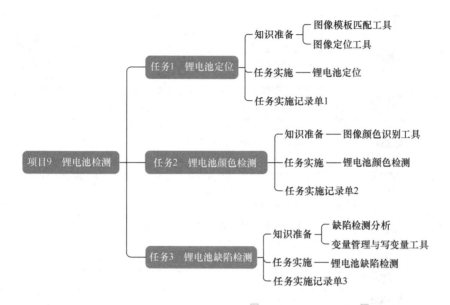

任务1 锂电池定位

📋✅ **知识准备**

图像模板匹配工具（1）　　图像模板匹配工具（2）　　图像模板匹配工具（3）

一、图像模板匹配工具

1. CogPMAlignTool 的作用

CogPMAlignTool 提供了一个图形用户界面，该界面允许训练一个模型，然后让工具在连续的输入图像中搜索它，可以搜索到单个或多个，并获取一组或多组坐标等相关信息。

2. CogPMAlignTool 的组成

（1）CogPMAlignTool 整体界面　CogPMAlignTool 整体界面如图9.2所示。

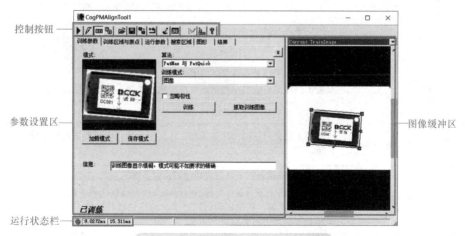

图 9.2　CogPMAlignTool 整体界面

CogPMAlignTool 整体界面的具体说明见表 9.1，后续其他算法工具的界面布局也类似。

表 9.1　CogPMAlignTool 界面说明

序号	功能组件		说明
1	控制按钮		运行按钮。经过训练模板、输入图像和指定的运行参数，CogPMAlignTool 在输入图像中搜索训练好的模式。可以将模式搜索限制在输入图像中的搜索区域
2			切换为电子模式。选中后，如果某些参数发生更改，CogPMAlignTool 工具将自动运行。当工具处于电动模式时，这些参数由电动螺栓图标表示
3			打开或关闭本地图像显示窗口
4			打开一个或多个浮动图像窗口，与本地工具显示不同，用户可以调整浮动工具显示窗口的大小或移动其位置
5			复位按钮，将当前工具重置为默认状态
6			图像掩膜编辑器，可在训练图像中添加区域，以掩盖不需要的模板特征
7			打开单独的浮动窗口，不用转至结果选项卡即可查看运行结果
8			建模器，启动模型制作器来编辑形状模型
9			启用或禁用控件按钮中的工具提示显示
10			打开此工具的帮助文件
11	参数设置区	训练参数	用于设置训练参数和训练搜索模式
12		训练区域与原点	配合右侧 Current. TrainImage 图像缓冲区设置训练区域
13		运行参数	指定如何执行模式搜索，参数包括要使用的运行算法、阈值和限制，以及模式搜索期间允许的旋转和缩放量等
14		搜索区域	配合右侧 Current. InputImage 图像缓冲区定义搜索区域
15		图形	可选择在 Current. InputImage 和 Current. TrainImage 图像缓冲区显示不同图形
16		结果	配合右侧 LastRun. InputImage 图像缓冲区显示最近模式搜索的结果
17	图像缓冲区	Current. InputImage	提供输入图像显示窗口，右键单击"显示"选项可打开包括缩放图像或显示像素或子像素网格的菜单选项，可在本地和浮动工具显示窗口中显示
18		Current. TrainImage	提供训练模型图像显示窗口
19		LastRun. InputImage	显示工具最后运行的结果图像，可以配合图形选项卡高亮显示搜索区域和搜索结果
20	运行状态栏		1）绿色圆圈表示工具已成功运行；红色圆圈表示工具未成功运行 2）状态栏会显示运行工具的时间以及所有错误代码或消息 3）状态栏第一栏显示的时间是工具的原始执行时间；第二栏显示的时间包含更新编辑控件所需的时间

（2）CogPMAlignTool 训练参数选项卡界面　CogPMAlignTool 训练参数选项卡界面用于设置训练时的参数，如图 9.3 所示。

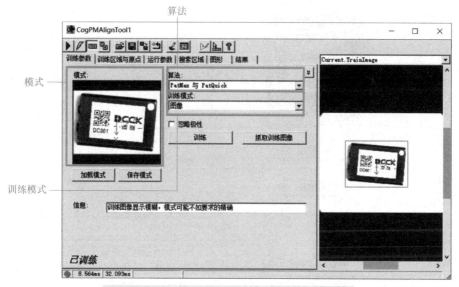

图 9.3　CogPMAlignTool 训练参数选项卡界面

CogPMAlignTool 训练参数选项卡常用参数具体说明见表 9.2。

表 9.2　CogPMAlignTool 训练参数选项卡常用参数

序号	名称	图片	说明
1	算法		包含 PatMax、PatQuick、PatMax 与 PatQuick、PatFlex、PatFlex-高灵敏度、透视 PatMax 多种算法。默认是 PatMax 与 PatQuick 算法，兼具高精度和快速的特点
2	训练模式		选择根据训练图像的像素内容，或根据建模器，来创建和修改图像模板，共有"图像""带图像的形状模型""带转换的形状模型"三种模式，默认且常用的为"图像"模式
3	忽略极性		边界点的极性表明该边界是否可以被描述为由亮到暗或由暗到亮 若勾选，将忽略模板的极性，即图像边界由亮到暗或由暗到亮都可被搜索到 若禁用，则只能找到极性与已训练模板匹配的模板 如果使用由形状模型创建的已训练模板并且其中有模型具有未定义的极性，则必须允许工具忽略极性

（续）

序号	名称	图片	说明
4	模式		显示从图像或从形状模型集合创建的训练模式，为"Current. TrainImage"中以蓝色边框框选出的图形。可以使用"训练区域与原点"选项卡设置训练区域，或者直接在"Current. TrainImage"中调整其显示大小，具体操作见表9.3
5	保存模式	保存模式	将当前训练好的图像模板保存到本地，扩展名为".vpp"
6	加载模式	加载模式	打开一个由"保存模式"保存的".vpp"文件，内含一个训练好的图像模板
7	训练	训练	单击后模板成功被训练，同时控件底部的文本将显示"已训练"
8	抓取训练图像	抓取训练图像	将 InputImage 缓冲区中的图像复制到 TrainImage 缓冲区，此按钮只在 Current. InputImage 中有图像时才会启用
9	其他参数		单击右上角 ⌄ 按钮将其切换为 ⌃ 状态，即可查看其他参数，此处不做介绍，可单击 ❓ 按钮打开界面参考学习

（3）CogPMAlignTool 训练区域与原点选项卡界面　CogPMAlignTool 训练区域与原点选项卡界面用于设置训练限定框的区域和原点位置，如图9.4所示。

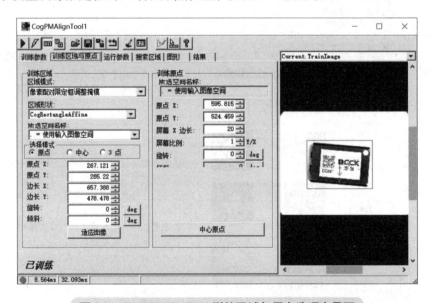

图 9.4　CogPMAlignTool 训练区域与原点选项卡界面

CogPMAlignTool 训练区域与原点选项卡界面常用参数的具体说明见表 9.3。

表 9.3 CogPMAlignTool 训练区域与原点选项卡界面常用参数

序号	名称		图片	说明
1		区域模式	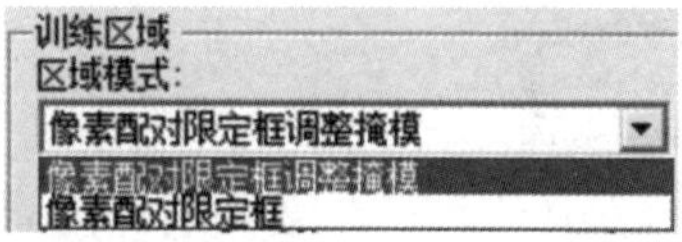	定义训练区域的限定框。除形状训练不支持"像素配对限定框调整掩模"模式,其他训练情况下均默认为此模式
2		区域形状	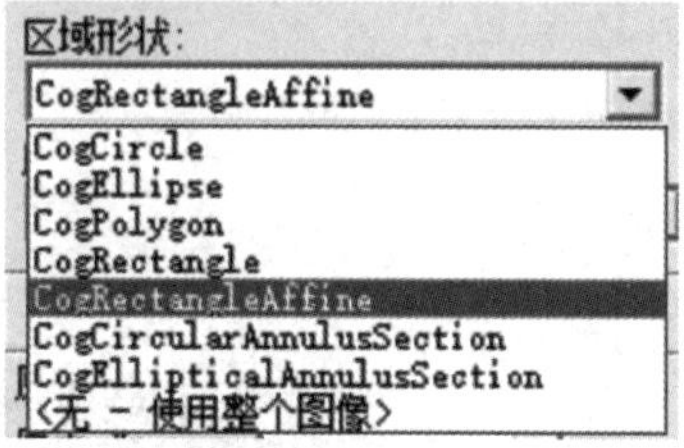	选择训练区域的形状。选择"无-使用整个图像"选项,表示此工具使用整个输入图像作为训练模型区域形状操作方式如图 9.5 所示
3	训练区域	所选空间名称	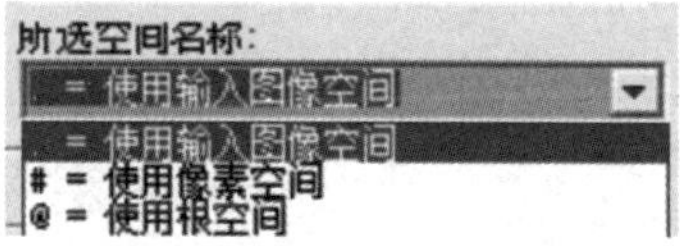	使用输入图像空间(.):是由用户自定义的坐标空间 使用像素空间(#):整个图片空间的左上角为原点的坐标系,但输入图片的大小会影响坐标值 使用根空间(@):坐标系原点同像素空间,不同处为即使图像上的像素总量改变,工具仍会自动调整根空间,保证图片上的坐标仍然是原来的坐标
4		选择模式	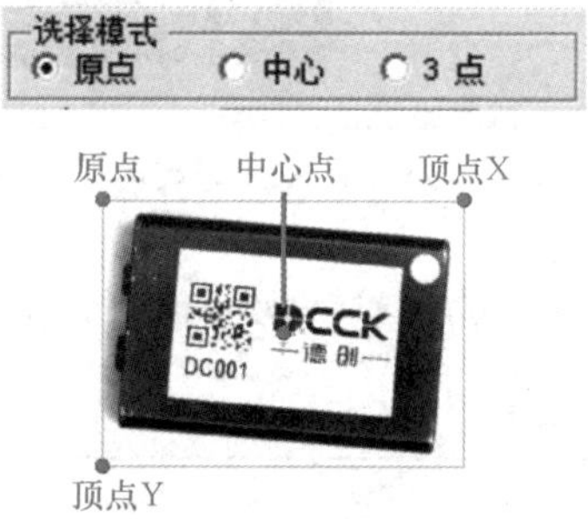	当区域形状为矩形(CogRectangle)或仿射矩形(CogRectangleAffine)时可用。若选择仿射矩形,需要注意旋转角度和倾斜角度,可用度数或弧度指定
5		适应图像	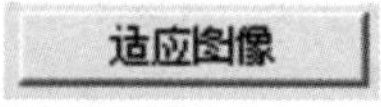	单击按钮后,左上角的训练限定框通常会放大并出现在图像中央区域
6	训练原点	训练原点	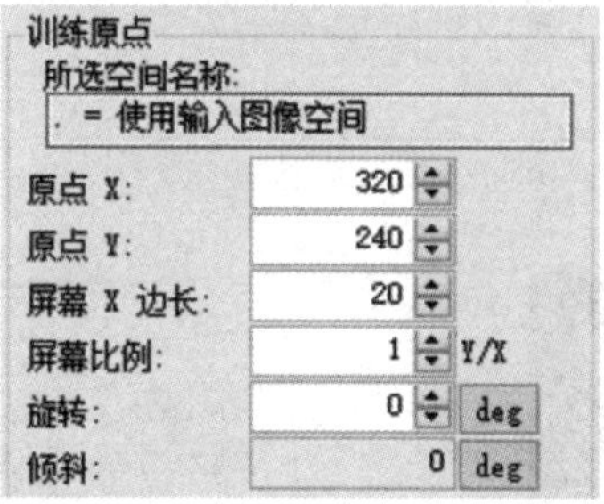	可设置训练区域的坐标系
7		中心原点	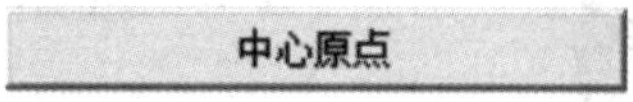	单击按钮后,坐标系跳至训练限定框的中心位置

CogPMAlignTool 训练区域操作方式如图 9.5 所示。

(4)CogPMAlignTool 运行参数选项卡界面 CogPMAlignTool 运行参数选项卡界面用于指

定在输入空间中搜索模板，如图 9.6 所示。

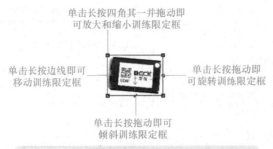

单击长按四角其一并拖动即
可放大和缩小训练限定框

单击长按边线即可
移动训练限定框

单击长按拖动即
可旋转训练限定框

单击长按拖动即可
倾斜训练限定框

图 9.5　CogPMAlignTool 训练区域操作方式

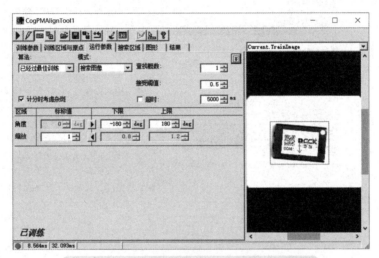

图 9.6　CogPMAlignTool 运行参数选项卡界面

CogPMAlignTool 运行参数选项卡界面常用参数的具体说明见表 9.4。

表 9.4　CogPMAlignTool 运行参数选项卡界面常用参数

序号	名称	图片	说明
1	算法和模式	算法：已经过最佳训练　模式：搜索图像　PatMax　PatQuick　已经过最佳训练　PatFlex　Perspective PatMax	此两项均为默认值时，搜索效果最好
2	查找概数	查找概数：2	指定要查找的结果数量 有时匹配到的结果数量会和设定值有差距，主要因为搜寻的特征相似度接近

（续）

序号	名称	图片	说明
3	接受阈值	接受阈值： 0.5	指定结果分数的接受阈值，分数大于或等于此值的结果则被匹配到，否则匹配不到
4	计分时考虑杂斑	☑ 计分时考虑杂斑	若勾选，搜索结果时会考虑无关特征或杂乱特征，导致分数较低 否则将不考虑无关特征或杂乱特征，分数较高但易找到同模板相似度不高的图像
5	角度	区域 标称值 下限 上限 角度 0 deg ▶ -180 deg 180 deg	单击◀按钮可切换为▶状态，右侧角度上下限变为可编辑状态，可以设置匹配到的结果图像相对于模板图像的转动角度，如范围为-180~180deg
6	缩放	缩放 1 ◀ 0.8 1.2	若图像大小相同，则无需切换；若需要找到大小不同的结果图像，单击◀按钮可切换为▶状态，右侧缩放上下限变为可编辑状态，可以设置匹配到的结果图像相对于模板图像的等比例大小
7	其他参数	算法 模式 查找概数 已经过最佳训练 搜索图像 1 □粗细度接受阈值法 0.33 接受阈值 0.5 ☑计分时考虑杂斑 □超时 5000 ms 区域 标称值 下限 上限 重叠 角度 0 deg ▶ -180 deg 180 deg 360 deg 缩放 1 ◀ 0.8 1.2 1.4 X缩放 1 ◀ 0.8 1.2 1.4 Y缩放 1 ◀ 0.8 1.2 1.4 ☑使用模式粒度限制 对比度阈值 10 粗糙 4 精细 1 XY重叠 0.8 ☑自动边线阈值 5	单击右上角⯆按钮将其切换为⯅状态，即可查看其他参数，此处不做介绍，可单击❓按钮打开界面参考学习

（5）CogPMAlignTool 搜索区域选项卡界面　CogPMAlignTool 搜索区域选项卡界面用于指定在对应区域形状中搜索模板，如图 9.7 所示。

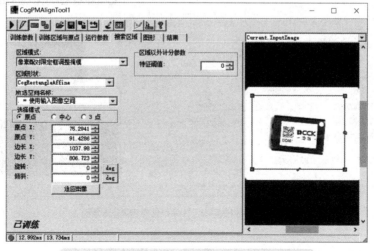

图 9.7　CogPMAlignTool 搜索区域选项卡界面

CogPMAlignTool 搜索区域选项卡界面常用参数的具体说明见表 9.5。

表 9.5　CogPMAlignTool 搜索区域选项卡界面常用参数

序号	名称	图片	说明
1	区域形状	区域形状： CogRectangleAffine CogCircle CogEllipse CogPolygon CogRectangle CogRectangleAffine CogCircularAnnulusSection CogEllipticalAnnulusSection 〈无 - 使用整个图像〉 原点 Y：　91.4286 边长 X：　1037.98 边长 Y：　806.723 旋转：　0 deg 倾斜：　0 deg 适应图像	包含多种形状，用于限制搜索模板的区域，此搜索区域以蓝色边框显示在 Current. InputImage 中 设置方式参考"CogPMAlignTool 训练区域与原点"
2	区域以外计分参数	区域以外计分参数 特征阈值：　0.1	指定已训练模板中可位于搜索区域以外且不干扰结果得分的特征百分比 默认值为 0 表示已训练模板的所有特征都需要位于搜索区域内 值为 0.1 则表示已训练模板的最多 10% 部分可位于搜索区域以外且不会影响最终分数

（6）CogPMAlignTool 图形选项卡界面　CogPMAlignTool 图形选项卡界面用于选择在对应图像缓冲区中显示图形，如图 9.8 所示。

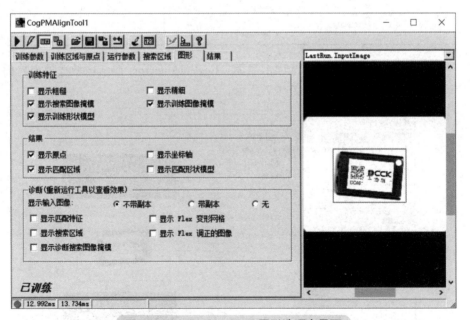

图 9.8　CogPMAlignTool 图形选项卡界面

CogPMAlignTool 图形选项卡界面常用参数的具体说明见表 9.6。

表 9.6　CogPMAlignTool 图形选项卡界面常用参数

序号	名称	图片	说明
1	训练特征	训练特征 □ 显示粗糙　□ 显示精细 ☑ 显示搜索图像掩模　☑ 显示训练图像掩模 ☑ 显示训练形状模型	勾选相应选项，可立即显示在 Current.TraintImage 中 其中"显示粗糙"和"显示精细"可帮助用户查看训练图像中的特征
2	结果	结果 ☑ 显示原点　□ 显示坐标轴 ☑ 显示匹配区域　□ 显示匹配形状模型	勾选相应选项，可立即显示在 LatRun.InputImage 中
3	诊断	诊断(重新运行工具以查看效果) 显示输入图像：　● 不带副本　○ 带副本　○ 无 □ 显示匹配特征　□ 显示 Flex 变形网格 □ 显示搜索区域　□ 显示 Flex 调正的图像 □ 显示诊断搜索图像掩模	勾选相应选项，运行后方可显示在 LatRun.InputImage 中 其中"显示匹配特征"选项可帮助用户查看匹配到的结果图像中和训练模板对应的特征

（7）CogPMAlignTool 结果选项卡界面　CogPMAlignTool 结果选项卡界面用于显示匹配到的图像的坐标等相应信息，如图 9.9 所示。

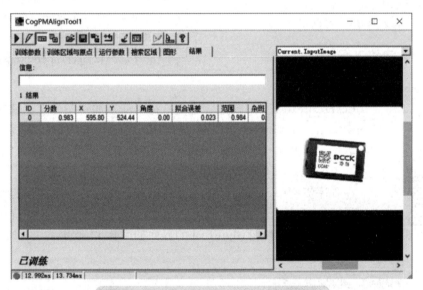

图 9.9　CogPMAlignTool 结果选项卡界面

CogPMAlignTool 结果选项卡界面常用参数的具体说明见表 9.7。

表 9.7　CogPMAlignTool 结果选项卡界面常用参数

序号	名称	说明
1	分数	此结果的分数，范围为 0.0~1.0，值越大，表示越匹配，和训练模板越相似
2	X	匹配到结果的原点坐标 X
3	Y	匹配到结果的原点坐标 Y
4	角度	匹配到结果的原点旋转角度（单位为弧度）
5	拟合误差	已找到的模板与已训练模板的特征的匹配度（不考虑缺失的特征），范围为 0（完美拟合）~∞（拟合很差），仅用于 PatMax 算法

（续）

序号	名称	说明
6	范围	在搜索结果中找到的已训练模板中特征的百分比，仅用于 PatMax 算法
7	杂斑	结果中显示的无关特征数除以已训练模板中的特征数，范围为 0~∞，仅用于 PatMax 算法
8	缩放	匹配的图像与原始模板在尺寸上的比值。若"运行参数"界面中的"缩放"未打开编辑权限，则此处找到的结果缩放为 1
9	外部区域特征	已找到模板的特征在图像外部的区域占总特征的百分比
10	外部区域	已找到模板在图像外部的区域占总面积的百分比
11	粗糙分数	允许发现此结果的最大粗糙度接受阈值。配合"运行参数"界面的"粗糙度接受阈值法"，此处的得分不能低于设定的值，否则不会作为结果
12	精细阶段	此结果是由精细特征还是由粗糙特征匹配到的结果。True 表示由精细得到；False 表示由粗糙得到

（8）CogPMAlignTool 默认输入输出项

CogPMAlignTool 默认输入输出项如图 9.10 所示，输入为图像，输出包括匹配到最高分的位置信息和分数。

注：CogPMAlignTool 输入的图像仅支持 8 位灰度图像，不支持输入彩色图像。

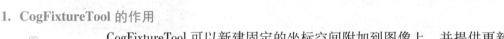

图 9.10　CogPMAlignTool 默认输入输出项

二、图像定位工具

1. CogFixtureTool 的作用

图像
定位工具

CogFixtureTool 可以新建固定的坐标空间附加到图像上，并提供更新后的图像输出，供其他视觉算法工具使用。需要为此固定空间提供一个坐标空间名称，以及定义该坐标空间的 2D 坐标信息，以此获得 2D 转换。

2. CogFixtureTool 的组成

在程序流程中，若只存在一个 CogFixtureTool，则不需要打开工具内部进行设置；若需要使用多个该工具，则可以选择更改定位空间的名称，其他参数无需设置。CogFixtureTool 的界面如图 9.11 所示。

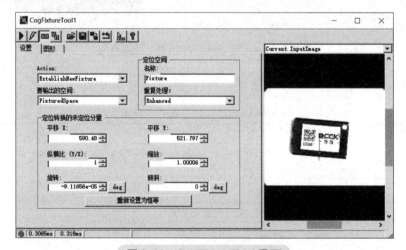

图 9.11　CogFixtureTool 界面

定义该坐标空间的 2D 坐标信息主要由外部进行输入，默认的输入项为图像和 2D 坐标信息，输出项为重建新坐标后的图像，如图 9.12 所示。

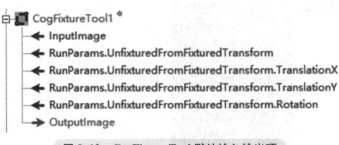

图 9.12　CogFixtureTool 默认输入输出项

 任务实施

锂电池定位具体操作步骤见表 9.8。

锂电池定位

表 9.8　锂电池定位操作步骤

步骤	示意图	操作说明
1		双击桌面 图标，在弹出界面单击"空白"新建解决方案
2		进入设计模式界面后可单击 图标将该解决方案保存，并命名为"项目9-锂电池检测-XXX"
3		添加"内部触发"和"取像"工具，并相互链接

（续）

步骤	示意图	操作说明
4		双击打开"取像"工具： 源：文件夹 文件夹：本地锂电池图片所在文件夹 输出格式：ICogImage 单击"取像"工具上方的 ▶ 按钮，运行工具并加载图像
5		添加"ToolBlock"工具并进行链接，右击该工具，单击"运行"选项
6		双击打开"ToolBlock"工具： （1）单击右侧的 ⊙ 按钮，自动添加输入"Input1" （2）下拉选择"取像"工具的"Image"
7		此时，左侧工具栏中［Inputs］下自动添加输入"Input1"，将鼠标放于其上可看到外侧的图像已被成功加载

（续）

步骤	示意图	操作说明
8	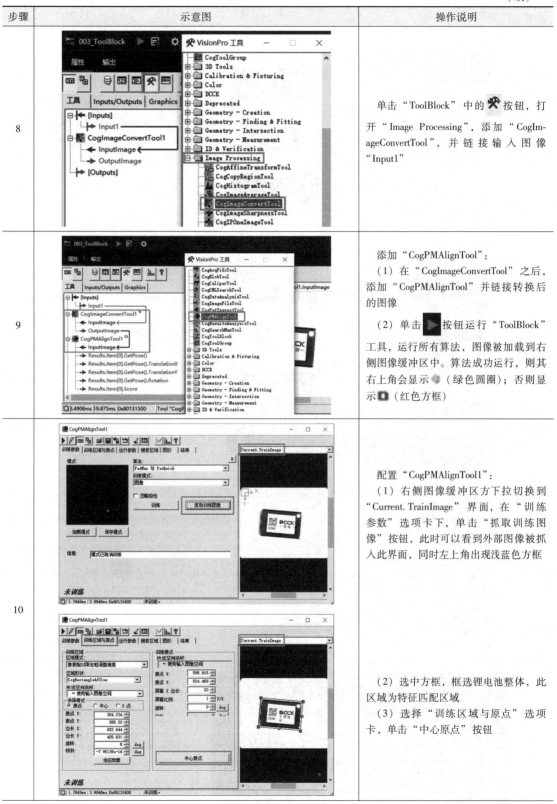	单击"ToolBlock"中的 ![icon] 按钮，打开"Image Processing"，添加"CogImageConvertTool"，并链接输入图像"Input1"
9		添加"CogPMAlignTool"： （1）在"CogImageConvertTool"之后，添加"CogPMAlignTool"并链接转换后的图像 （2）单击 ![icon] 按钮运行"ToolBlock"工具，运行所有算法，图像被加载到右侧图像缓冲区中。算法成功运行，则其右上角会显示 ![icon]（绿色圆圈）；否则显示 ![icon]（红色方框）
10		配置"CogPMAlignTool1"： （1）右侧图像缓冲区方下拉切换到"Current. TrainImage"界面，在"训练参数"选项卡下，单击"抓取训练图像"按钮，此时可以看到外部图像被抓入此界面，同时左上角出现浅蓝色方框 （2）选中方框，框选锂电池整体，此区域为特征匹配区域 （3）选择"训练区域与原点"选项卡，单击"中心原点"按钮

159

（续）

步骤	示意图	操作说明
10	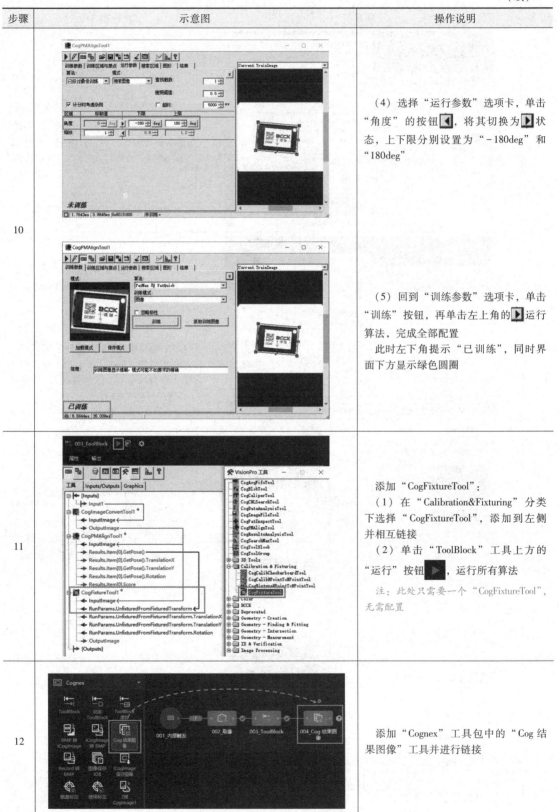	（4）选择"运行参数"选项卡，单击"角度"的按钮◀，将其切换为▶状态，上下限分别设置为"−180deg"和"180deg" （5）回到"训练参数"选项卡，单击"训练"按钮，再单击左上角的▶运行算法，完成全部配置 此时左下角提示"已训练"，同时界面下方显示绿色圆圈
11		添加"CogFixtureTool"： （1）在"Calibration&Fixturing"分类下选择"CogFixtureTool"，添加到左侧并相互链接 （2）单击"ToolBlock"工具上方的"运行"按钮▶，运行所有算法 *注：此处只需要一个"CogFixtureTool"，无需配置*
12		添加"Cognex"工具包中的"Cog结果图像"工具并进行链接

（续）

步骤	示意图	操作说明
13	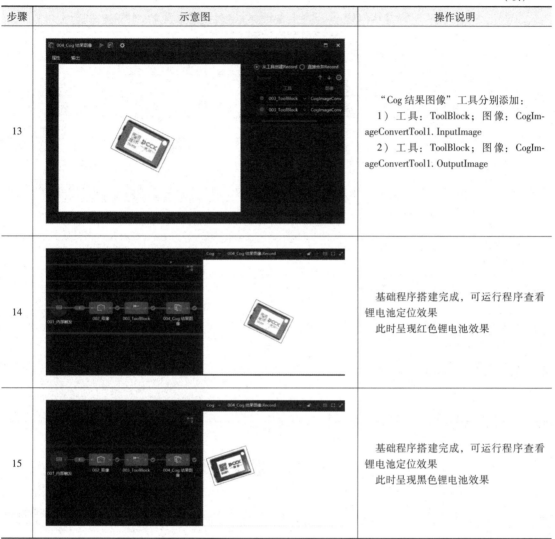	"Cog 结果图像"工具分别添加： 1）工具：ToolBlock；图像：CogImageConvertTool1. InputImage 2）工具：ToolBlock；图像：CogImageConvertTool1. OutputImage
14		基础程序搭建完成，可运行程序查看锂电池定位效果 此时呈现红色锂电池效果
15		基础程序搭建完成，可运行程序查看锂电池定位效果 此时呈现黑色锂电池效果

任务实施记录单 1

任务名称	锂电池定位		实施日期	
任务要求	正确匹配锂电池模板并定位			
计划用时			实际用时	
组别			组长	
组员姓名				
成员任务分工				
实施场地				

（续）

清单列表	主要器件及辅助配件
工业视觉系统硬件	
工业视觉系统软件	
软件编程环境	
工件（样品）	

所需设备
或环境清单

（请列写所需设备或环境，并记录准备情况。若列表不全，请自行增加需补充部分）

补充：_____

_____

实施步骤
与信息记录

（在任务实施过程中重要的信息记录是撰写工程说明书和工程交接手册的主要文档资料）

添加本地图片并说明取像过程：_____

_____

匹配锂电池模板并说明定位过程：_____

_____

显示结果图像过程：_____

_____

遇到的问题
及解决方案

（列写本任务完成过程中遇到的问题及解决方法，并提供纸质或电子文档）

任务 2　锂电池颜色检测

 知识准备

图像颜色识别工具（1）

图像颜色识别工具（2）

图像颜色识别工具（3）

图像颜色识别工具

本任务共介绍和使用 3 个颜色工具：CogColorExtractorTool、CogColorMatchTool 和 CogColorSegmentTool，它们的本质含义都是对区域内颜色进行处理，但输出结果不相同，下面将对这 3 个颜色工具进行详细介绍。

1. CogColorExtractorTool 的作用

CogColorExtractorTool 可以从彩色图像中提取像素值，还可创建所选区域的灰度图像和彩色图像，可将其用作诊断工具，以验证正在提取所需颜色或一组颜色的像素，如图 9.13 所示。

2. CogColorExtractorTool 的组成

（1）CogColorExtractorTool 颜色选项卡界面　CogColorExtractorTool 颜色选项卡界面用于提取彩色图像中的区域颜色，并以此生成灰度和颜色的输出图像，如图 9.14 所示。

CogColorExtractorTool 颜色选项卡中常用参数具体说明见表 9.9。

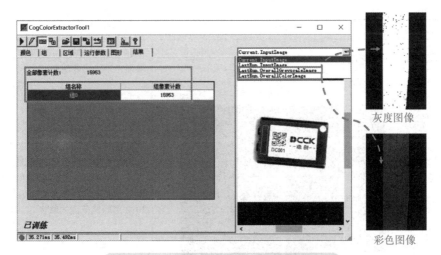

图 9.13　**CogColorExtractorTool** 整体界面

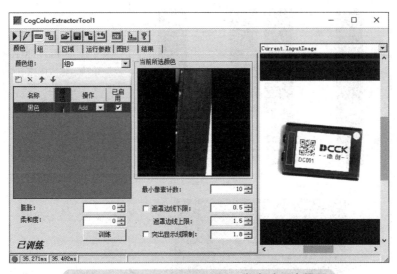

图 9.14　**CogColorExtractorTool** 颜色选项卡界面

表 9.9　**CogColorExtractorTool** 颜色选项卡常用参数

序号	名称	图片	说明
1	新增颜色		单击 选项后弹出新增颜色的界面，可通过选择 Current. InputImage 的一个区域来添加新颜色。使用区域图形定义要包含在这种颜色中的像素，然后单击"接受"按钮 单击 ✖ 按钮可删除选中的颜色 单击 ↑ 按钮和 ↓ 按钮可以调整颜色的顺序

（续）

序号	名称	图片	说明
2	颜色组	 颜色组： 组0	在"组"选项卡中添加组，可在此处切换显示不同组的颜色
3	膨胀	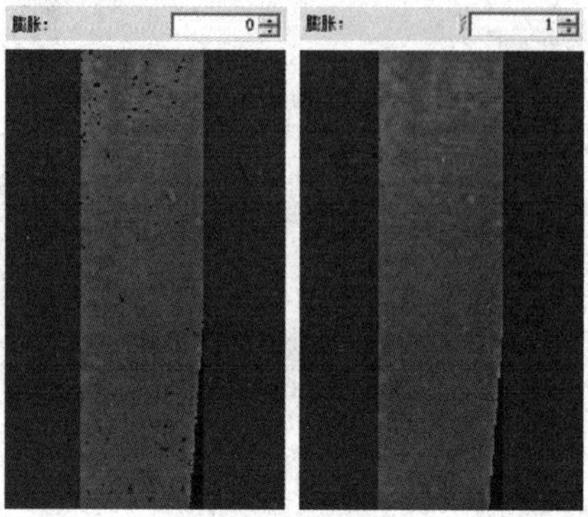 膨胀：0　膨胀：1	其范围为 0~10，用来设置要包含在此颜色定义中的颜色像素范围。较高的值允许工具包含具有近似 RGB 值的像素，而较低的值使工具只考虑更接近该颜色定义的 RGB 值精确范围的像素
4	柔和度	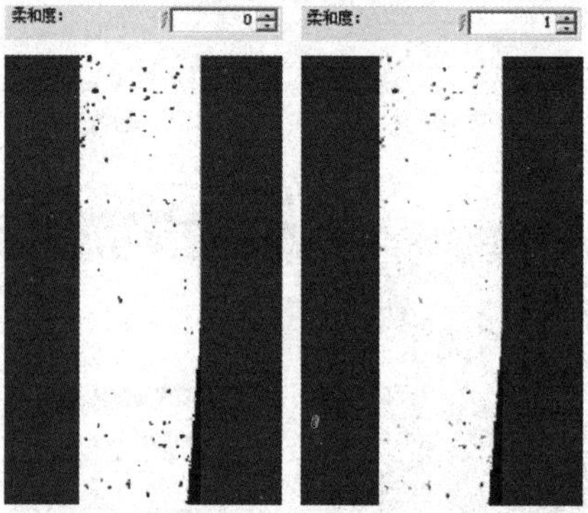 柔和度：0　柔和度：1	当生成灰度输出图像时，使用"柔和度"值确定输入图像中的像素与定义颜色的匹配程度。此值越高，输出图像中出现的单个灰度级就越多
5	当前所选颜色	 当前所选颜色	新增颜色后，区域内颜色图片显示区域
6	其他参数	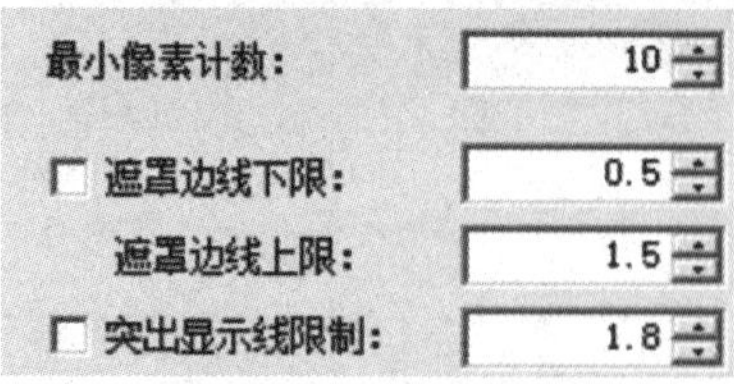 最小像素计数：10　☐遮罩边线下限：0.5　遮罩边线上限：1.5　☐突出显示线限制：1.8	可单击  [?] 按钮打开界面参考学习，此处不做介绍

（2）CogColorExtractorTool 组选项卡界面　CogColorExtractorTool 组选项卡界面用于新增不同颜色组，并选择是否启用，如图 9.15 所示。

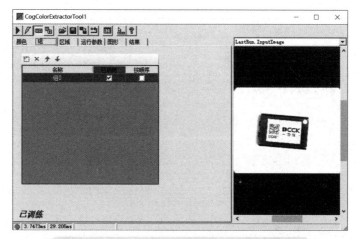

图 9.15　CogColorExtractorTool 组选项卡界面

组启用时，将根据每个组中颜色的顺序来生成灰度和彩色的输出图像。若未启用，则工具会先组合要添加到输出图像的所有颜色，然后组合要从输出图像中去除的所有颜色，之后再组合这两个单独的组，以生成结果输出图像。添加和删除方式参考表 9.10 中的"新增颜色"，不再赘述。

（3）CogColorExtractorTool 运行参数选项卡界面　CogColorExtractorTool 运行参数选项卡界面用于对整体结果和组结果的输出做出选择，如图 9.16 所示。

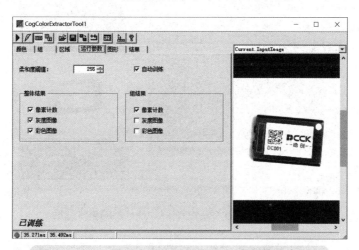

图 9.16　Cog ColorExtractorTool 运行参数选项卡界面

CogColorExtractorTool 运行参数选项卡界面常用参数具体说明见表 9.10。

表 9.10　CogColorExtractorTool 运行参数选项卡常用参数

序号	名称	图片	说明
1	柔和度阈值	柔和度阈值：　255	定义柔和度阈值，即可指示任何特定像素与所定义颜色的匹配程度的灰度值来生成灰度输出图像。默认值为 255。例如，如果将此值减小到 200，工具会将输出图像中灰度值大于 200 的灰度像素都计为对象像素

（续）

序号	名称	图片	说明
2	自动训练	☑ 自动训练	启用后，若修改了任何运行参数，则允许工具在每次执行之前自动训练
3	整体结果	整体结果 ☑ 像素计数 ☑ 灰度图像 ☑ 彩色图像	全部勾选后，为所有启用的颜色组及其包含的颜色生成一个总体像素计数、灰度图像和彩色图像
4	组结果	组结果 ☑ 像素计数 ☐ 灰度图像 ☐ 彩色图像	全部勾选后，为单独的组生成单独的像素计数、灰度图像和彩色图像

（4）CogColorExtractorTool 结果选项卡界面　CogColorExtractorTool 结果选项卡界面显示全部和单组的像素计数，如图 9.17 所示。

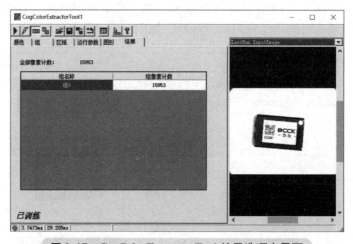

图 9.17　CogColorExtractorTool 结果选项卡界面

CogColorExtractorTool 的区域选项卡和图形选项卡界面，操作方式类似 CogPMAlignTool，不再赘述。

（5）CogColorExtractorTool 默认输入输出项　CogColorExtractorTool 的默认输入项为彩色图像，输出项为所有组提取区域的灰度图像和全部像素计数，如图 9.18 所示。

图 9.18　CogColorExtractTool 默认输入输出项

3. CogColorMatchTool 的作用

CogColorMatchTool 提供了图形用户界面，可以使用该工具检查图像中的颜色区域，并在检查的区域和参考颜色表之间生成一组匹配分数，可用于确定当前运行图像的区域内的颜色名称。

4. CogColorMatchTool 的组成

（1）CogColorMatchTool 颜色选项卡界面　CogColorMatchTool 颜色选项卡界面如图 9.19 所示，使用红绿蓝（RGB）或色调、饱和度和强度（HSI）颜色空间创建颜色值的基准表，与 CogColorExtractorTool 颜色界面添加颜色方式相同，不再赘述。

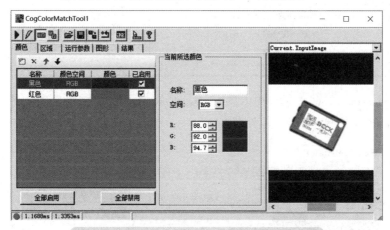

图 9.19　CogColorMatchTool 颜色选项卡界面

（2）CogColorMatchTool 运行参数选项卡界面　CogColorMatchTool 运行参数选项卡界面如图 9.20 所示。

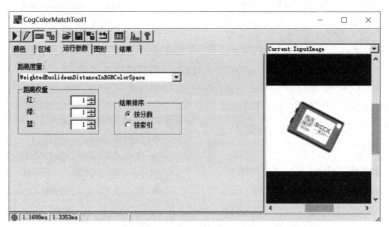

图 9.20　CogColorMatchTool 运行参数选项卡界面

CogColorMatchTool 运行参数选项卡界面常用参数具体说明见表 9.11。

表 9.11　CogColorMatchTool 运行参数选项卡常用参数

序号	名称	图片	说明
1	距离度量	距离度量： WeightedEuclideanDistanceInRGBColorSpace WeightedEuclideanDistanceInRGBColorSpace WeightedEuclideanDistanceInHSIColorSpace	根据取像的颜色空间选择正确的评分度量标准，选项包括 HSI 和 RGB

（续）

序号	名称	图片	说明
2	距离权重	距离权重 红：1 绿：1 蓝：1	为每个颜色平面设置 0.0～1.0 范围内的权重。增加特定平面的值可以帮助工具区分在特定平面中具有相似值的颜色
3	结果排序	结果排序 ○ 按分数 ○ 按索引	可以根据感兴趣的区域和参考颜色表之间的分数或索引对结果进行排序

（3）CogColorMatchTool 结果选项卡界面　CogColorMatchTool 结果选项卡界面用于显示当前匹配到颜色的相关信息，如图 9.21 所示。

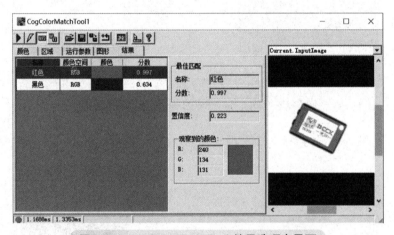

图 9.21　CogColorMatchTool 结果选项卡界面

CogColorMatchTool 的区域选项卡和图形选项卡界面，操作方式类似 CogPMA-lignTool，不再赘述。

（4）CogColorMatchTool 默认输入输出项　CogColorMatchTool 的默认输入项为彩色图像，输出项为最佳匹配分数、置信度分数以及颜色的名称，如图 9.22 所示。

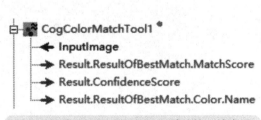

图 9.22　CogColorMatchTool 默认输入输出项

5. CogColorSegmenterTool 的作用

CogColorSegmenterTool 可将彩色图像分割并输出为二值化的灰度图像，可使用红、绿、蓝（RGB）或色调、饱和度、强度（HSI）的颜色空间构建颜色范围的集合。

6. CogColorSegmenterTool 的组成

（1）CogColorSegmenterTool 范围选项卡界面　CogColorSegmenterTool 范围选项卡界面可以修改当前图像对应色彩空间中任意一个平面的范围。在每个颜色平面的允许范围内，使用图形来增加或减少颜色值，其界面如图 9.23 所示。

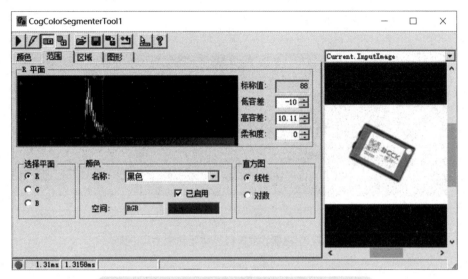

图9.23 CogColorSegmenterTool 范围选项卡界面

其中，直方图对应参数的含义见表9.12。

表9.12 CogColorSegmenterTool 范围常用参数

序号	名称	说明
1	标称值	图像定义的特定颜色空间（RGB 或 HSI）中的平均颜色值
2	低容差	像素值在该颜色平面范围内的下限
3	高容差	像素值在该颜色平面范围内的上限
4	柔和度	范围为0~255 颜色平面上的像素，工具将对其在分割图像中应用加权值
5	直方图	指定使用线性图或对数图查看当前平面的直方图。这两种选择表示相同的数据，但是对数图扩展了在线性图中较小峰的大小，这有助于查看图像任意一个平面上的颜色量中包含的少量数据的直方图

这些加权像素表示所需颜色范围两端的像素值，常常通过另一种视觉工具（如后文将学习的 CogBlobTool）进行分析，以收集原始彩色图像中特定物体的面积和质心等信息。这些参数图形化表示如图9.24 所示。

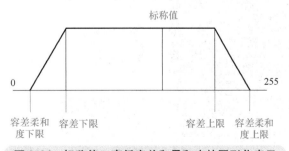

图9.24 标称值、高低容差和柔和度的图形化表示

在直方图上可调节这些参数，如图9.25 所示。

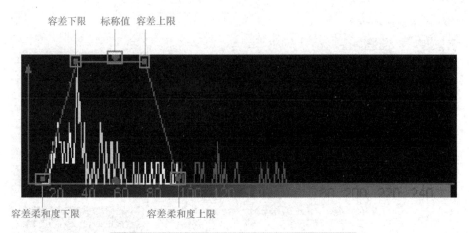

图9.25 标称值、高低容差和柔和度的直方图

CogColorSegmenterTool 的颜色选项卡、区域选项卡和图形选项卡界面，操作方式类似其他两个颜色工具，不再赘述。

图9.26 CogColorSegmenterTool 默认输入输出项

（2）CogColorSegmenterTool 默认输入输出项 CogColorSegmenterTool 的默认输入项为彩色图像，输出项为灰度图像，如图9.26所示。

任务实施

锂电池颜色的检测，可利用 CogColorExtractorTool、CogColorMatchTool、CogColorSegmentTool 这 3 个颜色工具分别来实现，根据其输出结果的不同进行判断。锂电池颜色检测具体操作步骤见表9.13。

锂电池颜色检测

表9.13 锂电池颜色检测操作步骤

步骤	示意图	操作说明
1		打开"项目 9-锂电池检测-XXX"的解决方案并运行一次

（续）

步骤	示意图	操作说明
2	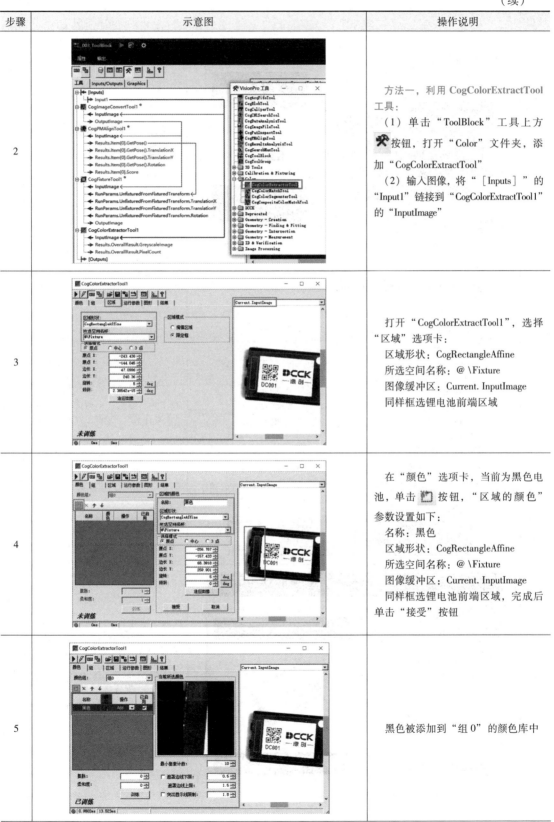	方法一，利用 CogColorExtractTool 工具： （1）单击"ToolBlock"工具上方 🔧 按钮，打开"Color"文件夹，添加"CogColorExtractTool" （2）输入图像，将"［Inputs］"的"Input1"链接到"CogColorExtractTool1"的"InputImage"
3		打开"CogColorExtractTool1"，选择"区域"选项卡： 区域形状：CogRectangleAffine 所选空间名称：@\Fixture 图像缓冲区：Current. InputImage 同样框选锂电池前端区域
4		在"颜色"选项卡，当前为黑色电池，单击 📋 按钮，"区域的颜色"参数设置如下： 名称：黑色 区域形状：CogRectangleAffine 所选空间名称：@\Fixture 图像缓冲区：Current. InputImage 同样框选锂电池前端区域，完成后单击"接受"按钮
5		黑色被添加到"组 0"的颜色库中

（续）

步骤	示意图	操作说明
6	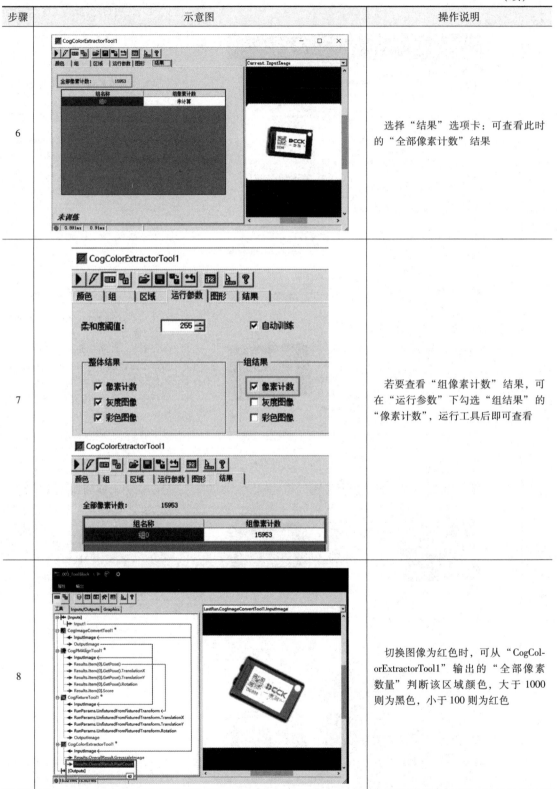	选择"结果"选项卡：可查看此时的"全部像素计数"结果
7		若要查看"组像素计数"结果，可在"运行参数"下勾选"组结果"的"像素计数"，运行工具后即可查看
8		切换图像为红色时，可从"CogColorExtractorTool1"输出的"全部像素数量"判断该区域颜色，大于1000则为黑色，小于100则为红色

（续）

步骤	示意图	操作说明
9		将"CogColorExtractorTool1"的输出项"Results. OverallResult. PixelCount"拖至［Outputs］，并重命名为"Pixel-Count"
10		方法二，利用 CogColorMatchTool 工具： 添加"CogColorMatchTool"并链接图像，将［Inputs］的"Input1"图像输入给"CogColorMatchTool1"的"InputImage"
11		打开"CogColorMatchTool1"，选择"区域"选项卡： 区域形状：CogRectangleAffine 所选空间名称：@ \ Fixture 图像缓冲区：Current. InputImage 同时框选锂电池前端区域
12		在"颜色"选项卡，当前为黑色电池，单击 按钮，选择"选择区域"选项

（续）

步骤	示意图	操作说明
13	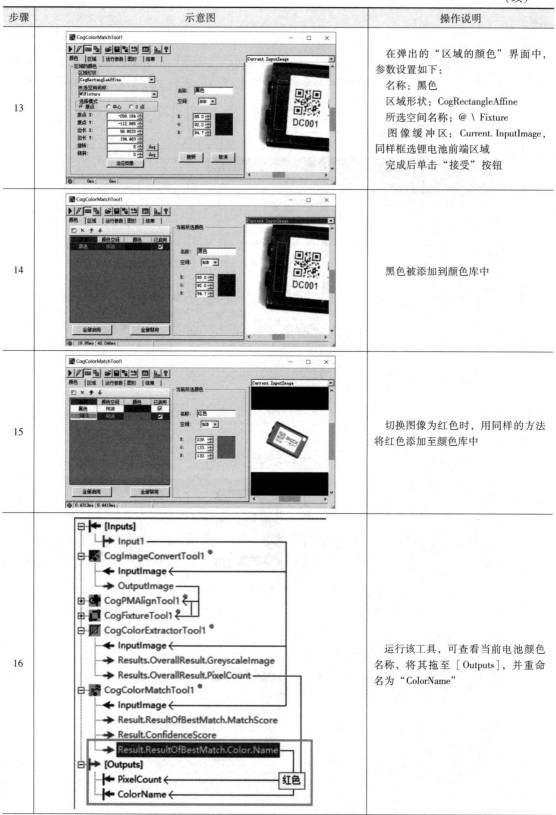	在弹出的"区域的颜色"界面中，参数设置如下： 名称：黑色 区域形状：CogRectangleAffine 所选空间名称：@ \ Fixture 图像缓冲区：Current. InputImage，同样框选锂电池前端区域 完成后单击"接受"按钮
14		黑色被添加到颜色库中
15		切换图像为红色时，用同样的方法将红色添加至颜色库中
16		运行该工具，可查看当前电池颜色名称，将其拖至［Outputs］，并重命名为"ColorName"

（续）

步骤	示意图	操作说明
17	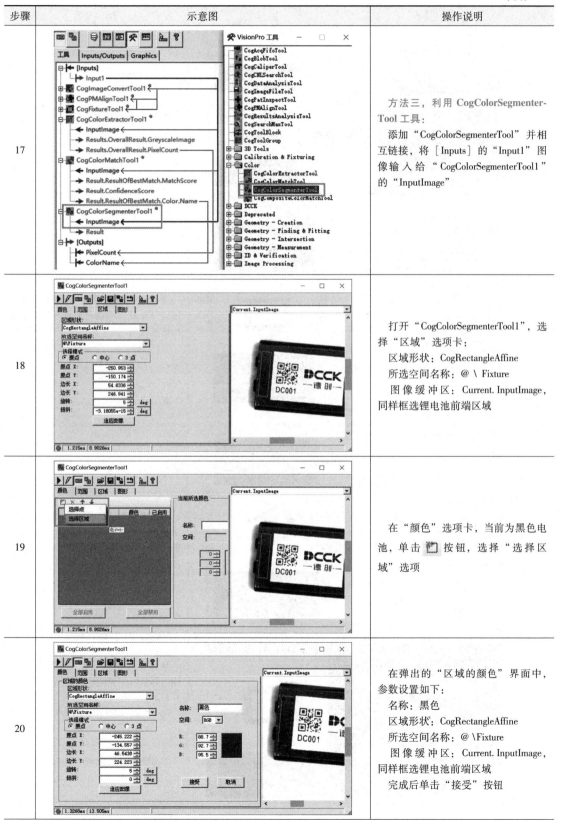	方法三，利用 CogColorSegmenterTool 工具： 添加"CogColorSegmenterTool"并相互链接，将［Inputs］的"Input1"图像输入给"CogColorSegmenterTool1"的"InputImage"
18		打开"CogColorSegmenterTool1"，选择"区域"选项卡： 区域形状：CogRectangleAffine 所选空间名称：@\Fixture 图像缓冲区：Current.InputImage，同样框选锂电池前端区域
19		在"颜色"选项卡，当前为黑色电池，单击 按钮，选择"选择区域"选项
20		在弹出的"区域的颜色"界面中，参数设置如下： 名称：黑色 区域形状：CogRectangleAffine 所选空间名称：@\Fixture 图像缓冲区：Current.InputImage，同样框选锂电池前端区域 完成后单击"接受"按钮

（续）

步骤	示意图	操作说明
21	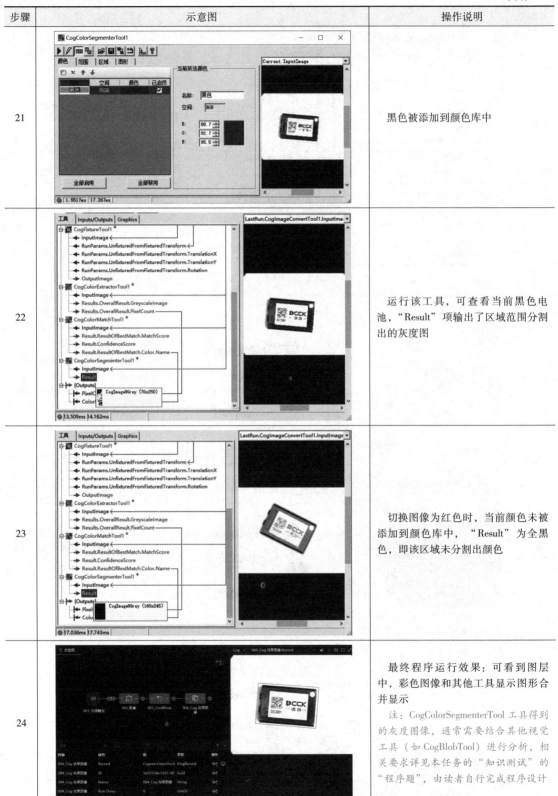	黑色被添加到颜色库中
22		运行该工具，可查看当前黑色电池，"Result"项输出了区域范围分割出的灰度图
23		切换图像为红色时，当前颜色未被添加到颜色库中，"Result"为全黑色，即该区域未分割出颜色
24		最终程序运行效果：可看到图层中，彩色图像和其他工具显示图形合并显示 注：CogColorSegmenterTool 工具得到的灰度图像，通常需要结合其他视觉工具（如 CogBlobTool）进行分析，相关要求详见本任务的"知识测试"的"程序题"，由读者自行完成程序设计

任务实施记录单 2

任务名称	锂电池颜色检测		实施日期	
任务要求	正确提取锂电池前端颜色的像素数、匹配当前锂电池颜色、分割出锂电池前端颜色为灰度图像			
计划用时			实际用时	
组别			组长	
组员姓名				
成员任务分工				
实施场地				
所需设备或环境清单	（请列写所需设备或环境，并记录准备情况。若列表不全，请自行增加需补充部分） 	清单列表	主要器件及辅助配件	 |---|---|
工业视觉系统硬件	
工业视觉系统软件	
软件编程环境	
工件（样品）	| 补充：_____			
实施步骤与信息记录	（在任务实施过程中重要的信息记录是撰写工程说明书和工程交接手册的主要文档资料） 提取锂电池前端颜色的像素数过程：_____ _____ 匹配当前锂电池颜色过程：_____ _____ 分割出锂电池前端颜色过程：_____ _____			
遇到的问题及解决方案	（列写本任务完成过程中遇到的问题及解决方法，并提供纸质或电子文档）			

任务 3　锂电池缺陷检测

 知识准备

缺陷检测
分析（1）

缺陷检测
分析（2）

一、缺陷检测分析

本任务将学习缺陷检测工具 CogBlobTool，利用其对锂电池的缺口进行检测，并判断其型号，如图 9.27 所示。

1. CogBlobTool 的作用

CogBlobTool 工具用于搜索斑点，又称斑点工具，即输入图像中任意的二维封闭形状，利用图像中像素区域灰阶差异，进行图像分割。它可以指定工具运行时所需的分段、连通性

图 9.27　锂电池缺陷检测图

和形态调整参数，以及希望工具执行的属性分析，最终在结果界面上查看搜索结果；还可以查看重叠在搜索图像上的搜索结果。

2. CogBlobTool 的组成

（1）CogBlobTool 设置选项卡界面　CogBlobTool 设置选项卡界面提供了将图像分割为对象像素和背景像素的方法，如图 9.28 所示。

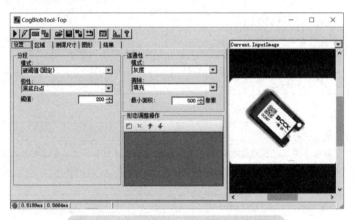

图 9.28　CogBlobTool 设置选项卡界面

其中分段模式参数说明见表 9.14。

表 9.14　CogBlobTool 分段模式参数说明

序号	参数	说明
1	分段模式	硬阈值（固定）：按照固定的灰度值，对图片区域进行绝对性的分割 硬阈值（相对）：按照灰度值像素个数和阈值的百分比，对图片区域进行绝对性的分割 硬阈值（动态）：按照灰度值像素个数的百分比，对图片区域进行动态分割 软阈值（固定）：按照一定范围内的灰度值，对图片区域进行分割，范围内的灰度值并非绝对分割，存在中间数，分割出的像素面积存在小数点 软阈值（相对）：按照百分比，对图片区域进行分割，分割出的像素面积存在小数点 其余分段模式不做介绍，可单击　按钮打开界面自行学习。
2	极性	白底黑点：浅色像素区域作为背景，即结果里的"0：孔"，深色像素区域作为要分割出的对象，即结果里的"1：斑点" 黑底白点：深色像素区域作为背景，浅色像素区域作为要分割出的对象
3	最小面积	以像素为单位，允许被分割的最小面积
4	形态调整	包括"侵蚀""扩大""打开""关闭"的形态操作，可自行查阅资料学习
5	其他参数	其他参数不常用，这里不做介绍，可单击　按钮打开界面自行学习

不同的分段模式将显示不同的分段参数，具体说明见表 9.15。

表 9.15 CogBlobTool 分段模式参数说明

序号	参数	说明
1	阈值	分段模式为"硬阈值（固定）"时，单位为像素；分段模式为"硬阈值（相对）"时，单位为百分比；使用此值作为区域内绝对性分割并二值化图像的分割值
2	低尾部	单位为百分比，区域内灰度值最低的像素的占比，此占比内的像素值不参与分割
3	高尾部	单位为百分比，区域内灰度值最高的像素的占比，此占比内的像素值不参与分割
4	低阈值	分段模式为"软阈值（固定）"时，单位为像素；分段模式为"软阈值（相对）"时，单位为百分比
5	高阈值	分段模式为"软阈值（固定）"时，单位为像素；分段模式为"软阈值（相对）"时，单位为百分比
6	柔和度	分段模式为"软阈值"时，将存在的中间值像素进行分割。此值最大为 254，此时越远离"硬阈值"的绝对式分割方式；此值为 0 时，分割方式等同于"硬阈值"

可结合"Current. Histogram"图像缓冲区理解并调节参数，以下展示部分不同分段模式和极性时的灰度直方图，如图 9.29~图 9.32 所示。

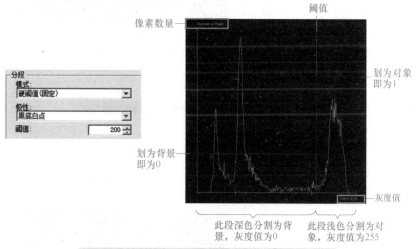

图 9.29 硬阈值（固定）、黑底白点时的直方图

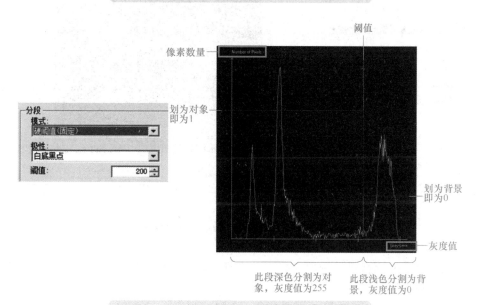

图 9.30 硬阈值（固定）、白底黑点时的直方图

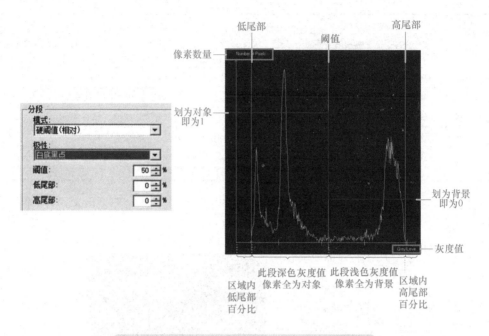

图 9.31　硬阈值（相对）、白底黑点时的直方图

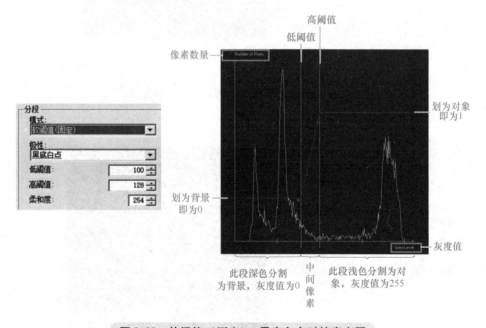

图 9.32　软阈值（固定）、黑底白点时的直方图

（2）CogBlobTool 测得尺寸选项卡界面　CogBlobTool 测得尺寸选项卡界面提供了对分割结果的展示进行筛选的方法，如图 9.33 所示。

CogBlobTool 测得尺寸选项卡界面常用参数见表 9.16。

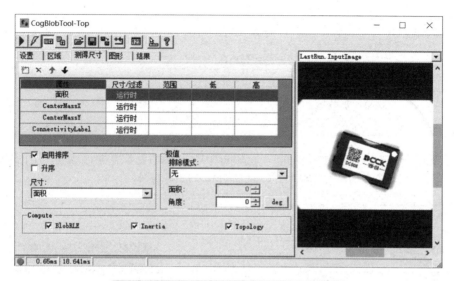

图 9.33　CogBlobTool 测得尺寸选项卡界面

表 9.16　CogBlobTool 测得尺寸选项卡常用参数

序号	参数名称	图片	说明
1	面积		斑点的像素面积，单击"面积"后第二栏"尺寸/过滤"下的 ▼ 下拉按钮可将"运行时"更改为"过滤"，第三栏"范围"可切换为"排除"或"包含"，可在第四和第五栏中更改数字，将不需要的斑点面积筛除
2	CenterMassX/Y		斑点质心的 X 坐标/Y 坐标
3	ConnectivityLabel		筛选出图形的标签，分为"1：斑点"和"0：孔"
4	其他属性	周长 NumChildren InertiaX InertiaY InertiaMin InertiaMax 延长 角度 非环性 AcircularityRms ImageBoundCenterX ImageBoundCenterY	单击 按钮可以新增更多属性到表格中进行筛选

（续）

序号	参数名称	图片	说明
5	其他参数		其他参数如排序等，可单击 ❓ 按钮打开界面自行学习

（3）CogBlobTool 结果选项卡界面　CogBlobTool 结果选项卡界面显示了当前图像的结果属性，如图9.34所示，为"测得尺寸"选项卡下添加的属性。

图 9.34　CogBlobTool 结果选项卡界面

CogBlobTool 的区域选项卡和图形选项卡界面，操作方式类似 CogPMAlignTool，不再赘述。

（4）CogBlobTool 默认输入输出项 CogBlobTool 的默认输入项为8位灰度图像，输出项为分割出的斑点个数、在结果中排序第一位的斑点质心 X 和 Y 以及面积，如图9.35所示。

图 9.35　CogBlobTool 默认输入输出项

二、变量管理与写变量工具

1. 变量管理

（1）变量管理的作用　用户可以将一些系统全局性的、多条程序流程共享的参数添加到变量管理中，使整个解决方案中都可以调用这些变量，灵活地满足编程需求，也使得程序设计的复杂度降低，更易于维护。

用户在变量管理中可以添加、修改、删除变量，配合方案流程的"写变量"工具可以将前序

变量管理与
写变量工具

工具的运行数据赋值给对应变量,从而使变量值可以在整个方案中被各个流程的工具使用。

（2）变量管理相关参数 单击方案图上方菜单栏中的 [x]变量 选项,弹出"变量管理"界面,如图9.36所示,具体参数见表9.17。

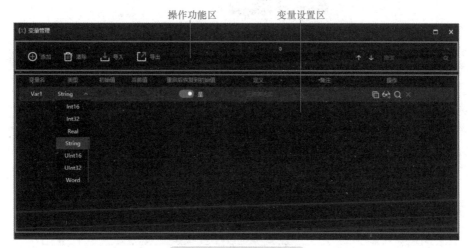

图 9.36 变量管理界面

表 9.17 变量管理参数介绍

序号	参数名称	图片	说明
1	添加	⊕ 添加	添加变量
2	清除	🗑 清除	清除当前所有变量
3	导入	⬇ 导入	导入外部变量表到变量管理中
4	导出	↗ 导出	将变量管理导出到本地文件夹中
5	变量名	变量名 Var1	可编辑变量名称
6	类型	变量名 类型 Var1 String Boolean Byte Char Double Enum Int16 Int32　变量名 类型 Var1 String Int16 Int32 Real String UInt16 UInt32 Word	可以存储的类型有:Boolean、Byte、Char、Double、Enum、Int16、Int32、Real、String、UInt16、UInt32、Word

（续）

序号	参数名称	图片	说明
7	初始值和当前值	初始值　当前值	可设置变量建立时的初始值和当前被写入的值
8	重启后恢复到初始值	重启后恢复到初始值　是	可选择是否在解决方案重启后恢复到初始值，否则保留当前值
9	定义	定义　正则表达式	部分参数需要运用表达式来定义
10	备注	备注	用于备注当前变量的含义等
11	操作	操作	可分别实现复制当前参数、添加当前参数到监视中、在解决方案中查找该参数以及删除参数的作用

2. 写变量工具

（1）写变量工具的作用　写变量工具执行后将修改指定变量的值，支持对多项变量数据批量操作。

（2）写变量工具相关参数　双击或拖拽左侧工具栏"系统"工具包中的 选项，即可将"写变量"工具添加到方案图中，其属性界面如图 9.37 所示，具体参数及操作说明见表 9.18。

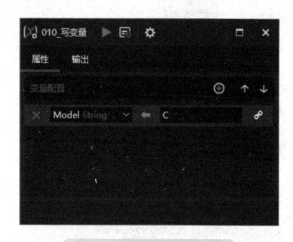

图 9.37　写变量工具属性界面

表 9.18　变量管理参数

序号	图标	属性参数及说明
1	⊕	可添加要写入的变量名及内容
2	↑	可将要写入的变量顺序上调
3	↓	可将要写入的变量顺序下调
4	×	可删除当前要写入的变量
5	Model String	可选择已添加到"变量管理"中的变量
6	C	可将输入值或其他工具的参数赋值给所选择的变量

 任务实施

锂电池
缺陷检测

锂电池缺陷检测具体操作步骤见表 9.19。

表 9.19　锂电池缺陷检测操作步骤

步骤	示意图	操作说明
1		打开任务"项目9-锂电池检测-XXX"完成的解决方案并运行一次
2		单击"ToolBlock"工具上方 ✗ 按钮，添加"CogBlobTool"，并重命名为"CogBlobTool-Top"。将"CogImageConvertTool1"输出的灰度图像"OutputImage"图像输入给"CogBlobTool-Top"的"InputImage"

185

（续）

步骤	示意图	操作说明
3	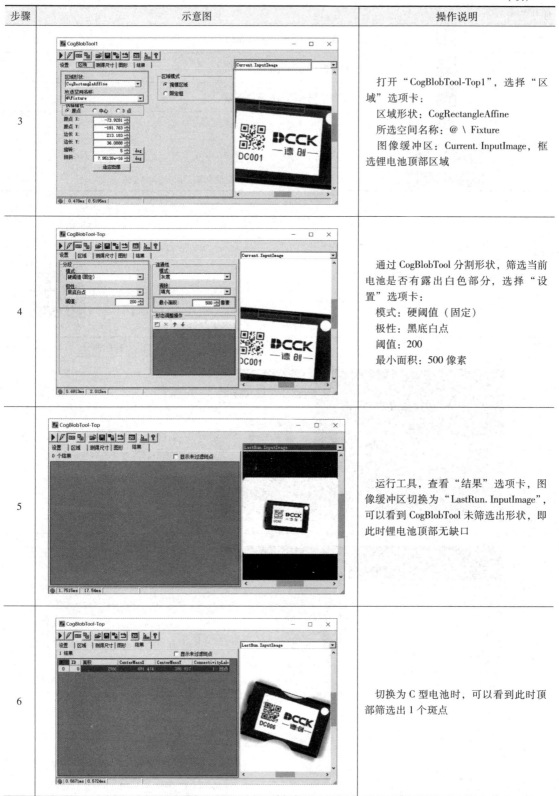	打开"CogBlobTool-Top1"，选择"区域"选项卡： 区域形状：CogRectangleAffine 所选空间名称：@ \ Fixture 图像缓冲区：Current. InputImage，框选锂电池顶部区域
4		通过 CogBlobTool 分割形状，筛选当前电池是否有露出白色部分，选择"设置"选项卡： 模式：硬阈值（固定） 极性：黑底白点 阈值：200 最小面积：500 像素
5		运行工具，查看"结果"选项卡，图像缓冲区切换为"LastRun. InputImage"，可以看到 CogBlobTool 未筛选出形状，即此时锂电池顶部无缺口
6		切换为 C 型电池时，可以看到此时顶部筛选出 1 个斑点

（续）

步骤	示意图	操作说明
7	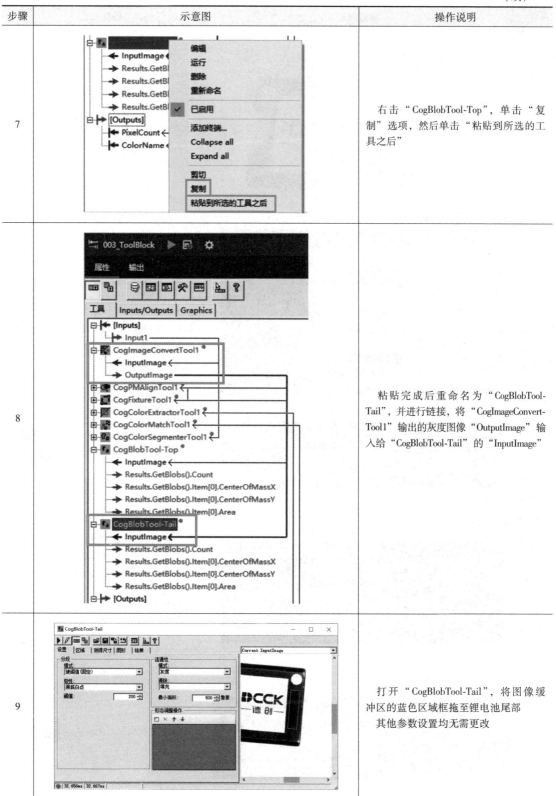	右击"CogBlobTool-Top"，单击"复制"选项，然后单击"粘贴到所选的工具之后"
8		粘贴完成后重命名为"CogBlobTool-Tail"，并进行链接，将"CogImageConvert-Tool1"输出的灰度图像"OutputImage"输入给"CogBlobTool-Tail"的"InputImage"
9		打开"CogBlobTool-Tail"，将图像缓冲区的蓝色区域框拖至锂电池尾部 其他参数设置均无需更改

（续）

步骤	示意图	操作说明
10		切换为 B 型电池时，可以看到此时尾部筛选出 1 个斑点
11		将 "CogBlobTool-Top" 和 "CogBlobTool-Tail" 的输出 "Count" 拖至 ［Outputs］，并分别重命名为 "Top" 和 "Tail"，可以在 "ToolBlock" 工具右侧的输出显示区同步查看
12		选择 "数据" 工具包，将 ![A?B 逻辑运算] 拖至方案图中，并相互链接
13		单击两次 ![2→1] 按钮，添加 2 个数值比较，并依次输出运算结果 步骤 1 设置： 名称：@Top 参数比较：ToolBlock. Top = 0 步骤 2 设置： 名称：@Tail 参数比较：ToolBlock. Tail = 0 注：使用 "逻辑运算" 工具的意义是对 "ToolBlock" 工具输出的结果进行判断
14		选择 "数据" 工具包，将 ![Str. 字符串操作] 添加至方案图中，并相互链接

（续）

步骤	示意图	操作说明
15	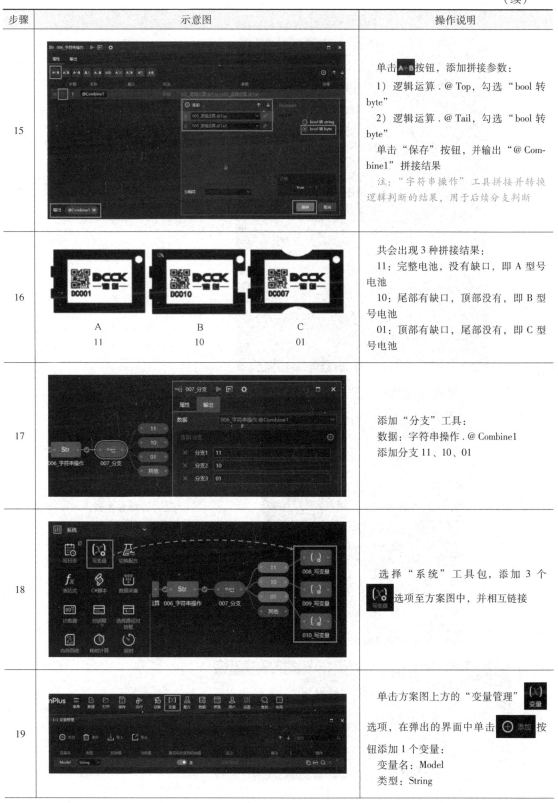	单击 A+B 按钮，添加拼接参数： 1）逻辑运算 . @ Top，勾选 "bool 转 byte" 2）逻辑运算 . @ Tail，勾选 "bool 转 byte" 单击 "保存" 按钮，并输出 "@ Combine1" 拼接结果 注："字符串操作" 工具拼接并转换逻辑判断的结果，用于后续分支判断
16	A 11　　B 10　　C 01	共会出现 3 种拼接结果： 11：完整电池，没有缺口，即 A 型号电池 10：尾部有缺口，顶部没有，即 B 型号电池 01：顶部有缺口，尾部没有，即 C 型号电池
17		添加 "分支" 工具： 数据：字符串操作 . @ Combine1 添加分支 11、10、01
18		选择 "系统" 工具包，添加 3 个 写变量 选项至方案图中，并相互链接
19		单击方案图上方的 "变量管理" 变量 选项，在弹出的界面中单击 添加 按钮添加 1 个变量： 变量名：Model 类型：String

189

（续）

步骤	示意图	操作说明
20		3个"写变量"工具中，分别将型号A、B、C写入变量"Model" 注：型号要与分支对应
21		为了程序界面美观，可以右击"分支"，取消"展开"
22		最终程序效果

任务实施记录单 3

任务名称	锂电池缺陷检测		实施日期	
任务要求	正确运用 CogBlobTool 检测锂电池缺口，并利用逻辑运算字符串操作正确判断型号，正确利用变量管理和写变量工具输出锂电池型号			
计划用时			实际用时	
组别			组长	
组员姓名				
成员任务分工				
实施场地				
所需设备或环境清单	*(请列写所需设备或环境，并记录准备情况。若列表不全，请自行增加需补充部分)*			
	清单列表	主要器件及辅助配件		
	工业视觉系统硬件			
	工业视觉系统软件			
	软件编程环境			
	工件（样品）			
	补充：＿＿＿＿＿＿＿			
实施步骤与信息记录	*(在任务实施过程中重要的信息记录是撰写工程说明书和工程交接手册的主要文档资料)* 检测锂电池缺口过程：＿＿＿＿＿＿＿ 判断锂电池型号过程：＿＿＿＿＿＿＿ 将锂电池型号写入变量过程：＿＿＿＿＿＿＿			
遇到的问题及解决方案	*(列写本任务完成过程中遇到的问题及解决方法，并提供纸质或电子文档)*			

技能训练 锂电池检测综合应用

使用工业视觉系统对锂电池进行检测可以提高电池的质量和生产率。在电芯后工序中，视觉检测主要应用于裸电芯极耳翻折检测、极耳裁切碎屑检测、极耳焊接质量检测、入壳顶盖焊接质量检测等。此外，工业视觉对锂电池极片检测具有准确率高、客观重复性、速度快、效率高、成本低等优点。

1. 训练要求

1）正确使用 CogPMAlignTool 匹配锂电池，并利用 CogFixtureTool 新建锂电池坐标系。

2）正确理解并使用不同的颜色工具 CogColorExtractorTool、CogColorMatchTool、CogColorSegmentTool，输出不同的参数。

3）正确使用 CogBlobTool 检测锂电池缺口，并利用逻辑运算、字符串操作、变量工具完成锂电池型号的判断。

4）可自行选择添加其他工具完善各项功能，优化 HMI 界面，参考界面如图 9.38 所示。

图 9.38 参考 HMI 界面

2. 任务实施验收单

任务名称		锂电池检测综合应用	实施日期		
任务实施评价标准	项目列表	考核要求		配分	得分
	职业素养	遵守实训室纪律，不大声喧哗，不无故迟到、早退、旷课		5	
		遵守实训室安全管理规定及操作规范，使用完毕，及时关闭设备、清理归位		10	
		注重团队协作精神，按序操作设备		5	
		注重理论与实践相结合，提高自身素质和能力，增强自身的专业性和效率		5	
	职业技能	能正确使用 CogPMAlignTool 匹配锂电池，并利用 CogFixtureTool 新建锂电池坐标系		20	
		能正确理解并使用不同的颜色工具 CogColorExtractorTool、CogColorMatchTool、CogColorSegmentTool，输出不同的参数		20	
		能正确使用 CogBlobTool 检测锂电池缺口，并利用逻辑运算、字符串操作、变量工具完成锂电池型号的判断		20	
		可自行选择添加其他工具完善 HMI 界面各项功能		10	
		能合理布局 HMI 界面，整体美观大方		5	
		合计		100	
	小组成员签名				
	指导教师签名				

（备注：在使用实训设备或工件编程调试过程中，如发生设备碰撞、零部件损坏等，每处扣 10 分）

（续）

任务名称	锂电池检测综合应用	实施日期	
综合评价	1. 目标完成情况 2. 存在问题 3. 优化建议 		

 【知识测试】

1. 选择题

（1）下列选项中与模板极性一致的选项有（　　　）。

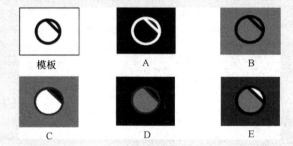

模板　　　　　A　　　　　B　　　　　C　　　　　D　　　　　E

（2）在 ToolBlock 工具内的空间坐标系，"#""@""." 分别表示（　　　）。

A. 像素空间　　根空间　　输入图像空间

B. 像素空间　　输入图像空间　　根空间

C. 输入图像空间　　根空间　　像素空间

D. 根空间　　输入图像空间　　像素空间

（3）CogPMAlignTool 输出的结果数据（X、Y、Angle 等）是在哪个空间下？（　　　）

A. 像素空间　　　　　　　　　　B. 输入图像空间

C. 训练区域选取空间　　　　　　D. 搜索区域选取空间

2. 简答题

（1）举例说明 CogPMAlignTool 可以实现的功能有哪些？

（2）除了利用 CogBlobTool 工具，还可以用什么方法来实现锂电池缺陷检测？

3. 程序题

利用 CogColorSegmenterTool 和 CogBlobTool 实现锂电池颜色的判断。

10

项目 10 锂电池测量

《工业视觉系统运维员国家职业标准》工作要求（四级/中级工）

职业功能	工作内容	技能要求	相关知识
系统编程与调试	光学调试	能完成单相机标定	单相机标定方法
	功能调试	（1）能导入与备份视觉程序 （2）能按要求调试视觉程序配置参数	（1）视觉程序导入与备份方法 （2）视觉程序参数配置方法

《工业视觉系统运维员国家职业标准》工作要求（三级/高级工）

职业功能	工作内容	技能要求	相关知识
系统编程与调试	参数调试	（1）能按方案要求配置相机参数 （2）能按方案要求调整镜头的光圈、倍数和焦距等 （3）能按方案要求配置光源参数	（1）相机参数的调试方法 （2）镜头的调试方法 （3）光源参数的调试方法
	程序调试	（1）能按方案要求完成功能模块化编程和调试图像算法工具参数 （2）能按方案要求配置系统程序功能参数 （3）能按方案要求联调系统并生成报告	（1）视觉程序的调试方法 （2）系统程序功能参数配置方法 （3）系统联调报告生成方法
系统维修与保养	系统维修	（1）能排除单相机硬件故障 （2）能排除图像成像问题 （3）能排除视觉系统通讯故障 （4）能排除视觉系统参数错误	（1）单相机硬件故障排除方法 （2）图像成像问题排除方法 （3）视觉系统通讯故障排除方法

任务引入

工业视觉常用于精准测量测距，其主要包含：三维视觉测量技术、光学影像测量技术、激光扫描测量技术。与传统的测量方法相比，工业视觉测量具有高精度、高速度、非接触式等优点。工业视觉测量提高了生产率和生产自动化程度，降低了人工成本；保障了产品质量，提高产品精度和稳定性，促进了新型工业化的发展。部分实际工业生产中的视觉测量案例如图 10.1 所示。

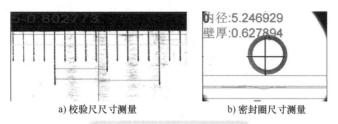

a) 校验尺寸测量　　　　　　b) 密封圈尺寸测量

图 10.1 工业视觉测量案例

　　本任务模拟了自动化生产线中对锂电池外轮廓进行测量的过程，着重介绍了 V+平台软件中视觉算法的标定工具、卡尺工具、几何定位工具等的使用方法，为实际生产应用培养高素质、全面的高技术技能型人才奠定了基础。

任务工单

任务名称	锂电池测量		
设备清单	机器视觉实训基础套件（含工业相机、镜头、光源等）；锂电池样品或图像；DC-CKVisionPlus 软件；工控机或笔记本计算机	实施场地	具备条件的工业视觉实训室或装有 DCCKVisionPlus 软件的机房
任务目的	正确进行相机标定并测量锂电池标签尺寸，掌握锂电池中心点计算的相关几何特征工具，并正确在 HMI 界面中显示相关信息		
任务描述	进行相机标定，测量锂电池标签实际尺寸并判断是否合格，利用几何特征工具计算锂电池中心，并在 HMI 界面中显示相关内容		
素质目标	提升学生对产品测量方面的专业知识和技能，增强学生的实践能力；通过探索软件编程的最优方法，培养学生的积极性、主动性、创造性；工业视觉行业技术日新月异，培养学生的终身学习意识和自我发展的能力，深刻认识推进新型工业化的重大意义		
知识目标	掌握相机标定、尺寸测量、中心点计算算法的使用方法；掌握锂电池标签宽度实际尺寸测量和中心点计算的程序流程		
能力目标	能理解相机标定的基本原理，能正确完成相机标定；能设置边缘提取工具相关参数，正确完成测量；能正确使用几何特征工具计算中心点；能在 HMI 界面中显示结果图像和相关参数		
验收要求	能够在 HMI 界面中显示程序流程关键环节的主要内容。详见任务实施记录单和任务实施验收单		

任务分解导图

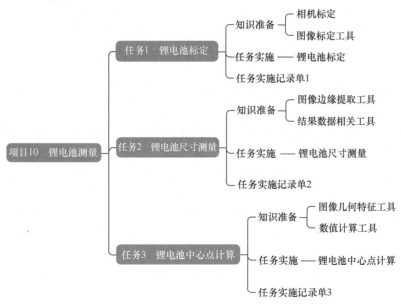

任务1 锂电池标定

 知识准备

一、相机标定

相机标定是确定世界坐标到像素坐标之间转换关系的过程。标定技术主要依靠世界坐标系中的一组点，已知它们的相对坐标，也已知对应的像平面坐标，通过物体表面某点的三维几何位置与其在图像对应点之间的相互关系得到相机几何模型参数，得到参数的过程称为相机标定。

1. 空间坐标系

在对相机进行标定前，为确定空间物体表面上点的三维几何位置与其在二维图像中对应点之间的相互关系，首先需要对相机成像模型进行分析。在工业视觉中，相机模型通过一定的坐标映射关系，将二维图像上的点映射到三维空间。相机成像模型中涉及世界坐标系、相机坐标系、图像像素坐标系及图像物理坐标系四个坐标系间的转换。

为了更加准确地描述相机的成像过程，首先需要对上述四个坐标系进行定义，如图10.2所示。

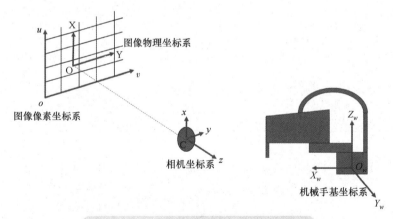

图10.2 工业视觉空间坐标系之间的关系

（1）世界坐标系 O_w-$X_wY_wZ_w$ 　世界坐标系又称真实坐标系，是在真实环境中选择一个参考坐标系来描述物体和相机的位置，如机械手基坐标系。

（2）相机坐标系 C-xyz 　相机坐标系是以相机的光心为坐标原点，z 轴与光轴重合、与成像平面垂直，x 轴与 y 轴分别与图像物理坐标系的 X 轴和 Y 轴平行的坐标系。

（3）图像像素坐标系 o-uv 　图像像素坐标系是建立在图像中的平面直角坐标系，单位为像素，用来表示各像素点在像平面上的位置，其原点位于图像的左上角。

（4）图像物理坐标系 O-XY 　图像物理坐标系的原点是成像平面与光轴的交点，X 轴和 Y 轴分别与相机坐标系的 x 轴与 y 轴平行，单位为 mm，即图像的像素位置用物理单位来表示。

2. 图像像素坐标系与图像物理坐标系转换

本项目锂电池测量，仅涉及图像像素坐标系与图像物理坐标系之间的转换，故此部分做重点讲解，其他坐标系间的转换关系不做介绍。

图 10.3 展示了图像像素坐标系和图像物理坐标系之间的对应关系，其中，$o\text{-}uv$ 为图像像素坐标系，o 点与图像左上角重合。该坐标系以像素为单位，u、v 为像素的横、纵坐标，分别对应其图像数组中的列数和行数。$O\text{-}XY$ 为图像物理坐标系，其原点 O 在图像像素坐标系下的坐标为（u_0，v_0）。dx 与 dy 分别表示单个像素在横轴 X 和纵轴 Y 上的物理尺寸。

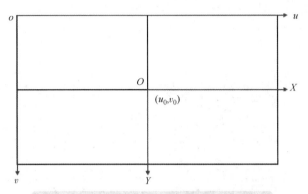

图 10.3　图像像素坐标系与图像物理坐标系

上述两坐标系之间的转换关系为

$$u = \frac{X}{dx} + u_0, \quad v = \frac{Y}{dy} + v_0 \tag{10-1}$$

将式（10-1）转换为矩阵齐次坐标形式为

$$\begin{pmatrix} u \\ v \\ 1 \end{pmatrix} = \begin{pmatrix} \dfrac{1}{dx} & 0 & u_0 \\ 0 & \dfrac{1}{dy} & v_0 \\ 0 & 0 & 1 \end{pmatrix} \begin{pmatrix} X \\ Y \\ 1 \end{pmatrix} \tag{10-2}$$

3. 标定方法

从广义上讲，现有的相机标定方法可以归结为两类：传统相机标定和相机自标定。目前，传统相机标定技术研究如何有效、合理地确定非线性畸变校正模型的参数以及如何快速求解成像模型等，而相机自标定则研究在不需要标定参照物情况下的方法。传统的标定技术需要相机拍摄一个三维标定靶进行标定，而较新的标定技术仅仅需要一些平面靶标。从计算方法的角度，传统相机标定主要分为线性标定方法（透视变换矩阵和直接线性变换）、非线性标定方法、两步标定方法和平面模板方法。

二、图像标定工具

1. 意义

在视觉处理的过程中，每张图像都有一个关联的坐标空间树，可以根据视觉解决方案的需要定义任意多个坐标空间，即相对于现有坐标空间，通过 2D 转换指定坐标空间。在前文中，已经介绍了可建立固定坐标系的工具 CogFixtureTool，本项目将介绍 CogCalibCheckerboardTool。

图像标定
工具

在许多视觉解决方案中，都需要进行有实际意义的测量结果和定位，通过在应用程序中添加 CogCalibCheckerboardTool 后，用于分析图像的工具就可以以特定的测量单位（如 mm 等）返回结果。

该工具需要先获取标定板的图像，并以实际物理单位（常用单位：mm）提供校准板（又称标定板）上网格点的间距。支持使用的标定板有两种，一种是棋盘格标定板，一种是点网格标定板。若要使用棋盘格标定板，校准网格点是方形图块的顶点，可以将网格点间距指定为图块边长；若要使用点网格标定板，校准网格点是圆点的圆心，可以将网格点间距指定为圆心间距，如图 10.4 所示。

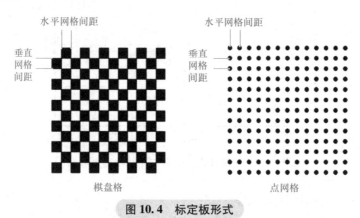

图 10.4　标定板形式

若选择棋盘格，该工具还支持指定为含有基准符号或不含有基准符号，如图 10.5 所示。

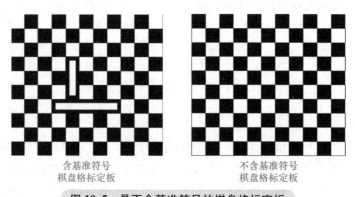

图 10.5　是否含基准符号的棋盘格标定板

注：建议使用具有详尽特征提取功能的棋盘格标定板，它可以产生最准确的校准结果。

CogCalibCheckerboardTool 定位标定板中的网格点，计算实际坐标和图像坐标之间的最佳拟合 2D 转换，存储转换关系数据以备后用。该工具可以生成线性变换，也可以生成非线性变换，这也可以解释光学和透视失真。

计算完成后，2D 转换可用于后续图像采集，将输入图像的未校准坐标空间映射到原始校准坐标空间，即将这种坐标转换关系附加到每个运行时图像的坐标空间树中。通过进一步指定该空间原点的精确位置和方向，可以生成最终校准的空间，然后将其传递给其他视觉工具。这样视觉工具就可以输出实际物理单位的测量结果，如图 10.6 所示。

注：输入标定板的图像必须是灰度图像，但是，使用转换坐标系的运行时图像可以是彩

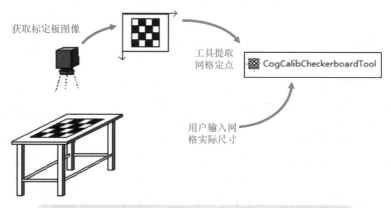

图 10.6　CogCalibCheckerboardTool 使用标定板校准过程

色的，也可以是灰度的。若切换不同类型的相机，或者改变相机与被拍摄对象之间的距离，则需要重新标定，必须再次打开 CogCalibCheckerboardTool 进行计算，以获得新的转换。所以，在无需重新校准的情况下，计算完成后不必再打开 CogCalibCheckerboardTool。

2. 相关参数

（1）CogCalibCheckerboardTool 图像缓冲区　CogCalibCheckerboardTool 图像缓冲区输出 3 种图像，具体描述见表 10.1。

表 10.1　CogCalibCheckerboardTool 图像缓冲区描述

序号	名称	说明
1	Current. InputImage	当前输入图像（标定时输入灰度标定板图像，运行时输入图像可为彩色或灰度）
2	Current. CalibrationImage	当前使用的校正坐标系图像
3	LastRun. OutputImage	最后一次运行输出图像，为使用标定坐标空间输出的图像

（2）CogCalibCheckerboardTool 校正选项卡界面　CogCalibCheckerboardTool 校正选项卡界面用于确定 2D 转换映射的类型（线性或非线性），定义网格间距与要使用的度量单位之间的比率，来生成和定义棋盘格图，其界面如图 10.7 所示。

图 10.7　CogCalibCheckerboardTool 校正选项卡界面

CogCalibCheckerboardTool 校正选项卡界面常用参数具体说明见表 10.2。

表 10.2　CogCalibCheckerboardTool 校正选项卡常用参数

序号	名称	图片	说明
1	校正模式	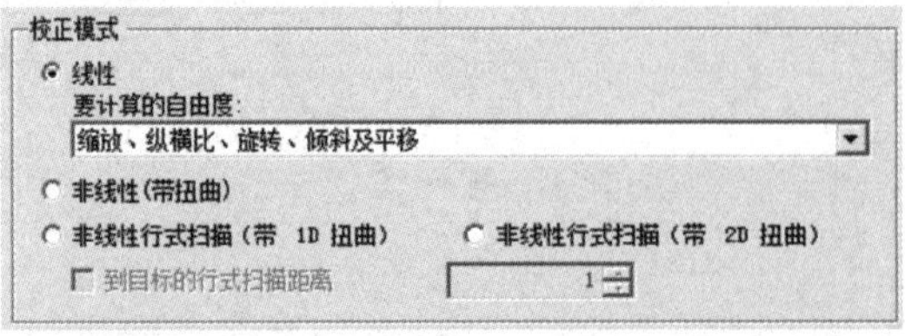	主要可选择线性和非线性的校正模式
			默认且常用线性校正模式，可下拉选择要计算的自由度
2	校正板	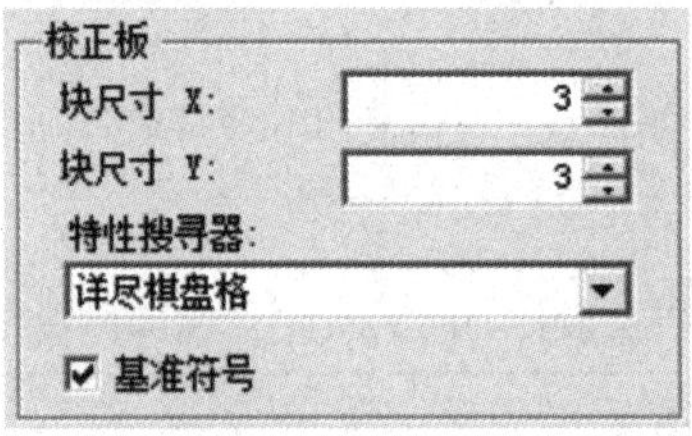	块尺寸 X/Y：标定板水平/垂直网格间距，单位为 mm
			特性搜寻器：可选择棋盘格、详尽棋盘格、点网格
			基准符号：若标定板图像含有基准符号则勾选，否则不勾选
3	其他按钮		抓取校正图像：将标定板图像抓到工具中
			计算校正：配置完成后，单击此按钮完成校正计算，左下角会提示绿色"已校正"字样

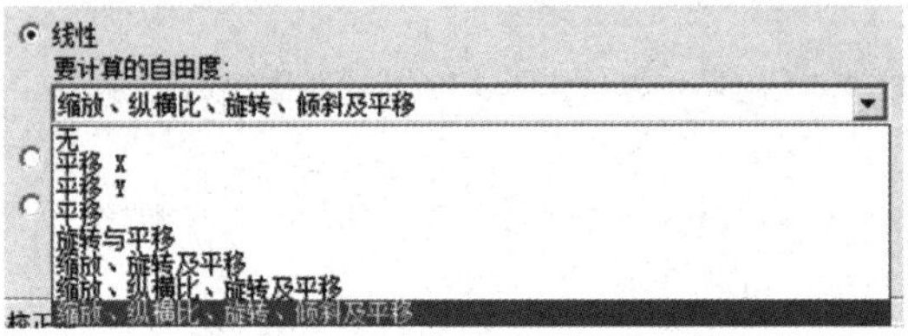

（3）CogCalibCheckerboardTool 点结果选项卡界面　CogCalibCheckerboardTool 点结果选项卡界面展示在标定板中找到的所有顶点的未校正 X/Y（像素坐标）和已校正 X/Y（标定板坐标），选中其中任一点结果，可在"Current. CalibrationImage"图像缓冲区中显示当前点，其界面如图 10.8 所示。

（4）CogCalibCheckerboardTool 转换结果选项卡界面　CogCalibCheckerboardTool 转换结果选项卡界面显示计算后的 2D 转换详细信息，其界面如图 10.9 所示。

CogCalibCheckerboardTool 转换结果选项卡界面常用参数说明见表 10.3。

表 10.3　CogCalibCheckerboardTool 转换结果选项卡常用参数

序号	名称	说明
1	转换	可下拉显示工具已计算出的一个或多个转换类型，一般为线性
2	平面透视转换	这些值描述了未校准到原始校准变换的平面透视属性。如果 2D 转换是线性的，这些字段将被禁用

（续）

序号	名称	说明
3	径向转换	这些值描述了未校准到原始校准变换的径向畸变特性。如果 2D 转换是线性的，这些字段将被禁用
4	线性转换	这些值根据工具计算的 2D 变换类型而变化，若为线性转换，这些值表示从校准到未校准空间的整个变换。其中纵横比为计算后 Y 方向值与 X 方向值的比值
5	RMS 误差	此值为未校准点与映射的原始校准点之间的误差，在未校准空间中表示。在大多数情况下，当校准图像显示明显的透视或径向畸变时，RMS 存在较大的误差

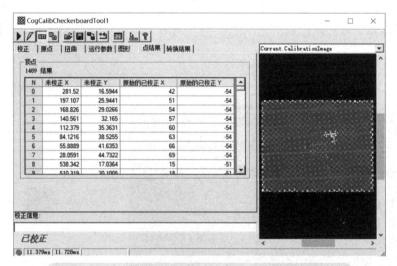

图 10.8　CogCalibCheckerboardTool 点结果选项卡界面

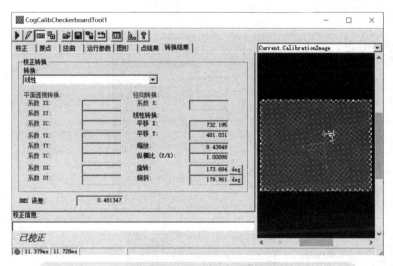

图 10.9　CogCalibCheckerboardTool 转换结果选项卡界面

CogCalibCheckerboardTool 的其他选项卡不做介绍，可在帮助文档中自行学习。

（5）CogCalibCheckerboardTool 默认输入输出项　CogCalibCheckerboardTool 默认输入项为图像（标定时输入灰度标定板图像，运行时输入图像可为彩色或灰度两种），默认输出项为使用标定坐标空间输出的图像，然后可将输出图像传递给其他将使用标定坐标空间的其他视觉工具，如图 10.10 所示。

图 10.10 CogCalibCheckerboardTool 默认输入输出项

 **任务实施**

锂电池标定

锂电池标定的具体操作步骤见表 10.4。

表 10.4 锂电池标定操作步骤

步骤	示意图	操作说明
1		双击桌面 图标，在弹出界面单击"空白"新建解决方案
2		进入设计模式界面后可单击 图标将该解决方案保存，并命名为"项目 10-锂电池测量-XXX"
3		添加"内部触发"和"取像"工具，并相互链接

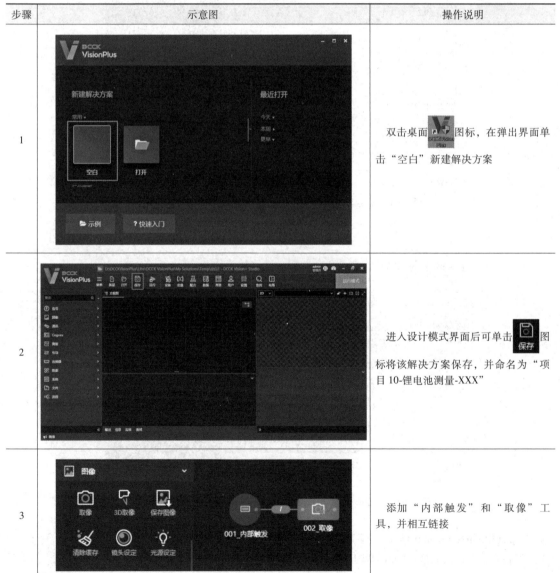

（续）

步骤	示意图	操作说明
4	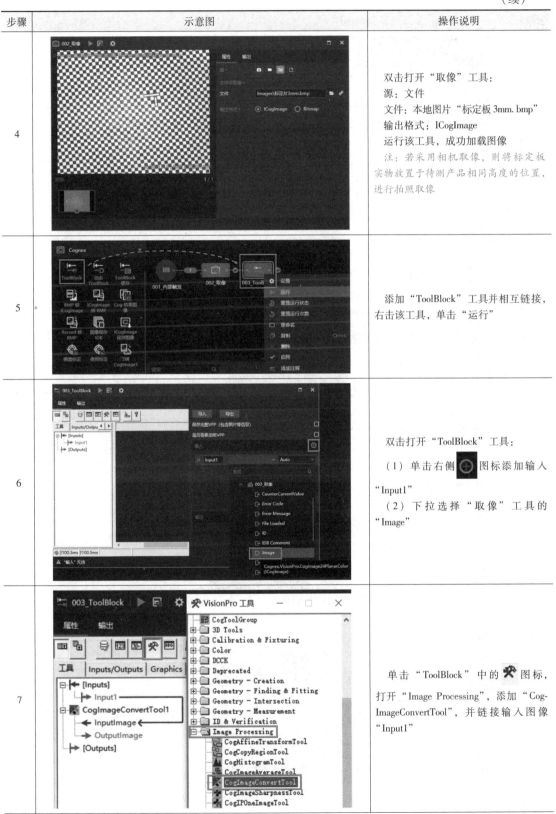	双击打开"取像"工具： 源：文件 文件：本地图片"标定板 3mm. bmp" 输出格式：ICogImage 运行该工具，成功加载图像 注：若采用相机取像，则将标定板实物放置于待测产品相同高度的位置，进行拍照取像
5		添加"ToolBlock"工具并相互链接，右击该工具，单击"运行"
6		双击打开"ToolBlock"工具： （1）单击右侧 ⊕ 图标添加输入"Input1" （2）下拉选择"取像"工具的"Image"
7		单击"ToolBlock"中的 🛠 图标，打开"Image Processing"，添加"CogImageConvertTool"，并链接输入图像"Input1"

（续）

步骤	示意图	操作说明
8	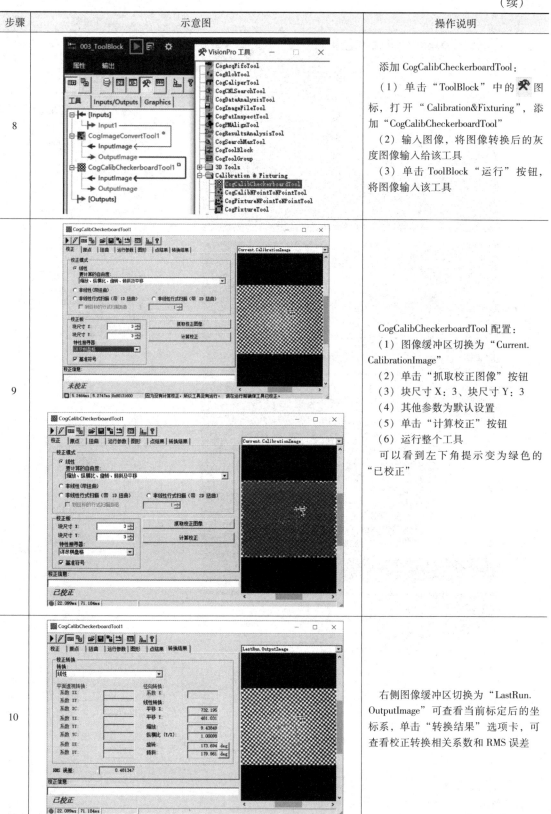	添加 CogCalibCheckerboardTool： （1）单击"ToolBlock"中的 ✻ 图标，打开"Calibration&Fixturing"，添加"CogCalibCheckerboardTool" （2）输入图像，将图像转换后的灰度图像输入给该工具 （3）单击 ToolBlock"运行"按钮，将图像输入该工具
9		CogCalibCheckerboardTool 配置： （1）图像缓冲区切换为"Current.CalibrationImage" （2）单击"抓取校正图像"按钮 （3）块尺寸 X：3、块尺寸 Y：3 （4）其他参数为默认设置 （5）单击"计算校正"按钮 （6）运行整个工具 可以看到左下角提示变为绿色的"已校正"
10		右侧图像缓冲区切换为"LastRun.OutputImage"可查看当前标定后的坐标系，单击"转换结果"选项卡，可查看校正转换相关系数和 RMS 误差

（续）

步骤	示意图	操作说明
11	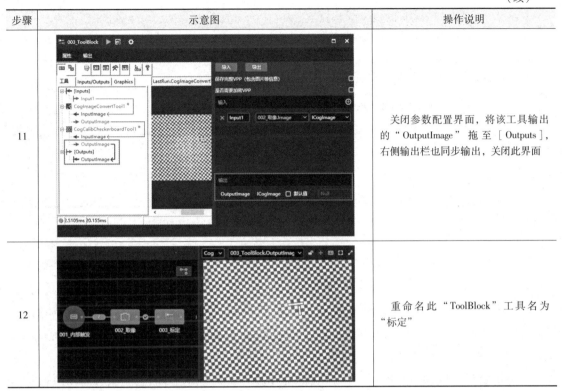	关闭参数配置界面，将该工具输出的"OutputImage"拖至[Outputs]，右侧输出栏也同步输出，关闭此界面
12		重命名此"ToolBlock"工具名为"标定"

任务实施记录单 1

任务名称	锂电池标定		实施日期	
任务要求	了解相机标定的含义，学会使用 CogCalibCheckerboardTool 完成简单的图像标定			
计划用时			实际用时	
组别			组长	
组员姓名				
成员任务分工				
实施场地				

所需设备或环境清单	（请列写所需设备或环境，并记录准备情况。若列表不全，请自行增加需补充部分）

清单列表	主要器件及辅助配件
工业视觉系统硬件	
工业视觉系统软件	
软件编程环境	
工件（样品）	

补充: _____

（续）

实施步骤 与信息记录	（在任务实施过程中重要的信息记录是撰写工程说明书和工程交接手册的主要文档资料） 输入标定板图像过程：_____ 添加 CogCalibCheckerboardTool 过程：_____ 计算并查看标定转换结果过程：_____
遇到的问题 及解决方案	（列写本任务完成过程中遇到的问题及解决方法，并提供纸质或电子文档）

任务 2　锂电池尺寸测量

图像边缘
提取工具

 知识准备

一、图像边缘提取工具

本任务将学习图像边缘提取工具 CogCaliperTool（也称卡尺工具），利用其对锂电池标签（即中间白色区域）的某一对边缘进行提取，可测量标签的宽度，如图 10.11 所示。

1. CogCaliperTool 的作用

CogCaliperTool 是通过像素区域间灰阶差异来判断灰阶变化位置的工具。可以在投影区域内搜索边或边对，其具有两种模式：单个边缘或边缘对。单个边缘模式可找到一条或多条单边，边缘对模式则可找到一对或多对边缘对。边缘对模式也可以测量边缘对之间的距离。

其中，投影区域仅从图像的一小部分提取出边缘信息，由图像缓冲区"Current.InputImage"中方框（选中时为深蓝色）表示。灰色区域为模拟要查找的边缘，其结构如图 10.12 所示。

图 10.11　锂电池标签尺寸测量图

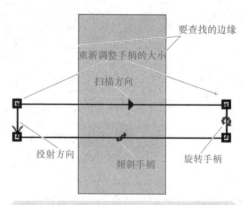

图 10.12　CogCaliperTool 投影区域结构

此方框的调整方式大致与"CogPMAlignTool"的训练区域框相同，不同之处在于此方框边缘存在 2 个方向：

（1）投射方向　与要查找的边缘平行。将二维图像映射到一维图像中，其作用是减少处理时间，存储并维持在一些情况下增强边线信息。其基本原理是沿投影区域的投射方向中的平行光线添加像素灰度值，将二维平面区域投射成一行，形成一维投影图像，如图10.13a所示。

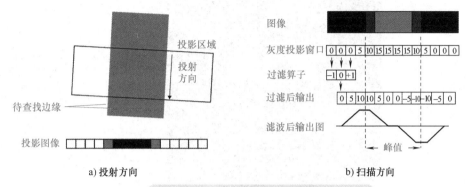

a）投射方向　　　　　　　　　　b）扫描方向

图10.13　CogCaliperTool 找边基本原理

（2）扫描方向　与要查找的边缘垂直，在此方向存在明暗变化。其基本原理为利用滤波窗口进行卷积运算，得到过滤曲线，过滤曲线的峰值所在位置即为边缘位置，此方式还可以从输入图像中消除噪音和伪边缘，如图10.13b所示。

2. CogCaliperTool 的组成

（1）CogCaliperTool 图像缓冲区　CogCaliperTool 具有以下图像缓冲区，具体介绍见表10.5。

表10.5　CogCaliperTool 图像缓冲区

序号	名称	图像缓冲区	说明
1	Current. InputImage		包含当前输入图像与投影区域，可在其上调整该卡尺工具的方框
2	LastRun. InputImage		显示工具在其上运行的最后一个图像。使用此图像缓冲区，可配合"图形"选项卡指定要显示的工具结果，例如在搜索过程中找到的边缘

（续）

序号	名称	图像缓冲区	说明
3	LastRun. RegionData	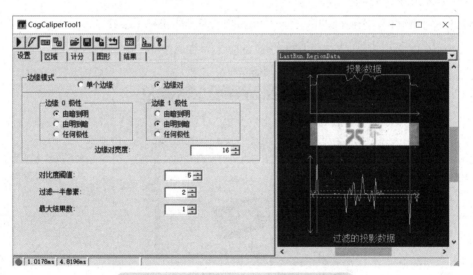	可以显示投影区域的特写，并可以用两个图形数据描述它，一个为"投影数据"，一个为"过滤的投影数据"

（2）CogCaliperTool 设置选项卡界面　CogCaliperTool 设置选项卡界面定义了卡尺工具的执行模式。可以将卡尺设置为"单个边缘"或"边缘对"模式，如图 10.14 所示，其中部分参数的说明见表 10.6。当打开电子模式时，调节带有电子图标的参数会自动运行卡尺工具。

图 10.14　CogCaliperTool 设置选项卡界面

表 10.6　CogCaliperTool 设置选项卡参数说明

序号	参数	说明
1	边缘模式	分为"单个边缘"和"边缘对"，确定卡尺工具的搜索结果是单个边还是边缘对
2	边缘极性	若选择"单个边缘"模式，则仅"边缘 0 极性"值可用，这是第一（唯一）边缘的所需极性；若选择"边缘对"模式，则"边缘 0 极性"和"边缘 1 极性"值都可用，以查找两条边缘（一组结果）分别对应的极性
3	边缘对宽度	当前默认计分函数下，必须以选定空间为单位（像素或实际值）设置"边缘对宽度"，即边缘之间的距离

（续）

序号	参数	说明
4	对比度阈值	在评分阶段要考虑边缘所需的最小对比度，可以消除不满足最低对比度的边线，小于此值的边会被忽略，大于此值的边会被保留，调节时可在"LastRun. RegionData"图像缓冲区"过滤的投影数据"中，查看横轴上下两条蓝色虚线的放宽和收紧程度
5	过滤一半像素	指定过滤器的半宽，该值设置的太大或太小都会影响峰值，调节时可在"LastRun. RegionData"图像缓冲区"过滤的投影数据"中，查看过滤后的边线峰值的尖锐和平缓程度
6	最大结果数	要查找的最多的边缘/边缘对的结果数量

（3）CogCaliperTool 计分选项卡界面　CogCaliperTool 计分选项卡可以创建用于查找边缘的计分函数的集合，可用的计分方式取决于"边缘模式"的选择。选项卡底部的列表显示已添加到集合中的功能。突出显示计分方式时，该选项卡将显示计分方式的图形，该图形会标记指定的功能参数。一般情况下，在切换"边缘模式"后，使用工具默认选择的计分方式即可，无需调整，如图 10. 15 所示。

若"边缘模式"为"单个边缘"，可以选择计分方式：对比度、位置、PositionNeg，默认使用"对比度"计分。

若"边缘模式"为"边缘对"，可以选择计分方式：对比度、位置、PositionNeg、PositionNorm、PositionNormNeg、SizeDiffNorm、SizeDiffNormAsym、SizeNorm、跨立，默认使用"SizeDiffNorm"计分。

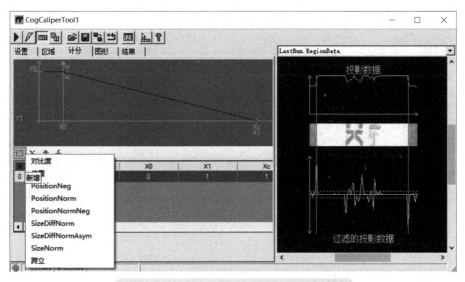

图 10. 15　CogCaliperTool 计分选项卡界面

（4）CogCaliperTool 图形选项卡界面　CogCaliperTool 图形选项卡可配合图像缓冲区进行显示。其中，勾选"显示仿射转换图像"，可以在"LastRun. RegionData"中显示投影区域的特写，并可以用两个图形数据描述它，一个为"投影数据"，一个为"过滤的投影数据"，如图 10. 16 所示。

（5）CogCaliperTool 结果选项卡界面　CogCaliperTool 结果选项卡显示该工具的执行结果，如图 10. 17 所示，其常用参数说明见表 10. 7。

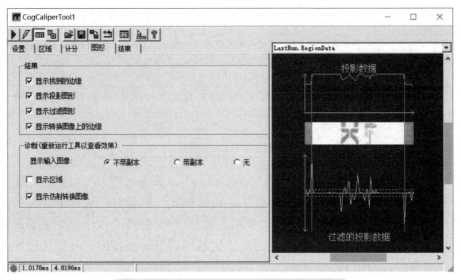

图 10.16 CogCaliperTool 图形选项卡界面

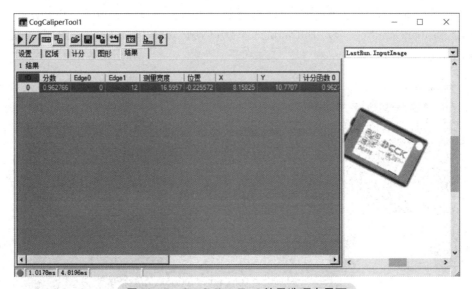

图 10.17 CogCaliperTool 结果选项卡界面

表 10.7 CogCaliperTool 结果选项卡常用参数说明

序号	参数	说明
1	得分	根据计分函数计算的结果分数
2	Edge0	得到此结果的第一条边缘的索引
3	Edge1	在"边缘对"模式中，得到此结果的第二条边缘的索引
4	测量宽度	在"边缘对"模式中，两个边缘（一组边缘对）之间的宽度
5	位置	沿搜索方向相对于输入区域中心的一维测量
6	X/Y	此结果位置的坐标值

CalibCaliperTool 的区域选项卡界面，操作方式类似于 CogPMAlignTool，不再赘述。

（6）CogCaliperTool 默认输入输出项　CogCaliperTool 默认输入项为灰度图像，默认输出项为找到的边缘结果数量、得分最高的边缘分数、边缘 0 的位置和 X/Y 坐标值，如图 10.18 所示。"边缘模式"为"边缘对"时，常需要添加"Width"输出终端，后文实操步骤中将会进行讲解。

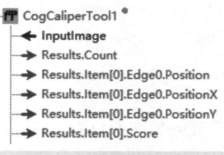

图 10.18　CogCaliperTool 默认输入输出项

二、结果数据相关工具

1. 作用

在测量项目中常常需要对测量结果进行数据整合和分析，它的作用主要体现在：

结果数据相关工具（1）

结果数据相关工具（2）

结果数据相关工具（3）

（1）识别异常值和错误　数据中可能存在异常值或错误会影响下一步的结论和决策，使用"结果数据分析"工具可以识别这些异常值和错误，并采取相应的措施进行修正。

（2）提高效率和产品质量　可以更快地分析产品数据，发现产品存在的问题和缺陷，及时采取措施改进，从而提高产品质量。

2. 相关工具及其参数

V+平台软件的"测量"工具包包含的工具有数据分析、数据合并、线性补偿和导出数据，与之对应，也包含可以将测量数据显示到 HMI 界面中的控件。本项目将介绍以下 3 个工具与控件，如图 10.19 所示。

a) 结果数据分析工具图标

b) 通用数据表控件图标

c) 数值写入控件图标

图 10.19　结果数据相关工具

（1）结果数据分析　工具栏中"测量"工具包内的工具，对输入的测量值和标准值及上下公差进行比较，运行后输出比较结果（OK/NG）及测量数据集合，相关参数见表 10.8。

（2）通用数据表　HMI 界面"数据报表"下的控件，可链接"结果数据分析"工具，将测量结果的数据分析显示到 HMI 界面中，相关参数见表 10.9。

（3）数值写入　HMI 界面"基础控件"下的控件，可在 HMI 界面中输入数值，更改"结果数据分析"工具内的参数，相关参数见表 10.10。

表 10.8　结果数据分析相关参数

参数设置默认界面	参数及其说明
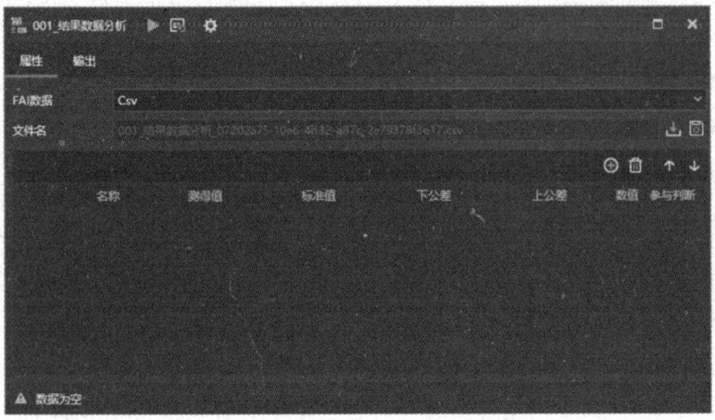	**FAI 数据**：可选择生成 Csv 格式文件或从程序流程中链接
	文件名：保存结果数据的默认文件名
	名称：数据的名称
	测得值：当前测得值
	标准值：数据的标准值
	下公差：为负值，允许的下极限尺寸减去标准值的值
	上公差：为正值，允许的上极限尺寸减去标准值的值
	数值：勾选则允许对数值进行上下限的判断，不勾选则不能对数值进行判断
	参与判断：勾选则此值参与判断，否则不参与

表 10.9　通用数据表相关参数

参数设置默认界面	参数及其说明
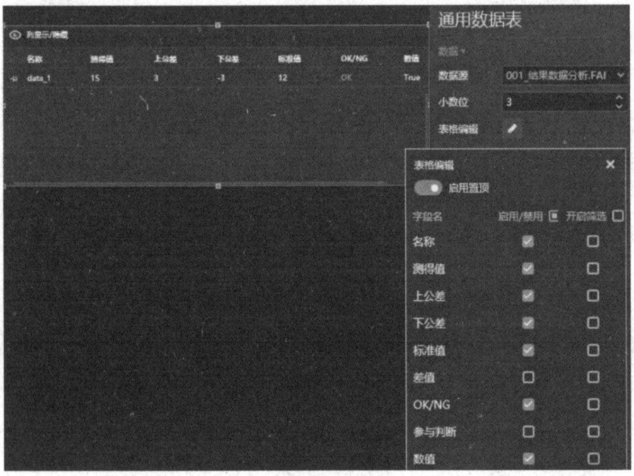	**数据源**：链接方案图中的"结果数据分析"工具
	小数位：表格中数值保留的小数位数
	表格编辑：进行表格显示和筛选的编辑
	启用置顶：启用后，每行数据前出现 图标，可指定表内任意数据置顶
	启用/禁用：启用则显示到 HMI 界面中，禁用则不显示
	开启筛选：开启后，表格内的对应字段名后即会出现 图标，该字段可筛选

表 10.10　数值写入相关参数

参数设置默认界面	参数及其说明
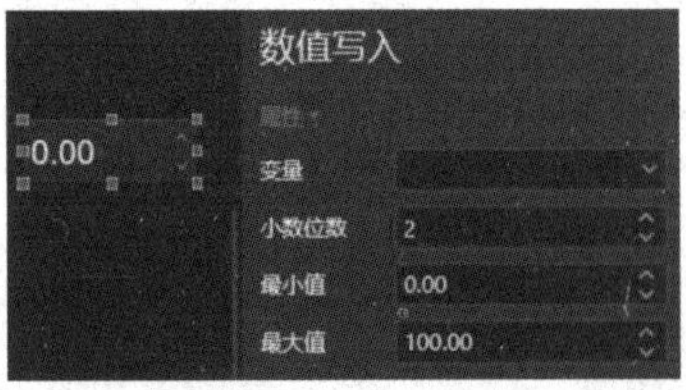	**变量**：选择"变量管理"中建立好的变量，即可将数值在界面中写入对应变量内
	小数位：允许输入的数值保留的小数位数
	最小值：允许输入的最小值
	最大值：允许输入的最大值

任务实施

锂电池尺寸
测量

锂电池尺寸测量具体操作步骤见表10.11。

表 10.11 锂电池尺寸测量操作步骤

步骤	示意图	操作说明
1		打开"项目10-锂电池测量-XXX"的解决方案并运行一次
2		打开"取像"工具： 源：文件夹 文件夹：本地包含锂电池图片的文件夹（注：此时锂电池上表面距离相机的高度与标定板拍摄高度相同） 输出格式：ICogImage 运行该工具，成功加载图像
3		添加新的"ToolBlock"工具，并运行加载的图片
4		输入"标定"工具输出的图像"OutputImage"，此为实际物理坐标系下的图像

（续）

步骤	示意图	操作说明
5	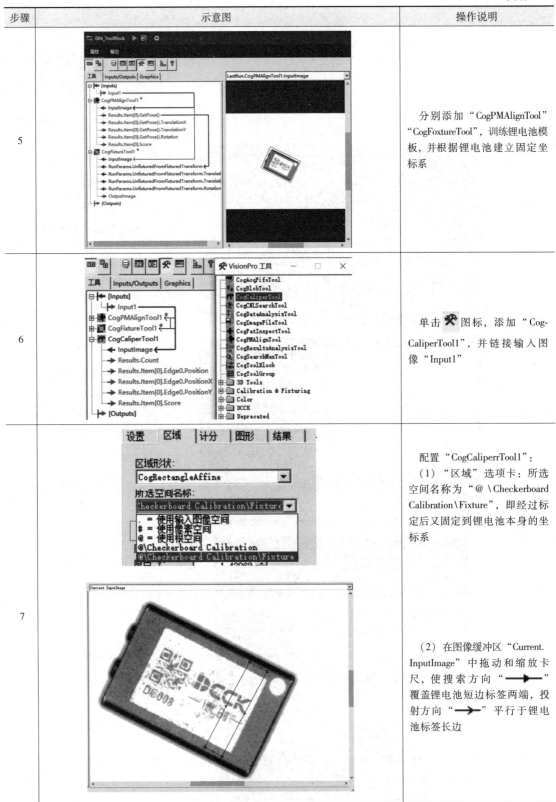	分别添加"CogPMAlignTool""CogFoxtureTool"，训练锂电池模板，并根据锂电池建立固定坐标系
6		单击 图标，添加"Cog-CaliperTool1"，并链接输入图像"Input1"
7		配置"CogCaliperrTool1"： （1）"区域"选项卡：所选空间名称为"@\Checkerboard Calibration\Fixture"，即经过标定后又固定到锂电池本身的坐标系 （2）在图像缓冲区"Current. InputImage"中拖动和缩放卡尺，使搜索方向"——▶"覆盖锂电池短边标签两端，投射方向"——▶"平行于锂电池标签长边

（续）

步骤	示意图	操作说明
7	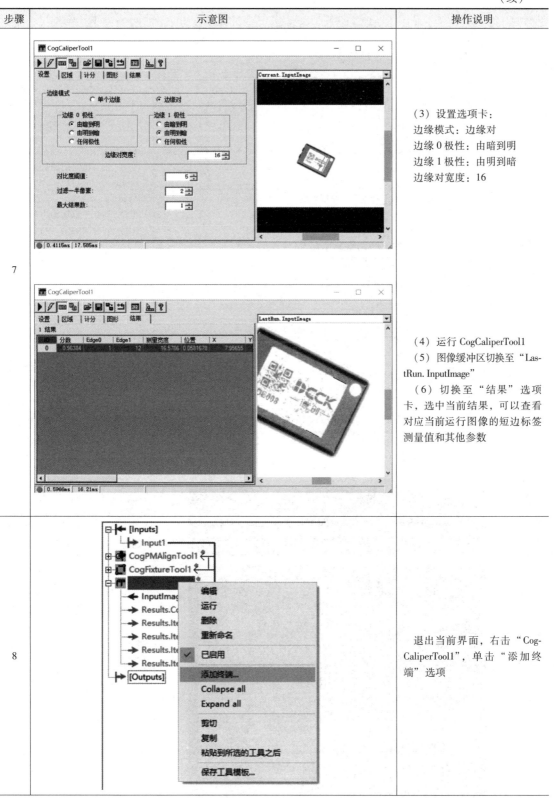	（3）设置选项卡： 边缘模式：边缘对 边缘 0 极性：由暗到明 边缘 1 极性：由明到暗 边缘对宽度：16 （4）运行 CogCaliperTool1 （5）图像缓冲区切换至"LastRun. InputImage" （6）切换至"结果"选项卡，选中当前结果，可以查看对应当前运行图像的短边标签测量值和其他参数
8		退出当前界面，右击"Cog-CaliperTool1"，单击"添加终端"选项

（续）

步骤	示意图	操作说明
9	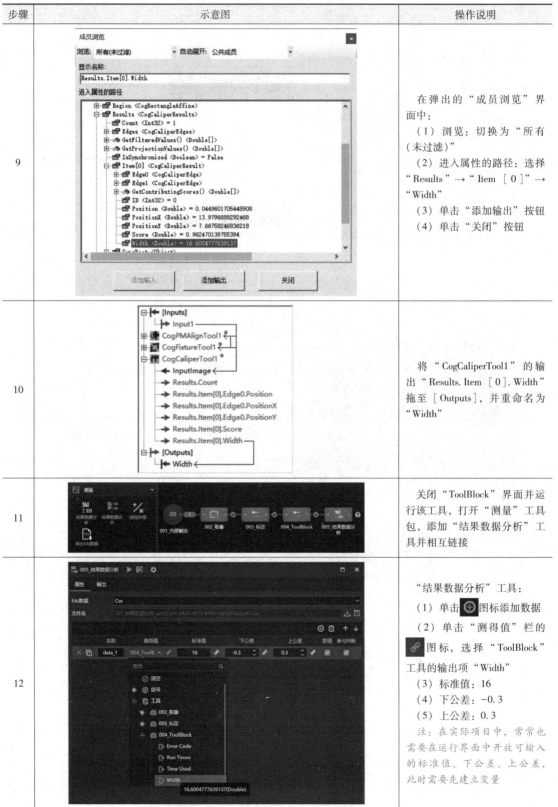	在弹出的"成员浏览"界面中： （1）浏览：切换为"所有（未过滤）" （2）进入属性的路径：选择"Results"→"Item［0］"→"Width" （3）单击"添加输出"按钮 （4）单击"关闭"按钮
10		将"CogCaliperTool1"的输出"Results.Item［0］.Width"拖至［Outputs］，并重命名为"Width"
11		关闭"ToolBlock"界面并运行该工具，打开"测量"工具包，添加"结果数据分析"工具并相互链接
12		"结果数据分析"工具： （1）单击⊕图标添加数据 （2）单击"测得值"栏的🔗图标，选择"ToolBlock"工具的输出项"Width" （3）标准值：16 （4）下公差：-0.3 （5）上公差：0.3 注：在实际项目中，常常也需要在运行界面中开放可输入的标准值、下公差、上公差，此时需要先建立变量

（续）

步骤	示意图	操作说明
13		在"变量管理"中新建3个Double类型变量： 1）变量名：标准值；初始值和当前值：16 2）变量名：下公差；初始值和当前值：−0.3 3）变量名：上公差；初始值和当前值：0.3
14		此时，在"运行界面设计器"中，即可添加3个"数值写入"工具 标准值参数设置如下： 变量：标准值 最小值：0 最大值：100
15		下公差参数设置如下： 变量：下公差 最小值：−10 最大值：0
16		上公差参数设置如下： 变量：上公差 最小值：0 最大值：10
17		在"结果数据分析"工具中： 标准值：单击🔗图标链接"变量"中的"标准值" 下公差：单击🔗图标链接"变量"中的"下公差" 上公差：单击🔗图标链接"变量"中的"上公差" 即可实现在运行界面中手动调整"结果数据分析"内的判断项：标准值、下公差和上公差

（续）

步骤	示意图	操作说明
18	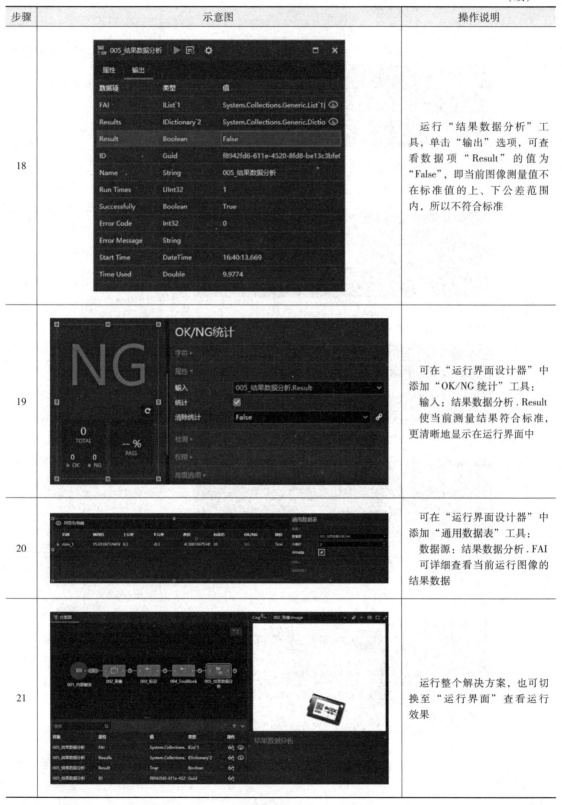	运行"结果数据分析"工具，单击"输出"选项，可查看数据项"Result"的值为"False"，即当前图像测量值不在标准值的上、下公差范围内，所以不符合标准
19		可在"运行界面设计器"中添加"OK/NG统计"工具： 输入：结果数据分析.Result 使当前测量结果符合标准，更清晰地显示在运行界面中
20		可在"运行界面设计器"中添加"通用数据表"工具： 数据源：结果数据分析.FAI 可详细查看当前运行图像的结果数据
21		运行整个解决方案，也可切换至"运行界面"查看运行效果

任务实施记录单2

任务名称	锂电池尺寸测量	实施日期	
任务要求	学会使用图像边缘提取工具和结果数据相关工具，并完成锂电池标签短边实际宽度的测量，并对数据进行处理判断		
计划用时		实际用时	
组别		组长	
组员姓名			
成员任务分工			
实施场地			
所需设备或环境清单	(请列写所需设备或环境，并记录准备情况。若列表不全，请自行增加需补充部分)		

所需设备或环境清单：

清单列表	主要器件及辅助配件
工业视觉系统硬件	
工业视觉系统软件	
软件编程环境	
工件（样品）	

补充：_____

实施步骤与信息记录：

(在任务实施过程中重要的信息记录是撰写工程说明书和工程交接手册的主要文档资料)

使用图像边缘提取工具过程：_____

使用结果数据相关工具过程：_____

实现效果及HMI界面展示过程：_____

遇到的问题及解决方案：

(列写本任务完成过程中遇到的问题及解决方法，并提供纸质或电子文档)

任务3　锂电池中心点计算

📋 **知识准备**

一、图像几何特征工具

本任务为锂电池中心点的计算，找出标签的4个角，并拟合出对角线，利用对角线相交求出锂电池的中心，如图10.20所示。

图像几何特征工具（1）

图像几何特征工具（2）

图像几何特征工具（3）

本任务将学习和运用到"ToolBlock"工具内的部分几何工具，所有几何工具都包含在以下几个文件夹中，如图 10.21 所示。

图 10.20　锂电池中心点的计算

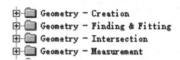

图 10.21　几何工具分类

（1）Geometry-Creation　包含几何工具中创建类的工具，如在图形中根据已知条件创建新的圆、直线、线段等。

（2）Geometry-Finding&Fitting　包含几何工具中查找和拟合类的工具，如查找图形中已存在的一个角、通过三个已存在的点拟合一个圆等。

（3）Geometry-Intersection　包含几何工具中相交类的工具，如通过线和线相交求交点等。

（4）Geometry-Measurement　包含几何工具中测量类的工具，如点到点的距离，点到线的距离，线与线的夹角等。

以下将对部分几何工具做详细介绍：

1. CogFindLineTool 的作用

CogFindLineTool，简称找线工具或 FindLine，它提供了图形用户界面，该工具在图像的指定区域上运行一系列卡尺工具以定位多个边缘点，将这些边缘点进行拟合，并最终返回最适合这些输入点的线，同时产生最小的均方根（RMS）误差。用户可以使用此工具指定分析图像的区域，控制所用卡尺的数量以及查看视觉工具的结果。

2. CogFindLineTool 的组成

（1）CogFindLineTool 设置选项卡界面　CogFindLineTool 设置选项卡界面用于配置"卡尺"和图像缓冲区中的"查找线"图形将使用的预期线段，如图 10.22 所示，参数说明见表 10.12。

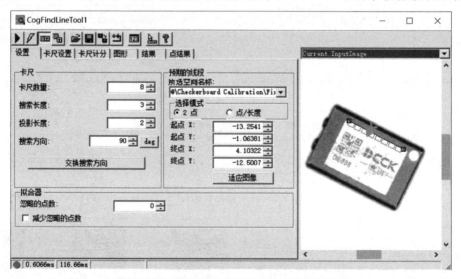

图 10.22　CogFindLineTool 设置选项卡界面

表 10.12　CogFindLineTool 设置选项卡参数说明

序号	参数		说明
1	卡尺	卡尺数量	控制"查找线"图形线段使用的卡尺的数量。该工具使用更多的卡尺可使该工具得出更准确的结果，至少需要两个卡尺。此外，若允许计算最佳拟合线时，在"拟合器"中忽略一个或多个点，则应使用两个以上的卡尺。为了确定要忽略的点，工具会考虑所有可能的子集，并保留产生最佳分数的集合
2		搜索长度	控制垂直于预期线段的每个卡尺的长度。用户可以使用"查找线"图形指定常规搜索长度，也可以使用此字段输入精确值
3		投影长度	控制平行于预期线段的每个卡尺的长度。用户可以使用"查找线"图形指定总体投影长度，也可以使用此字段输入精确值。不可指定单个卡尺工具重叠的投影长度，否则该工具可能会产生意外的结果
4		搜索方向	控制每个卡尺搜索边或边缘对的方向。默认情况下，从预期的线段开始，搜索方向为+90°。为了避免在卡尺内包含多余的边缘或其他图像特征，可以通过为搜索方向指定不同的值来调整卡尺的偏斜度。用户可以使用"查找线"图形来修改方向，或使用此字段输入精确值
5		交换搜索方向	通过减去 180°或增加 180°（如果搜索方向已经是负值）来反转搜索方向
6	预期的线段	所选空间名称	选择输入图像的空间坐标系
7		选择模式	确定是通过 2 点方法（两个［x, y］坐标）还是通过点/长度方法（起始点［x, y］坐标，以及线长和旋转量度）确定期望的线段，默认 2 点模式即可
8	拟合器	忽略的点数	控制在计算最佳拟合线时工具可以忽略的边缘点的数量。为了确定要忽略的点，"拟合线"工具会考虑所有可能的子集，并保留产生最佳分数的集合
9		减少忽略的点数	对于每个未能产生有效边缘点的卡尺，允许工具减少要忽略的点数。此功能可保护由于卡尺故障可能会使 FindLine 工具离少于两个输入点的应用程序。如果允许工具忽略任何输入点，则建议启用此选项

（2）CogFindLineTool 结果选项卡界面　使用 CogFindLineTool 结果选项卡界面可查看每次执行"找线"工具的结果，输出包括直线和线段，如图 10.23 所示。

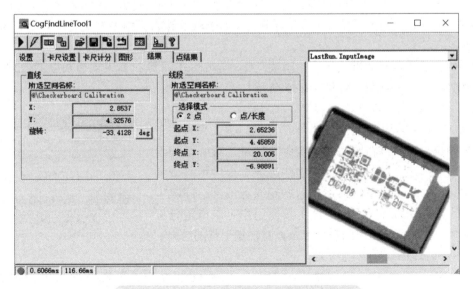

图 10.23　CogFindLineTool 结果选项卡界面

（3）CogFindLineTool 点结果选项卡界面　使用 CogFindLineTool 点结果选项卡可查看有关卡尺找到的每个边缘点的信息，如图 10.24 所示，部分参数说明见表 10.13。

表 10.13　CogFindLineTool 点结果选项卡部分参数说明

序号	参数	说明
1	已使用	指示是否使用该点进行线拟合
2	距离	此边缘点到结果线的距离
3	X/Y	边缘点的 X/Y 坐标
4	已找到	指示此卡尺是否找到边缘点
5	分数	根据计分函数计算出的得分，范围在 0~1 之间

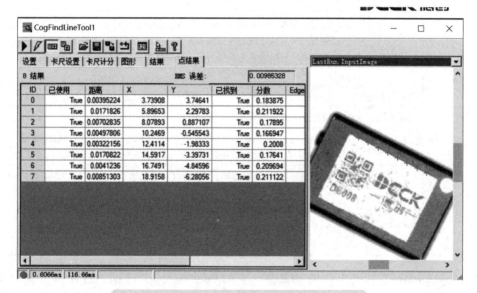

图 10.24　CogFindLineTool 点结果选项卡界面

CogFindLineTool 的卡尺设置、卡尺计分、图形选项卡界面，操作方式类似 CogCaliperTool，不再赘述。

（4）CogFindLineTool 默认输入输出项　CogFindLineTool 默认输入项为灰度图像，默认输出项为找到的直线和线段，如图 10.25 所示。

3. CogFindCircleTool 的作用

CogFindCircleTool，简称找圆工具或 FindCircle，它提供了图形用户界面，该工具在图像的指定圆形区域运行一系列卡尺工具，以定位多个边缘点，并将这些边缘点提供给基础的拟合圆工具，以及最终返回最适合这些输入点的圆，同时生成最小的均方根（RMS）误差。该工具使用户可以指定分析图像的区域，控制所用卡尺的数量以及查看视觉工具的结果。

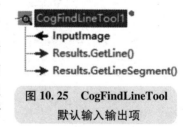

图 10.25　CogFindLineTool
默认输入输出项

4. CogFindCircleTool 的组成

（1）CogFindCircleTool 设置选项卡界面　CogFindCircleTool 设置选项卡界面用于配置"卡尺"和图像缓冲区中的"查找圆"图形将使用的预期线段，如图 10.26 所示。

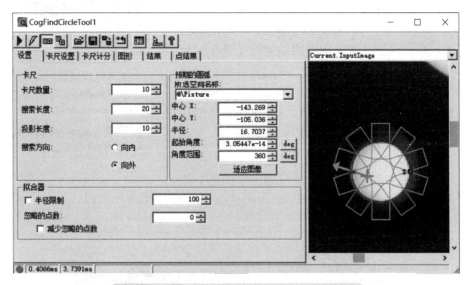

图 10.26 CogFindCircleTool 设置选项卡界面

"查找圆"图形将使用的预期线段在图像缓冲区中的操作方法如图 10.27 所示。

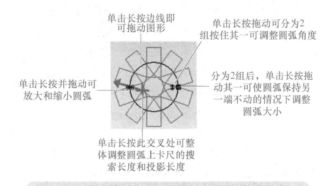

图 10.27 "查找圆"图形使用的预期线段操作方法

CogFindCircleTool 设置选项卡大部分内容同 CogFindLineTool，部分不同参数说明见表 10.14。

表 10.14 CogFindCircleTool 设置选项卡部分参数说明

序号	参数		说明
1	卡尺	搜索方向	控制每个卡尺搜索边缘或边缘对的方向，默认为向外
2	预期的圆弧		除在图像缓冲区中直接对圆弧图形操作，还可在此进行输入，其中可在"角度范围"中输入 360，使圆弧快速变为圆形
3	拟合器	半径限制	若勾选，则可以为最适合输入点的圆指定精确的半径

CogFindCircleTool 的卡尺设置、卡尺计分、图形、结果、点结果选项卡界面，操作方式类似 CogFindLineTool，不再赘述。

（2）CogFindCircleTool 默认输入输出项 CogFindCircleTool 默认输入项为灰度图像，默认输出项为找到的圆形、圆弧、圆心 X/Y 坐标值和圆的半径，如图 10.28 所示。

5. CogFindCornerTool 的作用

CogFindCornerTool，简称找角工具或 FindCorner，它提供了图形用户界面，该工具在图像的两个指定区域上运行一系列卡尺工具以定位两组边缘点，并将两组边缘点提供给基础的"拟合线"工具。CogFindCornerTool 最终返回最适合这些输入点和由这些点定义的角的两条线，同时生成最小的均方根（RMS）误差。

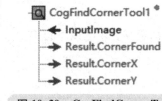

图 10.28　CogFindCircleTool
默认输入输出项

6. CogFindCornerTool 的组成

（1）CogFindCornerTool 默认整体界面　CogFindCornerTool 默认整体界面大致同 CogFindLineTool，仅点结果选项卡展现中找到 2 条不同边线的结果，如图 10.29 所示。

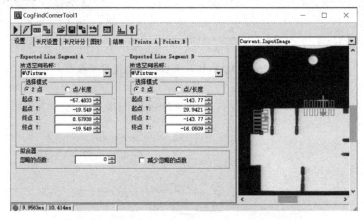

图 10.29　CogFindCornerTool 默认整体界面

（2）CogFindCornerTool 默认输入输出项　CogFindCornerTool 默认输入项为灰度图像，默认输出项为是否找到角的 Bool 值、角的 X/Y 坐标值，如图 10.30 所示。

其他几何工具操作方式类似，且大部分工具在运用过程中只需基于查找工具输出的参数进行链接即可得到结果，不再赘述。

数值
计算工具

二、数值计算工具

1. 作用

在实际项目过程中，常常需要对视觉工具获取的数据进行相关计算，以得到想要的结果，其作用主要体现在：

图 10.30　CogFindCornerTool
默认输入输出项

（1）数据处理　可以对大量数据进行处理和分析，提取有用信息，为决策提供支持。

（2）质量控制　通过对产品尺寸、形状等参数的测量和计算，判断产品质量是否符合要求。

（3）故障诊断　通过对设备运行数据的分析和计算，可以确定设备的故障原因和位置。

2. 相关工具和参数

V+平台软件"数据"工具包中的"数值计算"工具，如图 10.31 所示，相关参数见表 10.15。

a) "数据"工具包中图标

b) 方案图中图标

c) 参数设置默认界面

图 10.31　数值计算工具

表 10.15　数值计算工具相关参数

序号	图片	参数及其说明
1	表达式为空	表达式栏：类似计算器的表达式栏，展现当前计算过程的表达式，单击左下角 ⚙ 图标可设置结果保留小数位数
2	函数 ∨ 引用 🔗　sin　cos　tan　asin　acos　atan　|abs|　log　sqrt　deg　rad　pow	函数：单击可选择多种表达式，如三角函数、反三角函数、求绝对值、求对数、求平方根、弧度值转角度值等
3	引用 🔗　⊕ 添加　名称　引用　类型　值　@arg1　NaN	引用：同其他工具，单击 ⊕ 添加 图标可添加从程序流程中或变量中引用待计算的数值，单击右侧 ⊞ 图标可将引用的数值添加到表达式栏中
4	round　π　%　C　DEL　max　7　8　9　÷　min　4　5　6　×　exp　1　2　3　−　()　0　+	输入栏：单击即可输入数值和运算符号

225

任务实施

锂电池中心点
计算

锂电池中心点计算具体操作步骤见表 10.16。

表 10.16 锂电池中心点计算操作步骤

步骤	示意图	操作说明
1	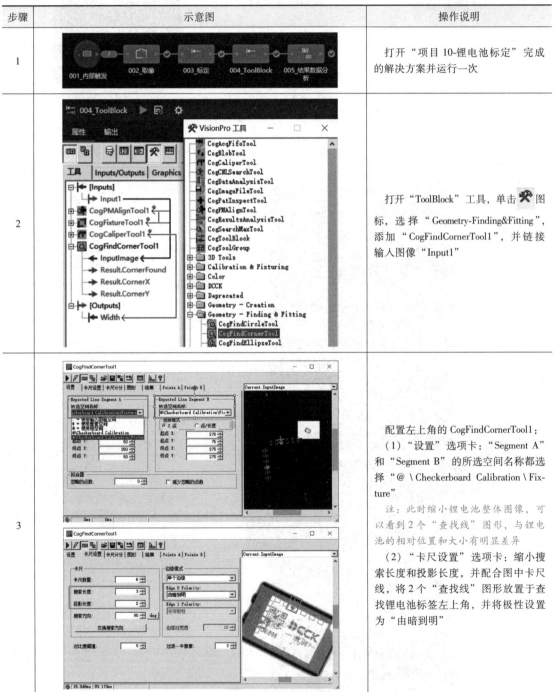	打开"项目 10-锂电池标定"完成的解决方案并运行一次
2		打开"ToolBlock"工具，单击 🔧 图标，选择"Geometry-Finding&Fitting"，添加"CogFindCornerTool1"，并链接输入图像"Input1"
3		配置左上角的 CogFindCornerTool1： （1）"设置"选项卡："Segment A"和"Segment B"的所选空间名称都选择"@ \ Checkerboard Calibration \ Fixture" 注：此时缩小锂电池整体图像，可以看到 2 个"查找线"图形，与锂电池的相对位置和大小有明显差异 （2）"卡尺设置"选项卡：缩小搜索长度和投影长度，并配合图中卡尺线，将 2 个"查找线"图形放置于查找锂电池标签左上角，并将极性设置为"由暗到明"

（续）

步骤	示意图	操作说明
3	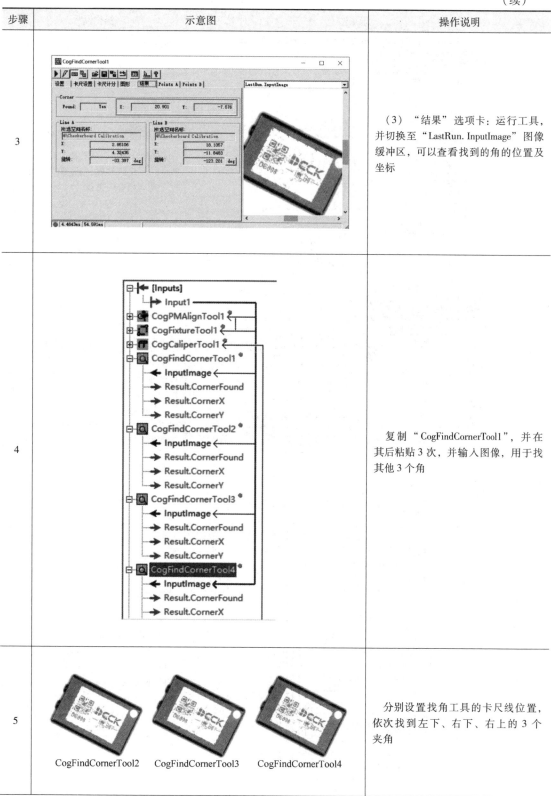	（3）"结果"选项卡：运行工具，并切换至"LastRun. InputImage"图像缓冲区，可以查看找到的角的位置及坐标
4		复制"CogFindCornerTool1"，并在其后粘贴3次，并输入图像，用于找其他3个角
5	CogFindCornerTool2　CogFindCornerTool3　CogFindCornerTool4	分别设置找角工具的卡尺线位置，依次找到左下、右下、右上的3个夹角

（续）

步骤	示意图	操作说明
6	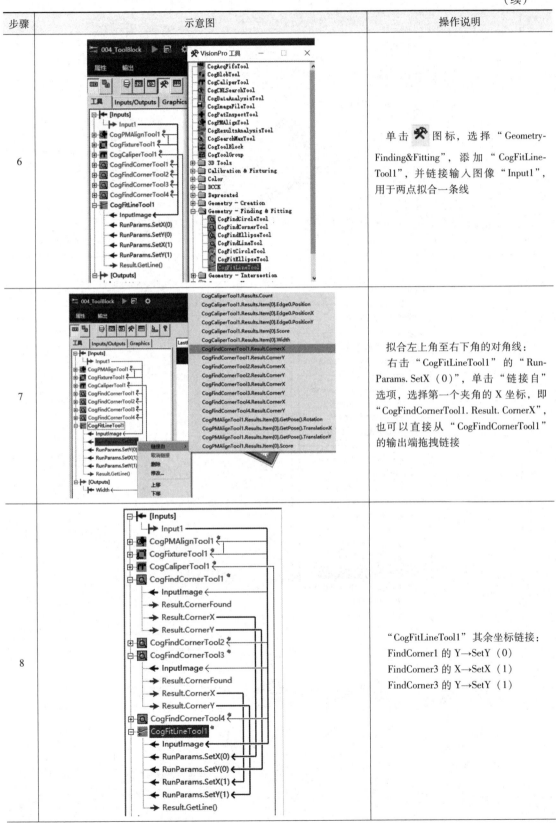	单击 图标，选择"Geometry-Finding&Fitting"，添加"CogFitLine-Tool1"，并链接输入图像"Input1"，用于两点拟合一条线
7		拟合左上角至右下角的对角线： 右击"CogFitLineTool1"的"Run-Params. SetX（0）"，单击"链接自"选项，选择第一个夹角的 X 坐标，即"CogFindCornerTool1. Result. CornerX"，也可以直接从"CogFindCornerTool1"的输出端拖拽链接
8		"CogFitLineTool1"其余坐标链接： FindCorner1 的 Y→SetY（0） FindCorner3 的 X→SetX（1） FindCorner3 的 Y→SetY（1）

（续）

步骤	示意图	操作说明
9	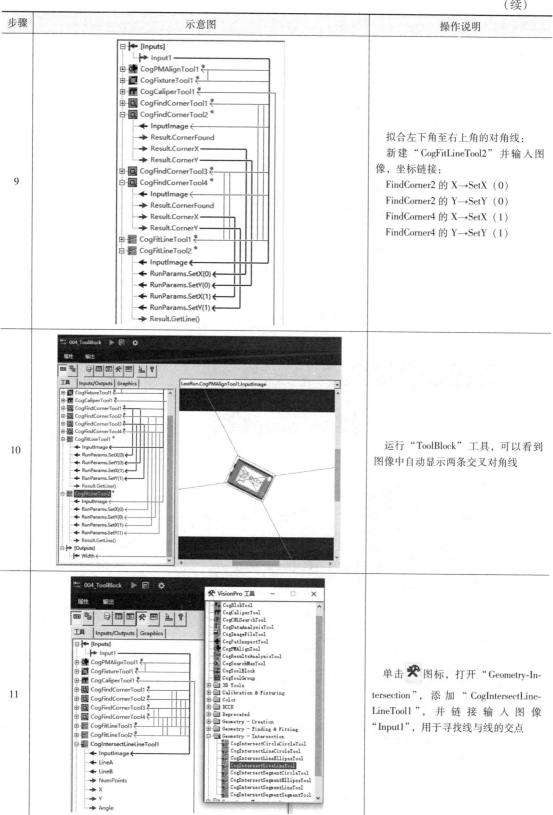	拟合左下角至右上角的对角线： 新建"CogFitLineTool2"并输入图像，坐标链接： FindCorner2 的 X→SetX（0） FindCorner2 的 Y→SetY（0） FindCorner4 的 X→SetX（1） FindCorner4 的 Y→SetY（1）
10		运行"ToolBlock"工具，可以看到图像中自动显示两条交叉对角线
11		单击 🔧 图标，打开"Geometry-Intersection"，添加"CogIntersectLine-LineTool1"，并链接输入图像"Input1"，用于寻找线与线的交点

（续）

步骤	示意图	操作说明
12	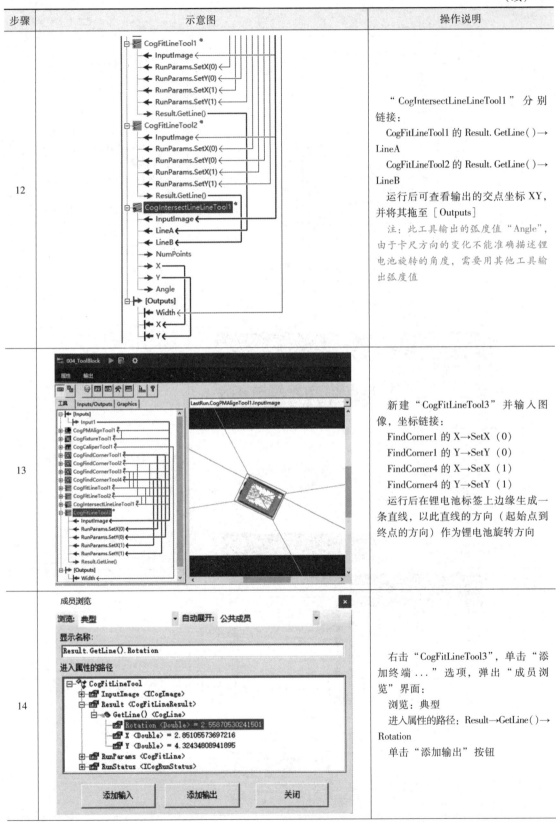	"CogIntersectLineLineTool1" 分别链接： CogFitLineTool1 的 Result. GetLine( )→LineA CogFitLineTool2 的 Result. GetLine( )→LineB 运行后可查看输出的交点坐标 XY，并将其拖至 [Outputs] 注：此工具输出的弧度值 "Angle"，由于卡尺方向的变化不能准确描述锂电池旋转的角度，需要用其他工具输出弧度值
13		新建 "CogFitLineTool3" 并输入图像，坐标链接： FindCorner1 的 X→SetX（0） FindCorner1 的 Y→SetY（0） FindCorner4 的 X→SetX（1） FindCorner4 的 Y→SetY（1） 运行后在锂电池标签上边缘生成一条直线，以此直线的方向（起始点到终点的方向）作为锂电池旋转方向
14		右击 "CogFitLineTool3"，单击 "添加终端…" 选项，弹出 "成员浏览" 界面： 浏览：典型 进入属性的路径：Result→GetLine（ ）→Rotation 单击 "添加输出" 按钮

（续）

步骤	示意图	操作说明
15	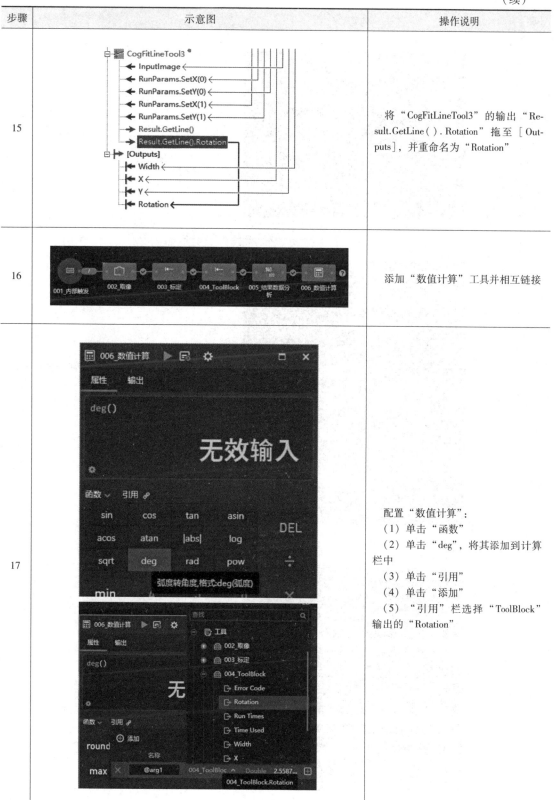	将"CogFitLineTool3"的输出"Result.GetLine（）.Rotation"拖至［Outputs］，并重命名为"Rotation"
16		添加"数值计算"工具并相互链接
17		配置"数值计算"： （1）单击"函数" （2）单击"deg"，将其添加到计算栏中 （3）单击"引用" （4）单击"添加" （5）"引用"栏选择"ToolBlock"输出的"Rotation"

（续）

步骤	示意图	操作说明
17	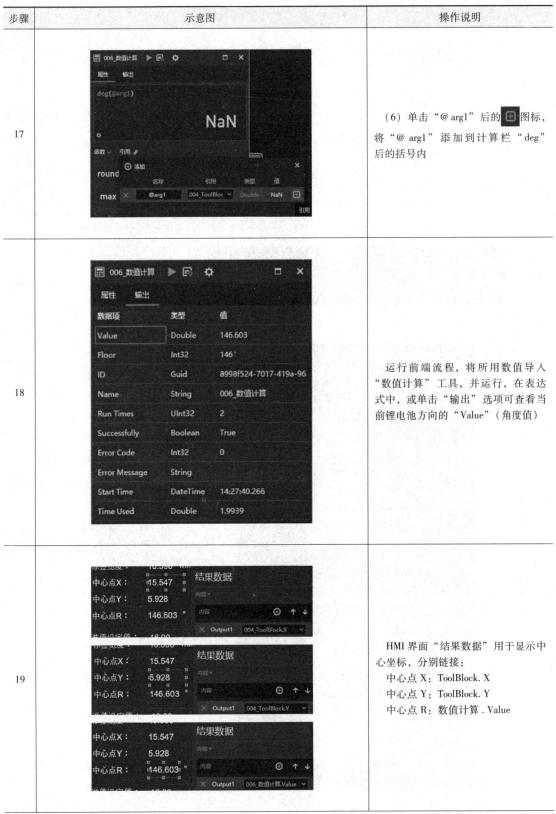	（6）单击"@ arg1"后的 ⊞ 图标，将"@ arg1"添加到计算栏"deg"后的括号内
18		运行前端流程，将所用数值导入"数值计算"工具，并运行，在表达式中，或单击"输出"选项可查看当前锂电池方向的"Value"（角度值）
19		HMI 界面"结果数据"用于显示中心坐标，分别链接： 中心点 X：ToolBlock.X 中心点 Y：ToolBlock.Y 中心点 R：数值计算.Value

（续）

步骤	示意图	操作说明
20	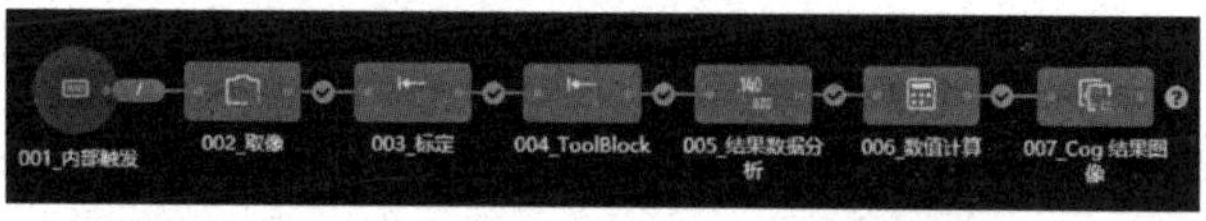	添加"Cog 结果图像"工具
21	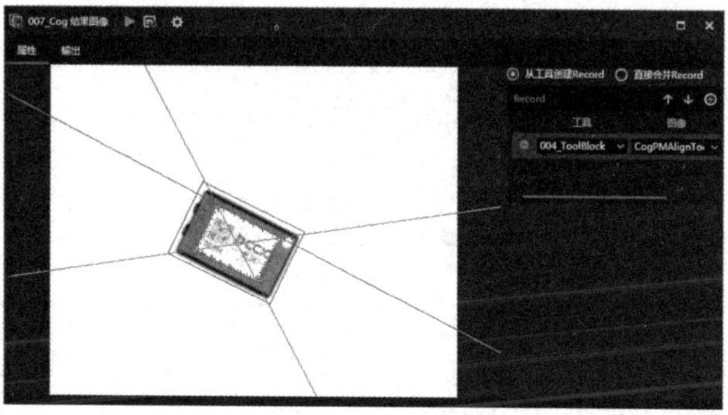	配置"Cog 结果图像"： 工具：ToolBlock 图像：CogPMAlignTool1. InputImage 运行工具，可以查看处理后的图像效果
22	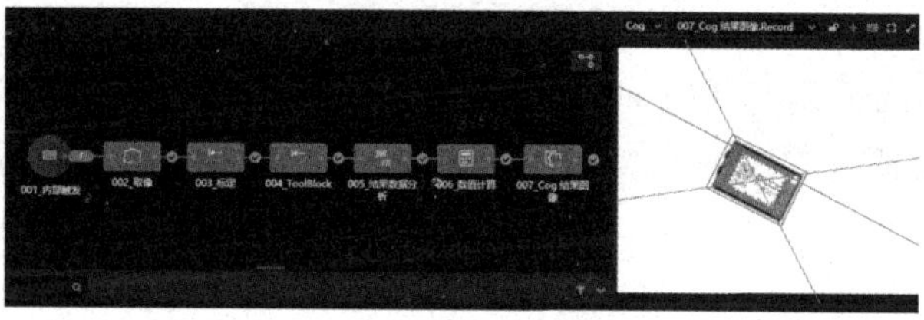	最终程序效果

任务实施记录单 3

任务名称	锂电池中心点计算		实施日期	
任务要求	学会使用图像几何特征工具和数值计算工具，并完成锂电池中心点计算，将弧度值转化为角度值，学会使用其他几何测量工具			
计划用时			实际用时	
组别			组长	
组员姓名				
成员任务分工				
实施场地				

（续）

所需设备 或环境清单	（请列写所需设备或环境，并记录准备情况。若列表不全，请自行增加需补充部分）

清单列表	主要器件及辅助配件
工业视觉系统硬件	
工业视觉系统软件	
软件编程环境	
工件（样品）	

补充：_____

_____

实施步骤 与信息记录	（在任务实施过程中重要的信息记录是撰写工程说明书和工程交接手册的主要文档资料） 计算锂电池中心点过程：_____ 数值计算角度转换过程：_____

遇到的问题 及解决方案	（列写本任务完成过程中遇到的问题及解决方法，并提供纸质或电子文档）

技能训练　锂电池测量综合应用

锂电池是安全相关部件，在生产时要严格地检测精度和测量精度，也需要工业视觉技术的参与。根据工信部 2018 年发布的《锂离子电池行业规范条件》，锂电池生产过程中电极涂敷厚度和长度的测量精度分别不低于 $2\mu m$ 和 1mm，电极剪切后产生的毛刺，检测精度不低于 $1\mu m$。利用工业视觉对锂电池相关尺寸进行实时生产测量，既能保障产品质量，又能提高生产率。

1. 训练要求

1）正确使用 CogCalibCheckerboardTool 进行标定，建立坐标系。

2）正确使用 CogCaliperTool 测量锂电池标签宽度，并利用结果数据分析工具判断宽度是否符合标准。

3）正确使用多种几何特征工具，输出锂电池中心点坐标 XYR，并将弧度值转化为角度值。

4）自行选择添加其他工具完善各项功能，优化 HMI 界面，参考界面如图 10.32 所示。

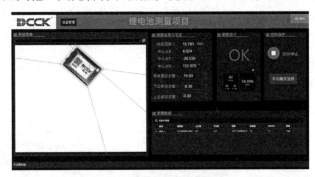

图 10.32　参考 HMI 界面

2. 任务实施验收单

任务名称	锂电池测量综合应用		实施日期			
任务实施 评价标准		项目列表	考核要求		配分	得分
		职业素养	遵守实训室纪律，不大声喧哗，不无故迟到、早退、旷课		5	
			遵守实训室安全管理规定及操作规范，使用完毕，及时关闭设备、清理归位		10	
			注重团队协作精神，按序操作设备		5	
			注重理论与实践相结合，提高自身素质和能力，增强自身的专业性和效率		5	
		职业技能	能正确使用 CogCalibCheckerboardTool 进行标定，建立坐标系		20	
			能正确使用 CogCaliperTool 测量锂电池标签宽度，并利用结果数据分析工具判断宽度是否符合标准		20	
			能正确使用多种几何特征工具，输出锂电池中心点坐标XYR，并将弧度值转化为角度值		20	
			可自行选择添加其他工具，完善 HMI 各项功能		10	
			能合理布局 HMI 界面，整体美观大方		5	
		合计			100	
	小组成员签名					
	指导教师签名					
	（备注：在使用实训设备或工件编程调试过程中，如发生设备碰撞、零部件损坏等，每处扣10分）					
综合评价	1. 目标完成情况 2. 存在问题 3. 优化建议					

 【知识测试】

程序题：

（1）计算出工件的中心点位置坐标，测量两圆圆心距，并测量左圆圆心到对角线1的距离，如图10.33所示。

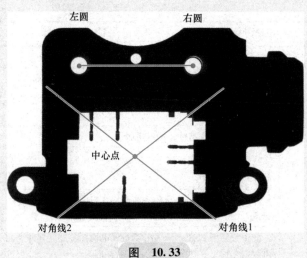

图　10.33

（2）利用"数值计算"工具计算并输出左圆的像素面积和周长。

（3）设计 HMI 界面并显示图像和相关数据。

11

项目 11　锂电池识别

《工业视觉系统运维员国家职业标准》工作要求（四级/中级工）			
职业功能	工作内容	技能要求	相关知识
系统编程与调试	功能调试	（1）能导入与备份视觉程序 （2）能按要求调试视觉程序配置参数	（1）视觉程序导入与备份方法 （2）视觉程序参数配置方法
《工业视觉系统运维员国家职业标准》工作要求（三级/高级工）			
职业功能	工作内容	技能要求	相关知识
系统编程与调试	参数调试	（1）能按方案要求配置相机参数 （2）能按方案要求调整镜头的光圈、倍数和焦距等 （3）能按方案要求配置光源参数	（1）相机参数的调试方法 （2）镜头的调试方法 （3）光源参数的调试方法
	程序调试	（1）能按方案要求完成功能模块化编程和调试图像算法工具参数 （2）能按方案要求配置系统程序功能参数 （3）能按方案要求联调系统并生成报告	（1）视觉程序的调试方法 （2）系统程序功能参数配置方法 （3）系统联调报告生成方法
系统维修与保养	系统维修	（1）能排除单相机硬件故障 （2）能排除图像成像问题 （3）能排除视觉系统通讯故障 （4）能排除视觉系统参数错误	（1）单相机硬件故障排除方法 （2）图像成像问题排除方法 （3）视觉系统通讯故障排除方法

任务引入

在智能制造领域中，工业视觉读码和识别字符是一种利用图像处理和模式识别技术实现自动识别和解码信息的技术，常常需要工业视觉识别系统实时监控生产过程中的各个环节，及时发现异常情况并采取相应措施，确保生产过程的稳定运行。工业视觉识别系统还可以自动收集和分析生产过程中的数据，为企业提供有价值的信息支持，帮助企业进行决策和改进，加快落实新型工业化的转型需求。常见的工业视觉识别类型应用案例如图 11.1 所示。

传统的读码和识别字符的方法通常需要人工操作，耗时耗力且容易出现错误；而工业视觉

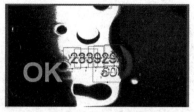

a) 识别产品表面条码   b) 识别产品表面字符

图 11.1　工业视觉识别案例

读码技术可以实现高度自动化，减少人工干预，从而提高生产率。并且工业视觉读码和识别字符具有高度准确性和稳定性，可以有效降低因人为操作导致的误差，提高产品质量和可靠性。

总之，工业视觉读码和识别字符技术在智能制造领域中的应用有助于提高生产率、降低错误率、优化产品质量和实现智能化生产。随着人工智能和机器学习技术的不断发展，工业视觉识别技术在未来有望为工业制造带来更多的创新和价值。

本项目模拟了自动化生产线中对锂电池表面条码和字符进行识别的过程，着重介绍了V+平台软件中视觉算法的条码识别工具、字符识别工具等使用方法，为实际生产奠定了基础，提高了生产率，提升了产品质量，减少了人工成本，促进了新型工业化发展。

任务工单

任务名称	锂电池识别		
设备清单	机器视觉实训基础套件（含工业相机、镜头、光源等）；锂电池样品或图像；DCCKVisionPlus 软件；工控机或笔记本计算机	实施场地	具备条件的工业视觉实训室或装有 DCCKVisionPlus 软件的机房
任务目的	能正确识别锂电池表面条码；能正确识别锂电池表面字符；能在 HMI 界面中显示识别出的信息		
任务描述	读取锂电池表面条码，识别锂电池表面字符，并在 HMI 界面中显示相关内容		
素质目标	提升学生对工业视觉识别应用方面的专业知识和技能，增强学生的实践能力；通过找出软件编程的最优方法，培养学生的积极性、主动性、创造性；工业视觉行业技术日新月异，培养学生的终身学习意识和自我发展的能力，深刻认识推进新型工业化的重大意义		
知识目标	掌握工业视觉识别条码方法及程序流程；掌握工业视觉识别字符的方法及程序流程		
能力目标	能了解常见条码类型，正确完成条码识别；能正确完成字符识别；能在 HMI 界面中显示结果图像和相关参数		
验收要求	能够在 HMI 界面中显示程序流程关键环节的主要内容。详见任务实施记录单和任务实施验收单		

任务分解导图

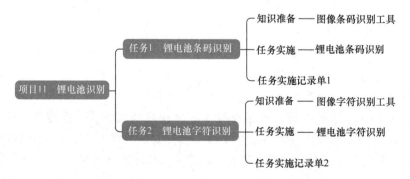

任务1　锂电池条码识别

📋✓ **知识准备**

图像条码
识别工具

图像条码识别工具

本任务为锂电池表面条码识别，如图 11.2 所示。

1. 条码基础知识

条码是利用光电扫描阅读设备来实现数据输入计算机的一种代码。
它是由一组按一定编码规则排列的条、空符号，隐含一定的字符、数字及符号信息，用于表示物品的名称、产地、价格、种类等。"条"是指对光线反射率较低的部分，"空"指对光射率较高的部分，这些"条"和"空"组成的数据表达一定的信息，通常每一种物品的编码是唯一的。

（1）一维条码　一维条码是由纵向黑条和白条组成，黑白相间而且条纹的粗细也不同，通常条纹下还会有英文字母或阿拉伯数字，其组成如图 11.3 所示。

图 11.2　锂电池条码识别

图 11.3　一维条码的组成结构

常见的一维条码类型如图 11.4 所示。

图 11.4　一维条码常见类型

（2）二维条码　二维条码通常为方形结构，不单由横向和纵向的条形码组成，码区内还会有多边形的图案，同样二维条码的纹理也是黑白相间，粗细不同，二维码是点阵形式，常见的二维码类型如图 11.5 所示。

其中，工业应用和生活中最常用的二维条码是"Data Matrix"和"QR Code"，其组成结构如图 11.6 所示。

2. CogIDTool 的作用

在 V+平台软件中，使用 CogIDTool 来进行读码，其可用于定位和解码 1D 和 2D 符号。CogIDTool 可识别 15 种不同的符号，包括 Code 39，Code 128，UPC/EAN 和 Data Matrix 等。

图 11.5　二维条码常见类型

a) Data Matrix 组成结构　　　　　　b) QR Code 组成结构

图 11.6　Data Matrix 和 QR Code 组成结构

3. CogIDTool 相关参数

（1）CogIDTool 设置（Settings）选项卡界面　使用设置选项卡可选择工具将使用哪种符号系统来解码条码，并设置其他运行时参数。为了获得最佳性能，仅启用应用程序需要解码的符号系统，如图 11.7 所示，常用参数见表 11.1。

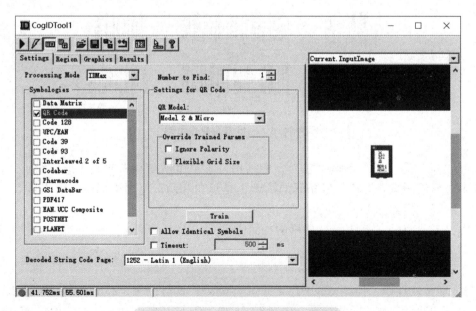

图 11.7　CogIDTool 设置选项卡界面

表 11.1　CogIDTool 设置选项卡常用参数

序号	参数	说明
1	Processing Mode	处理方式：选择用于定位和解码条码的处理模式
2	Number to Find	查找数量：设置定位和解码的最大条码数量
3	Symbologies	符号：包含 15 种符号系统
4	Allow Identical Symbols	允许相同符号：设置是否应解码同一图像内的相同符号，不勾选则存在相同符号时仅解码一个
5	Decode String Code Page	解码的字符串代码页：指定应使用哪个字符集来构造已解码的符号字符串。代码页由国际标准化组织（ISO）建立

其中，选择不同符号系统时，可以进行不同设置，以图 11.7 中勾选展示的 QR Code 为例，相关参数见表 11.2。

表 11.2　QR Code 参数说明

序号	参数	说明
1	QR Model	QR 模型：设置 QR 码的模型类型，一般为默认状态
2	Ignore Polarity	忽略极性：覆盖任何经过训练的极性设置
3	Flexible Grid Size	灵活的网格尺寸：覆盖任何经过训练的网格大小
4	Train	训练：单击后仅支持搜索同等大小的同种符号，其优点是解码速度加快

（2）CogIDTool 结果（Results）选项卡界面　使用结果选项卡可查看有关找到并解码的每个符号的结果参数，如图 11.8 所示，常用参数见表 11.3。

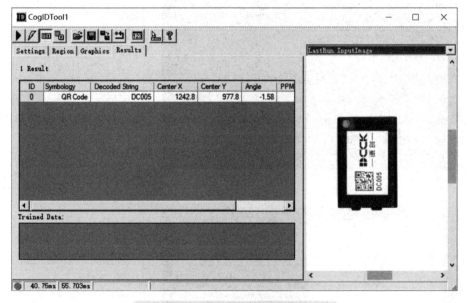

图 11.8　CogIDTool 结果选项卡界面

表 11.3　CogIDTool 结果选项卡常用参数

序号	参数	说明
1	Symbology	符号：符号系统类型
2	Decoded String	解码字符串：解码后的数据作为统一码字符串

（续）

序号	参数	说明
3	Center X/Y	中心 X/Y：在输入图像的选定空间中，找到符号的几何中心（x，y）坐标
4	Angle	角度：符号的几何中心的角度方向，单位是弧度
5	PPM	条码中每个模块所占的像素大小

CogIDTool 的区域（Region）、图形（Graphics）选项卡同其他工具类似，不做赘述。

（3）CogIDTool 默认输入输出项　CogIDTool 默认输入项为灰度图像，默认输出项为找到的当前符号系统的条码数量，以及排在第一位的解码字符串，如图 11.9 所示。

图 11.9　CogIDTool 默认输入输出项

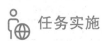 **任务实施**

锂电池条码识别的具体操作步骤见表 11.4。

锂电池条码识别

表 11.4　锂电池条码识别操作步骤

步骤	示意图	操作说明
1	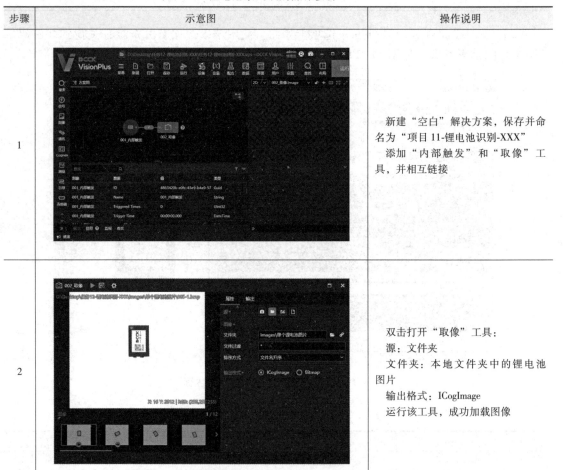	新建"空白"解决方案，保存并命名为"项目 11-锂电池识别-XXX" 添加"内部触发"和"取像"工具，并相互链接
2		双击打开"取像"工具： 源：文件夹 文件夹：本地文件夹中的锂电池图片 输出格式：ICogImage 运行该工具，成功加载图像

（续）

步骤	示意图	操作说明
3		添加"ToolBlock"工具并相互链接，运行该工具
4		双击打开"ToolBlock"工具： （1）添加输入图像"Input1" （2）添加 CogImageConvertTool，并链接输入图像"Input1" （3）运行工具，加载图像
5		单击 ✗ 图标，打开"ID&Verification"，添加"CogIDTool"，并链接图像转换后的灰度图像
6		设置 CogIDTool： （1）打开"Settings"选项卡，在"Symbology"内勾选"QR Code" （2）运行该工具，并切换至"Results"选项卡，图像缓冲区切换至"LastRun. InputImage"，可查看当前读码结果
7		将 CogIDTool 输出的"DecodeString"添加至［Outputs］，并重命名为"IDString"

（续）

步骤	示意图	操作说明
8		添加"Cog 结果图像"并进行链接
9		配置"Cog 结果图像"： 工具：ToolBlock 图像：CogImageConvertTool1.OutputImage 运行工具，可以查看处理后的图像效果

任务实施记录单 1

任务名称	锂电池条码识别	实施日期	
任务要求	了解条码基础知识，正确进行锂电池表面条码识别		
计划用时		实际用时	
组别		组长	
组员姓名			
成员任务分工			
实施场地			
所需设备或环境清单	（请列写所需设备或环境，并记录准备情况。若列表不全，请自行增加需补充部分） | 清单列表	主要器件及辅助配件 | |----------|------------------| | 工业视觉系统硬件 | | | 工业视觉系统软件 | | | 软件编程环境 | | | 工件（样品） | | 补充：_____		
实施步骤与信息记录	（在任务实施过程中重要的信息记录是撰写工程说明书和工程交接手册的主要文档资料） 添加 CogIDTool 过程：_____ 配置 CogIDTool 参数过程：_____ 输出读取内容过程：_____		

（续）

遇到的问题 及解决方案	（列写本任务完成过程中遇到的问题及解决方法，并提供纸质或电子文档）

任务2　锂电池字符识别

 知识准备

图像字符
识别工具

图像字符识别工具

本任务为锂电池表面字符识别，如图11.10所示。

1. CogOCRMaxTool 的作用

CogOCRMaxTool 提供了图形用户界面，可以使用其读取 8 位灰度图像，16 位灰度图像或范围图像中的单行字符串，图像缓冲区的字符读取框结构如图 11.11所示。

图 11.10　锂电池字符识别

图 11.11　CogOCRMaxTool
字符读取框

该工具支持识别的字体类型如图 11.12 所示，不支持识别的字体类型如图 11.13所示。

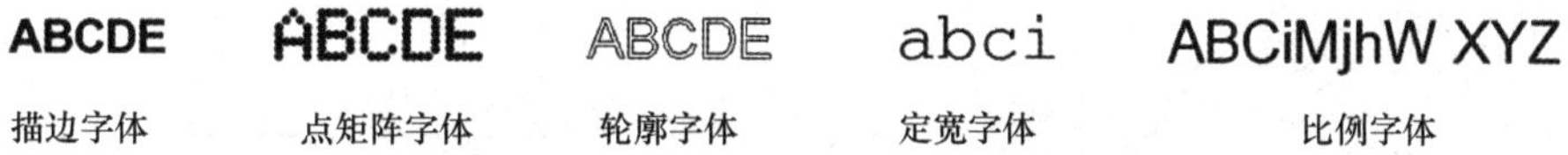

ABCDE	**ABCDE**	ABCDE	abci	ABCiMjhW XYZ
描边字体	点矩阵字体	轮廓字体	定宽字体	比例字体

图 11.12　支持识别的字体类型

2. CogOCRMaxTool 相关参数

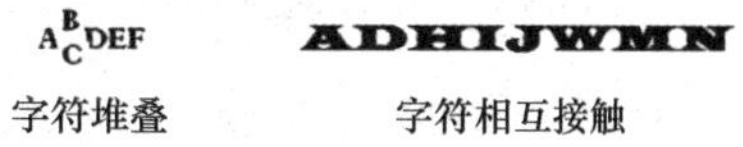

（1）CogOCRMaxTool 调整（Tune）选项卡界面　使用调整选项卡构建 OCRMax 字体，并使用该工具支持的自动调整功能来自动确定最佳的分割参数，以识别连续图像中的连续字符，如图 11.14 所示。

$A_C^B DEF$　　ADHIJWMN

字符堆叠　　字符相互接触

图 11.13　不支持识别的字体类型

使用调整选项卡构建字体并自动调整分段的参数是可选的。也可以使用"字体（Font）"选项卡来构建字体，但"字体"选项卡不支持自动调整，必须使用"区段（Segment）"选项卡来手动设置细分参数。调整选项卡常用参数见表 11.5。

图 11.14 CogOCRMaxTool 调整选项卡界面

表 11.5 CogOCRMaxTool 调整选项卡常用参数

序号	参数	说明
1	Extract Line	提取线：允许工具检查感兴趣的区域，并尝试使用当前的分割参数集将区域分割为正确的字符符号
2	Extract On Run	运行时提取：允许该工具每次运行时都对感兴趣区域执行细分
3	Expected Text	预期文字：输入包含当前图像感兴趣区域的字符串
4	Auto-Segment	自动分段：使用"预期文本"中的字符作为参数对感兴趣的区域执行分割
5	Add&Tune	添加和调整：将当前感兴趣区域的字符区域添加到此选项卡中，然后根据当前图像的特征设置分割参数，建议使用 5~15 张图像来自动调整分割参数
6	Tune Data	调整数据：显示当前用于分段参数自动调整的所有调整记录

（2）CogOCRMaxTool 区段（Segment）选项卡界面　使用区段选项卡可以手动选择最佳参数，将字符与背景、字符与字符之间彼此分开。建议使用"调整"选项卡中支持的自动调整功能，或使用"字体"选项卡手动提取字符，并允许该工具自动确定细分设置，右上角下拉展开详细参数界面如图 11.15 所示，其中字符高度、宽度、跨度、字符间隙的含义如图 11.16 所示，常用参数见表 11.6。

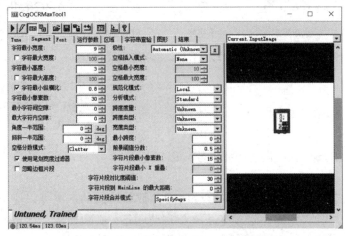

图 11.15 CogOCRMaxTool 区段选项卡界面

图 11.16 字符高度、宽度、跨度、字符间隙含义

表 11.6 CogOCRMaxTool 区段选项卡常用参数

序号	参数	说明
1	字符最小宽度	要报告的字符必须具有的字符标记矩形的最小宽度（以像素为单位）
2	字符最大宽度	字符标记矩形的最大允许宽度，以像素为单位。大于此值的字符将被拆分为不太宽的部分
3	字符最小高度	要报告的字符必须具有的字符标记矩形的最小高度（以像素为单位）
4	字符最大高度	字符标记矩形的最大允许高度，以像素为单位。该值有两种使用方式：首先，在找到整条线时使用此值，例如拒绝垂直相邻的噪声，或垂直相邻字符的其他行；第二，高度超过该值的单个字符将被修剪以满足该高度
5	最小字符间空隙	两个字符之间可能出现的最小间隙大小（以像素为单位），间隔是从一个字符的标记矩形的右边缘到下一个字符的标记矩形的左边缘测量的
6	最大字符间空隙	两个字符之间可能出现的最大间隙大小（以像素为单位）
7	字符片段合并模式	用于确定是否将两个片段合并为一个字符的模式 RequireOverlap 模式："最小/最大字符间空隙"为不可编辑状态 SpecifyMinIntercharacter 模式："最小字符间空隙"为可编辑，"最大字符间空隙"为不可编辑 SpecifyGaps 模式："最小/最大字符间空隙"均为可编辑状态

（3）CogOCRMaxTool 字体（Font）选项卡界面 使用字体选项卡可以构建 OCR 字体，其界面如图 11.17 所示。

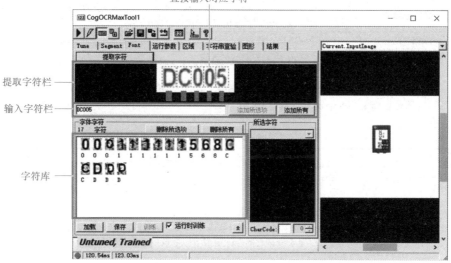

图 11.17 CogOCRMaxTool 字体选项卡界面

在将字符添加到字符库之前，必须正确分割示例图像中的字符。使用区段选项卡确定正确的细分参数，如图 11.15 所示，这些字符已正确分割，可以添加到字符库中。执行以下步骤，将分段图像中的字符添加到字符库中：

1）单击"提取字符"按钮。

2）在提取的字符下方的文本行中输入每个字符的名称。

3）单击"添加所选项"或"添加所有"将字符添加到 OCR 字体。

（4）CogOCRMaxTool 运行参数选项卡界面　使用运行参数选项卡可以设置对应结果的运行参数，如图 11.18 所示，常用参数见表 11.7。

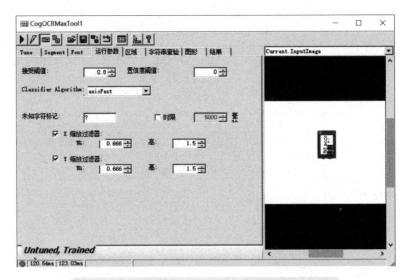

图 11.18　CogOCRMaxTool 运行参数选项卡界面

表 11.7　CogOCRMaxTool 运行参数选项卡常用参数

序号	参数	说明
1	接受阈值	为当前每个字符生成匹配分数，范围为 0～1，大于或等于该值可被识别出字符，否则将识别不出字符
2	置信度阈值	为当前每个字符生成置信度分数，未达到该值将返回混淆的字符识别结果，即相似字符，默认情况下为 0，即无法生成混淆结果
4	未知字符标记	一个字符串，将用于标识此工具生成的结果字符串中的未知字符代码
5	X/Y 缩放过滤器	是否使用 X/Y 方向比例过滤

（5）CogOCRMaxTool 结果选项卡界面　使用结果选项卡查看由区段和分类操作生成的结果，如图 11.19 所示，常用参数见表 11.8。

表 11.8　CogOCRMaxTool 结果选项卡常用参数

序号	参数	说明
1	字符	在此位置分类的字符
2	状态	当前分割字符的状态 Read：此位置的字符已成功分类 Confused：该工具已识别出其得分超过可接受阈值的字符，但另一个字符的得分也足够接近，以至于最接近的匹配项与下一个最接近的匹配项之间的得分小于置信度阈值的设置 Failed：训练后的字体中没有字符返回高于接受阈值的分数

(续)

序号	参数	说明
4	分数	在 0~1 之间的一个分数，表示图像中的字符与受训字体中最接近的字符的匹配程度
5	置信度	得分结果与混淆字符得分之间的差异。若此差异未超过"置信度阈值"的设置，则此字符的结果为混淆字符

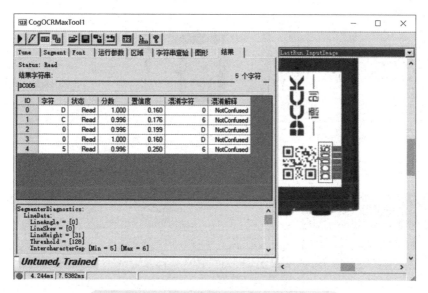

图 11.19 CogOCRMaxTool 结果选项卡界面

（6）CogOCRMaxTool 默认输入输出项 CogOCRMaxTool 默认输入项为灰度图像，默认输出项为当前字符串状态和读取的字符串结果，如图 11.20 所示。

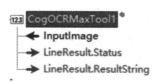

图 11.20 CogOCRMaxTool 默认输入输出项

锂电池字符识别

任务实施

锂电池字符识别的具体操作步骤见表 11.9。

表 11.9 锂电池字符识别操作步骤

步骤	示意图	操作说明
1		打开"项目 11-锂电池识别-XXX"保存的解决方案并运行一次

（续）

步骤	示意图	操作说明
2		打开 ToolBlock 工具： （1）分别添加 CogPMAlignTool、CogFixtureTool，并链接转换后的灰度图像 （2）CogPMAlignTool 用于训练锂电池模板 （3）CogFixtureTool 用于建立锂电池本身坐标系 （4）运行工具
3		单击 ✖ 图标，打开"ID&Verification"，添加"CogOCRMaxTool"，并链接图像转换后的灰度图像
4		CogOCRMaxTool"区域"选项卡： 所选空间名称：@ \Fixture 图像缓冲区：在"Current.InputImage"中拖动搜索区域，使搜索方向"➡"和阅读方向相同

（续）

步骤	示意图	操作说明
5	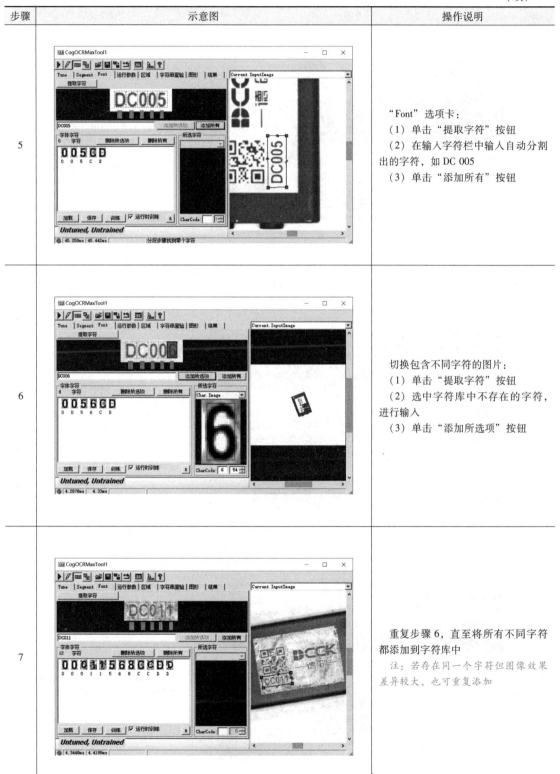	"Font" 选项卡： （1）单击"提取字符"按钮 （2）在输入字符栏中输入自动分割出的字符，如 DC 005 （3）单击"添加所有"按钮
6		切换包含不同字符的图片： （1）单击"提取字符"按钮 （2）选中字符库中不存在的字符，进行输入 （3）单击"添加所选项"按钮
7		重复步骤 6，直至将所有不同字符都添加到字符库中 　注：若存在同一个字符但图像效果差异较大，也可重复添加

（续）

步骤	示意图	操作说明
8		若自动分割字符时，出现分割错误的情况，可单击 ✐ 图标开启电子模式，调节参数后即可快速响应，无需重新运行工具
9		图像缓冲区切换至"LastRun.InputImage"，单击"Segment"选项卡，设置如下： 字符片段合并模式：SpecifyGaps 最小字符间空隙：0 字符最小宽度：逐步调整到9，此时看到图像中已正确分割
10		取消电子模式，回到"Font"选项卡，重复步骤6，直至将所有未识别的字符都添加到字符库中

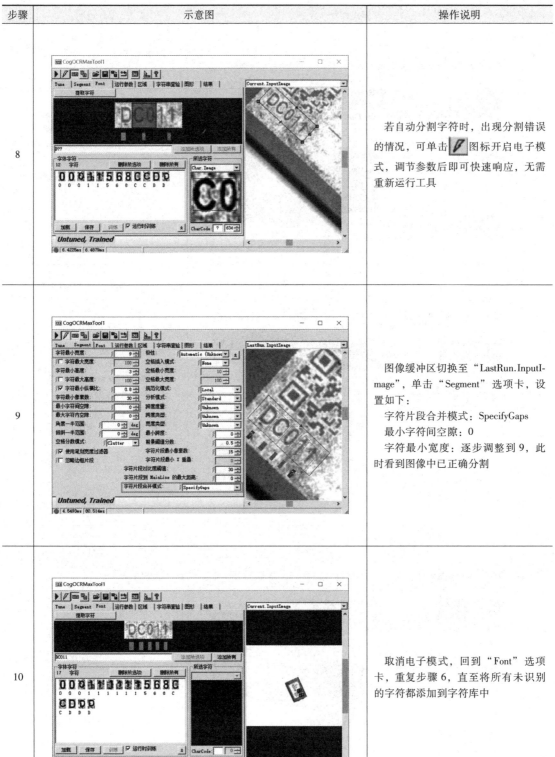

（续）

步骤	示意图	操作说明
11	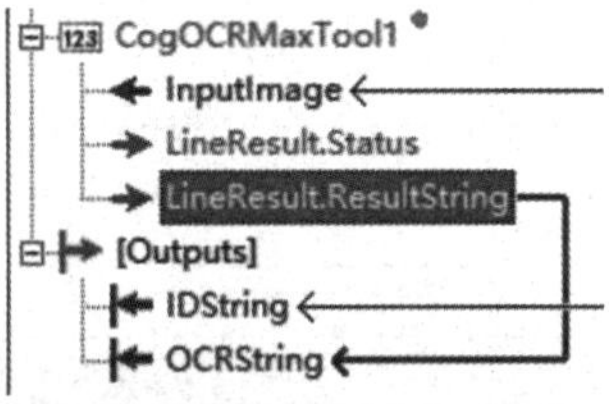	将 CogOCRMaxTool 的"LineResult. ResultString"输出至［Outputs］，并重命名为"OCRString"
12	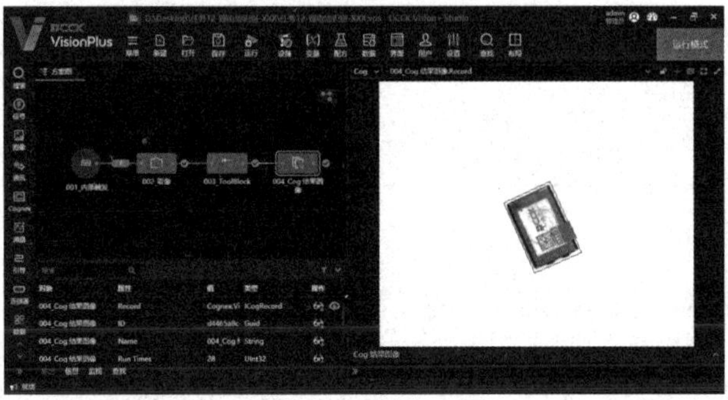	程序最终运行效果

任务实施记录单 2

任务名称	锂电池字符识别		实施日期	
任务要求	了解 CogOCRMaxTool 参数设置，正确进行锂电池表面字符识别			
计划用时			实际用时	
组别			组长	
组员姓名				
成员任务分工				
实施场地				

所需设备或环境清单

（请列写所需设备或环境，并记录准备情况。若列表不全，请自行增加需补充部分）

清单列表	主要器件及辅助配件
工业视觉系统硬件	
工业视觉系统软件	
软件编程环境	
工件（样品）	

补充：_____

（续）

实施步骤 与信息记录	（在任务实施过程中重要的信息记录是撰写工程说明书和工程交接手册的主要文档资料） 添加 CogOCRMaxTool 过程：_____ 配置 CogOCRMaxTool 参数过程：_____ 输出读取字符过程：_____
遇到的问题 及解决方案	（列写本任务完成过程中遇到的问题及解决方法，并提供纸质或电子文档）

技能训练　锂电池识别综合应用

锂电池从原材料到生产、组装、运输的过程，都必须要有完整信息收集流程，从而形成闭环的锂电池生产信息追溯。常见锂电池读码应用场景有材料分选读码、极耳码读取、包装膜读码、成品入库码读取、锂电池外观读码等。工业视觉系统读码具有检测速度快、可靠性好、实时性高等特点，广泛应用于锂电池生产组装线上进行读码和文本字符对比。

1. 训练要求

1）了解常见条码类型，并正确使用 CogIDTool 识别锂电池表面条码内容。

2）掌握 OCR 识别字符基本方法，并正确使用 CogOCRMaxTool 识别锂电池表面字符内容。

3）判断锂电池表面的条码与字符的内容是否一致，并保存 NG 产品图像。

4）可自行选择添加其他工具完善各项功能，优化 HMI 界面，参考界面如图 11.21 所示。

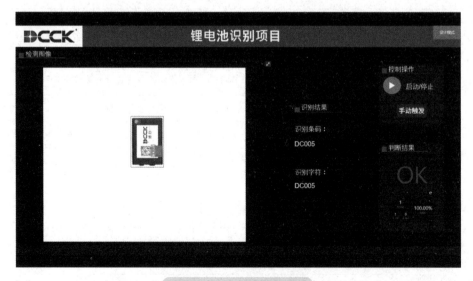

图 11.21　参考 HMI 界面

2. 任务实施验收单

任务名称		锂电池检测		实施日期		
任务实施评价标准	项目列表	考核要求			配分	得分
	职业素养	遵守实训室纪律，不大声喧哗，不无故迟到、早退、旷课			5	
		遵守实训室安全管理规定及操作规范，使用完毕，及时关闭设备、清理归位			10	
		注重团队协作精神，按序操作设备			5	
		注重理论与实践相结合，提高自身素质和能力，增强自身的专业性和效率			5	
	职业技能	能区分常见条码类型			10	
		正确使用 CogIDTool 识别锂电池表面条码内容			20	
		掌握 OCR 识别字符基本方法，并正确使用 CogOCRMaxTool 识别锂电池表面字符内容			30	
		可自行选择添加其他工具，完善 HMI 界面			10	
		能合理布局 HMI 界面，整体美观大方			5	
	合计				100	
	小组成员签名					
	指导教师签名					
	（备注：在使用实训设备或工件编程调试过程中，如发生设备碰撞、零部件损坏等，每处扣10分）					
综合评价	1. 目标完成情况					
	2. 存在问题					
	3. 优化建议					

【知识测试】

简答题：

（1）若存在多行字符，如何进行识别？

（2）若图像中有多个同类型二维条码，如何进行识别？

（3）若图像中有多个不同类型一维条码，如何进行识别？

项目 12　锂电池引导抓取

技能要求

《工业视觉系统运维员国家职业标准》工作要求（四级/中级工）			
职业功能	工作内容	技能要求	相关知识
系统编程与调试	光学调试	能完成单相机标定	单相机标定方法
	功能调试	（1）能导入与备份视觉程序 （2）能按要求调试视觉程序配置参数	（1）视觉程序导入与备份方法 （2）视觉程序参数配置方法

《工业视觉系统运维员国家职业标准》工作要求（三级/高级工）			
职业功能	工作内容	技能要求	相关知识
系统编程与调试	参数调试	（1）能按方案要求配置相机参数 （2）能按方案要求调整镜头的光圈、倍数和焦距等 （3）能按方案要求配置光源参数	（1）相机参数的调试方法 （2）镜头的调试方法 （3）光源参数的调试方法
	程序调试	（1）能按方案要求完成功能模块化编程和调试图像算法工具参数 （2）能完成多相机联合标定 （3）能按方案要求配置系统程序功能参数 （4）能按方案要求联调系统并生成报告	（1）视觉程序的调试方法 （2）多相机联合标定方法 （3）系统程序功能参数配置方法 （4）系统联调报告生成方法
系统维修与保养	系统维修	（1）能排除单相机硬件故障 （2）能排除图像成像问题 （3）能排除视觉系统通讯故障 （4）能排除视觉系统参数错误	（1）单相机硬件故障排除方法 （2）图像成像问题排除方法 （3）视觉系统通讯故障排除方法

任务引入

引导抓取是一种结合了工业视觉和机器人技术的自动化抓取方法。

机器人或机械手是自动执行工作的机械装置，它可以接受人类指挥，运行预先编译的程序，以提高生产率、减少人力投入。和人力操作相比，机械手还可以适应多种复杂恶劣的工作环境，提高了安全性、精度和可靠性，方便进行大量的数据分析和优化。

工业视觉引导就是将相机作为机械手的"眼睛"，对产品不确定的位置进行拍照识别，将正确的坐标信息发送给机械手，引导其正确抓取、放置工件或按其规定路线进行工作。

本项目模拟了自动化生产线中对料盘中不规则放置的锂电池进行抓取并规则排列的过程，在机器视觉及电气综合实训平台的上料平台有三种不同类型的锂电池，在九宫格内任意位置放置，通过移动模组携带相机在上料平台走九宫格拍照，经过视觉处理区分锂电池型号并引导移动模组抓取工件。机器视觉及电气综合实训平台如图 12.1a 所示，型号为 DC-PD200-20ZA 锂电池引导抓取流程如图 12.1b 所示。

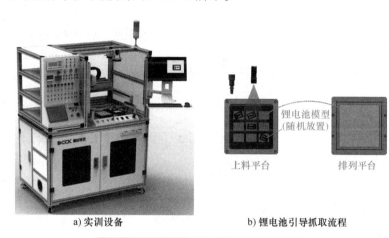

a) 实训设备　　　　　　　　　　b) 锂电池引导抓取流程

图 12.1　机器视觉及电气综合实训平台

任务工单

任务名称	锂电池引导抓取		
设备清单	机器视觉及电气综合实训平台（含工业相机、镜头、光源、PLC 等）；锂电池样品；DCCKVisionPlus 软件；工控机	实施场地	包含 DCCK 机器视觉及电气综合实训平台的实训室或具备其他设备条件的工业视觉实训室
任务目的	了解手眼标定、标准位示教和引导抓取的基本原理，正确进行手眼标定、标准位示教和移动相机引导抓取，并在 HMI 界面中显示相关信息		
任务描述	单相机手眼标定，锂电池标准位示教，移动相机引导抓取，并在 HMI 界面中显示相关内容		
素质目标	提升学生对工业视觉引导应用的专业知识和技能，增强学生的实践能力；通过找出软件编程的最优方法，培养学生的积极性、主动性、创造性；将相机、PLC、串口、软件多方面进行通讯，培养学生对实际工业应用场景的适应能力；工业视觉行业技术日新月异，培养学生的终身学习意识和自我发展的能力，深刻认识推进新型工业化的重大意义		
知识目标	理解手眼标定原理、标准位示教原理和引导原理		
能力目标	掌握手眼标定、标准位示教、移动相机引导抓取的程序编写流程；能在 HMI 界面中显示结果图像和相关参数		
验收要求	能够在 HMI 界面中显示程序流程关键环节的主要内容。详见任务实施记录单和任务实施验收单		

任务分解导图

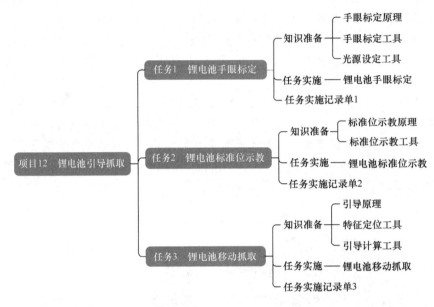

任务1 锂电池手眼标定

知识准备

手眼标定
原理

一、手眼标定原理

在前面的项目10中讲解过相机标定和四种坐标系（世界坐标系、相机坐标系、图像像素坐标系、图像物理坐标系）的定义。在尺寸测量过程中，仅涉及图像像素坐标系与图像物理坐标系之间的转换关系；而在本项目，需要获取图像像素坐标系与世界坐标系之间的转换关系，以确定相机和机械手之间的转换关系，从而获取目标工件在机械手坐标系中的位置信息，进行正确抓取。

1. 空间坐标系转换

（1）世界坐标系与相机坐标系转换　世界坐标系 $O_w\text{-}X_wY_wZ_w$ 与相机坐标系 $C\text{-}xyz$ 转换关系如图12.2所示。利用旋转矩阵 $\boldsymbol{R}$ 与平移向量 $\boldsymbol{T}$ 可以实现世界坐标系中坐标点到相机坐标系中的映射。

如果已知相机坐标系中的一点 P 相对于世界坐标系的旋转矩阵 $\boldsymbol{R}$ 与平移向量 $\boldsymbol{T}$，则世界坐标系与相机坐标系的转换关系为

$$\begin{pmatrix} x \\ y \\ z \\ 1 \end{pmatrix} = \begin{pmatrix} \boldsymbol{R} & \boldsymbol{T} \\ 0^{\mathrm{T}} & 1 \end{pmatrix} \begin{pmatrix} X_w \\ Y_w \\ Z_w \\ 1 \end{pmatrix} \quad (12\text{-}1)$$

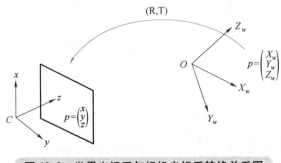

图12.2　世界坐标系与相机坐标系转换关系图

其中，R 为 3×3 矩阵，T 为 3×1 平移向量，$0^T = (0\quad 0\quad 0)$，P 点在相机坐标系的坐标为 (x, y, z)，P 点在世界坐标系的坐标为 (X_w, Y_w, Z_w)。

（2）相机坐标系与图像物理坐标系转换　成像平面所在的平面坐标系就是图像物理坐标系 $O\text{-}XY$，如图 12.3 所示。

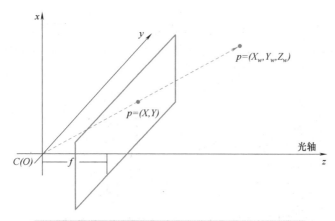

图 12.3　相机坐标系与图像物理坐标系转换示意图

空间中任意一点 P 在图像平面的投影 p 是光心 C 与 P 点的连接线与成像平面的交点，由透视投影可知

$$X = \frac{fx}{z}$$

$$Y = \frac{fy}{z} \tag{12-2}$$

式中，$p(x, y, z)$ 是空间点 P 在相机坐标系下的坐标，对应在图像物理坐标系下的坐标为 (X, Y)，f 为相机的焦距，则由式（12-2）可以得到相机坐标系与图像物理坐标系间的转换关系为

$$z\begin{pmatrix} X \\ Y \\ 1 \end{pmatrix} = \begin{pmatrix} f & 0 & 0 & 0 \\ 0 & f & 0 & 0 \\ 0 & 0 & 1 & 0 \end{pmatrix} \begin{pmatrix} x \\ y \\ z \\ 1 \end{pmatrix} \tag{12-3}$$

（3）图像像素坐标系与世界坐标系转换　根据各坐标系间的转换关系，即式（12-1）、（12-3）、（10-2）可以得到世界坐标系 $O_w\text{-}X_wY_wZ_w$ 与图像像素坐标系 $o\text{-}uv$ 的转换关系为

$$
z\begin{pmatrix} u \\ v \\ 1 \end{pmatrix} = \begin{pmatrix} \dfrac{1}{dx} & 0 & u_0 \\ 0 & \dfrac{1}{dy} & v_0 \\ 0 & 0 & 1 \end{pmatrix} \begin{pmatrix} f & 0 & 0 & 0 \\ 0 & f & 0 & 0 \\ 0 & 0 & 1 & 0 \end{pmatrix} \begin{pmatrix} R & T \\ 0^T & 1 \end{pmatrix} \begin{pmatrix} X_w \\ Y_w \\ Z_w \\ 1 \end{pmatrix}
$$

$$
= \begin{pmatrix} a_x & 0 & u_0 & 0 \\ 0 & a_y & v_0 & 0 \\ 0 & 0 & 1 & 0 \end{pmatrix} \begin{pmatrix} R & T \\ 0^T & 1 \end{pmatrix} \begin{pmatrix} X_w \\ Y_w \\ Z_w \\ 1 \end{pmatrix} = M_1 M_2 \begin{pmatrix} X_w \\ Y_w \\ Z_w \\ 1 \end{pmatrix} = M \begin{pmatrix} X_w \\ Y_w \\ Z_w \\ 1 \end{pmatrix} \tag{12-4}
$$

式中，$a_x=f/dx$，$a_y=f/dy$；M 为 3×4 矩阵，称为投影矩阵；M_1 由参数决定 a_x、a_y、u_o、v_o，这些参数只与相机的内部结构有关，因此称为相机的内部参数（内参）；M_2 称为相机的外部参数（外参），由相机相对于世界坐标系的位置决定。确定相机内参和外参的过程即为相机的标定。

2. 手眼标定

（1）坐标系的转换——相机图像坐标和机械手世界坐标系的转换　相机与机械手坐标系的转换即为手眼标定，其结果的好坏直接决定了定位的准确性。手眼标定包括眼在手上（移动相机）和眼在手外（固定相机）两种相机安装方式，如图 12.4 所示。

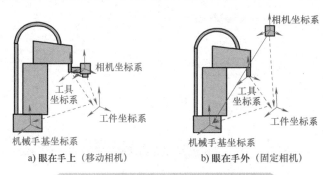

a) 眼在手上（移动相机）　　　　b) 眼在手外（固定相机）

图 12.4　手眼标定不同的相机安装方式

相机与机械手之间的坐标系转换标定，通常使用多点标定，常见的有九点标定、四点标定等，标定转换工具可以使用标定板或实物，本项目仅介绍基于标定板的多点标定方法，即机械手移动 X 轴、Y 轴，分别取标定板上同一参照点对应的 n 组图像坐标和 n 组机械手世界坐标，一一对应换算得到坐标系转换关系，完成标定。

1）"眼在手上"模式：相机安装于机械手末端，标定时标定板不移动，只需要机械手移动至多点位置进行标定即可，手眼标定的结果为相机坐标系与机械手工具坐标系的关系，如图 12.4a 所示。

2）"眼在手外"模式：相机位置固定，机械手吸取标定板同一参照点，在相机视野范围内移动至多点位置进行标定，手眼标定的结果为相机坐标系与机械手基坐标系的关系，如图 12.4b 所示。

（2）旋转中心的获取　旋转中心指物体旋转所绕的固定点。若机械手使用世界坐标系，旋转中心就是法兰中心（机械手末端旋转轴）；若使用工具坐标系，旋转中心就是工具中心。物体绕旋转中心旋转时，物体的 X、Y 坐标也会发生改变，若想做到一次到位，则需要通过旋转中心计算出物体旋转后 X、Y 坐标发生的偏移。

旋转中心的计算：取圆周上的两点和夹角（或多点），通过几何公式求得圆心坐标，即为旋转中心的坐标。已知圆周上两点 P_2 和 P_3 的坐标、夹角 $\angle P_2 P_1 P_3$ 的值，即可求出 P_1 点（旋转中心）的坐标，如图 12.5 所示。

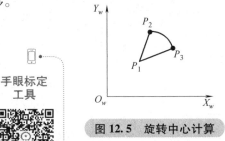

手眼标定
工具

图 12.5　旋转中心计算

二、手眼标定工具

手眼标定工具用于进行多点标定和旋转中心

的查找，预编辑程序后，无需手动获取标定片上参照点的图像像素坐标和机械手坐标，即可通过收发指令的形式进行手眼自动标定，经过计算后获取坐标系的转换关系，如图 12.6 所示，其相关参数介绍见表 12.1。

a) 工具图标　　　　　　　　　　　　b) 界面

图 12.6　手眼标定工具图标及界面

表 12.1　手眼标定工具参数

名称	参数设置相关界面	参数及其说明
标定配置		数据来源：自动手眼标定需要接收的指令，包含指令头、相机号、当前机械手坐标值等，工具可以自动分割指令，获取相关信息 标定模式：相机的个数，包括单相机或多相机 特征样式：标定方式，使用棋盘格或实物
图像		安装方式：相机的安装方式，固定安装即眼在手外，手部安装即眼在手上 移动步数：多点标定的点数和计算旋转中心旋转的次数 图像来源：相机实时取像或本地加载图像 选择相机：选择进行手眼标定的相机
指令		详细信息：查看该工具需要的指令情况，以及每条指令的含义

（续）

名称	参数设置相关界面	参数及其说明
校准	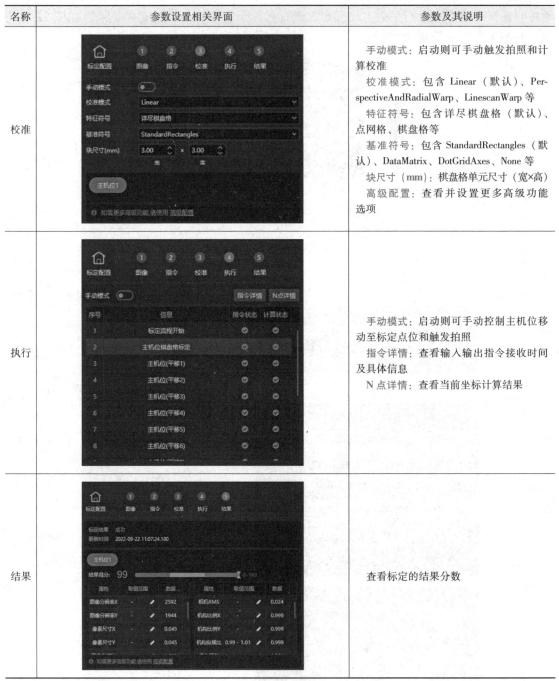	手动模式：启动则可手动触发拍照和计算校准 校准模式：包含 Linear（默认）、PerspectiveAndRadialWarp、LinescanWarp 等 特征符号：包含详尽棋盘格（默认）、点网格、棋盘格等 基准符号：包含 StandardRectangles（默认）、DataMatrix、DotGridAxes、None 等 块尺寸（mm）：棋盘格单元尺寸（宽×高） 高级配置：查看并设置更多高级功能选项
执行		手动模式：启动则可手动控制主机位移动至标定点位和触发拍照 指令详情：查看输入输出指令接收时间及具体信息 N 点详情：查看当前坐标计算结果
结果		查看标定的结果分数

三、光源设定工具

1. 光源控制器

（1）光源控制器作用　使用光源控制器最主要的目的是给光源供电，控制光源的亮度及照明状态（亮和灭），还可以通过给控制器触发信号来实现光源的频闪，进而大大延长光源的寿命。

光源设定工具

（2）光源控制器种类 光源控制器按照功能可以分为数字控制器、模拟控制器、大功率模拟控制器、线性光源专用模拟控制器、线性光源专用数字控制器、增量模块和非标控制器等。其中，最常用的光源控制器为模拟光源控制器和数字光源控制器，如图 12.7 所示。

1）模拟光源控制器。该控制器输出没有任何脉冲成分的电压信号，且信号在其输出状态下是一种连续状态。

产品特点：亮度无极模拟电压调节；提供持续稳定的电压源，可用于 1/10000s 的快门；外触发灵活，高低电平可选，适应不同的外部传感器；具有过流、短路保护功能；体积小，操作简单。

适用范围：可用于驱动小功率光源；高速相机拍摄照明驱动；低成本照明方案；小尺寸线光源驱动。

a) 模拟光源控制器

b) 数字光源控制器

图 12.7 模拟光源控制器和数字光源控制器

该控制器通常无法直接使用软件进行控制，需要手动调整相关旋钮来控制光源的亮度，如机器视觉实训基础套件使用的光源控制器。

2）数字光源控制器。该控制器输出的是一个有周期性变化规律的脉冲电压信号，也就是 PWM 信号。

产品特点：PWM 信号输出，改变 PWM 占空比来调整光源亮度；亮度控制方式灵活，可通过面板按键、串口通讯调节光源亮度；外触发采用高速光耦隔离设计，提供准确、可靠的触发信号；集过流、过载、短路保护功能于一体；具有掉电保护功能，自动记忆关机前的设定值。

适用范围：可用于驱动小、中功率光源；触发响应快，擅长于高速触发拍摄场合；面阵相机拍摄照明驱动；不可用于线阵相机照明驱动。

该控制器可以通过串口或网口、USB 等方式连接软件，在软件中输入相关指令和参数来控制光源通道及亮度，如机器视觉及电气综合实训平台使用的光源控制器。

2. 光源设定工具

本项目介绍有关软件控制光源的相关设备和工具，分别为"设备管理"中的"德创"光源控制器，以及"光源设定"工具，如图 12.8 所示。

a)"设备管理"中的"德创"光源控制器

b)"光源设定"工具

图 12.8 有关光源设定的相关设备和工具

"设备管理"中的"德创"光源控制器相关参数配置见表12.2。

表 12.2 "设备管理"中的"德创"光源控制器

参数设置示意图	参数说明
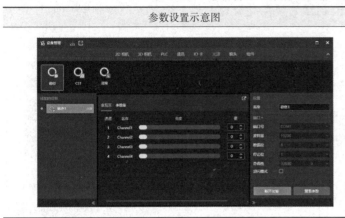	交互区：用于控制不同通道光源亮度，可拖动滑动条，也可直接输入数值
	参数集：为多通道设置多组不同的亮度，方便后续进行选择
	端口：光源控制器通过串口进行通讯，相关参数参考表8.2
	频闪模式：默认不勾选，可正常控制光源亮度；若勾选，则光源会频繁闪烁

"光源设定"工具相关参数配置见表12.3。

表 12.3 "光源设定"工具相关参数

参数设置示意图	参数说明
	光源：在"设备管理"中已添加的光源控制器
	工作模式：若勾选"直接控制"，可控制通道的光源为固定亮度；若勾选"参数集"，则通道可切换不同亮度
	光源控制栏：可添加和删除光源通道，并设置亮度

锂电池手眼
标定

任务实施

锂电池手眼标定程序如图12.9所示，其具体操作步骤见表12.4。

图 12.9 锂电池手眼标定程序

表 12.4　锂电池手眼标定操作步骤

步骤	示意图	操作说明
1		添加的设备： 用户日志 PLC：三菱 Modbus，重命名为"三菱 F5U" 2D 相机：德创，重命名为"移动 CCD" 光源：德创 1
2		"PLC 扫描"工具（重命名为"标定"）： PLC：三菱 F5U 地址：D168 触发条件：变为 目标值：1
3		"读 PLC 寄存器"工具： PLC：三菱 F5U 地址名称：D120
4		"字符串操作"工具"去空格" A…B： @ Trim1 链接"读 PLC"工具的"Value"；删除方式为"所有空格" @ Trim2 链接"@ Trim1"；删除方式为"不可打印字符" 输出：@ Trim2 注：由于 PLC 发来的字符串中带有不可打印字符，占据了指令实际长度，为保证后续手眼标定工具读取正确的指令，这里需要删除空格和不可打印字符
5		"光源设定"工具用于控制对应的光源开启： 1）光源：德创 1 2）工作模式：直接控制 3）通道 Channel3，亮度 40 4）通道 Channel1，亮度 255 5）通道 Channel2，亮度 255

（续）

步骤	示意图	操作说明
6	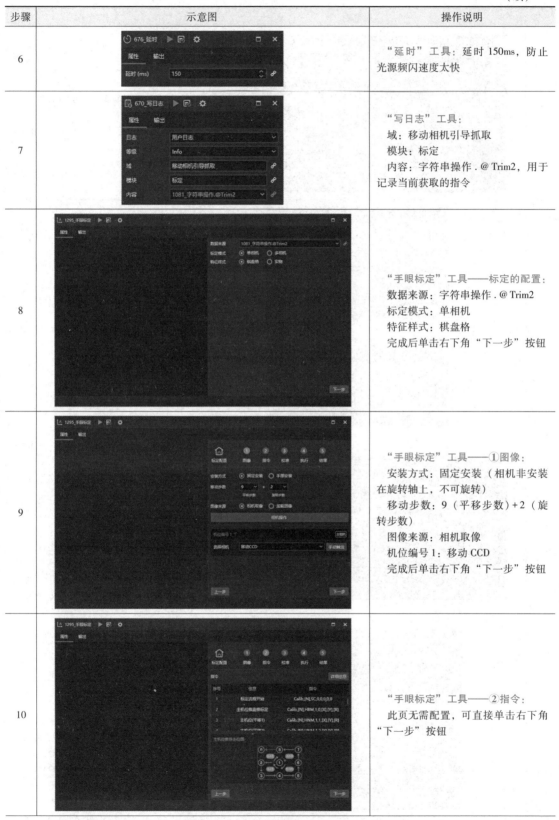	"延时"工具：延时150ms，防止光源频闪速度太快
7		"写日志"工具： 域：移动相机引导抓取 模块：标定 内容：字符串操作 . @ Trim2，用于记录当前获取的指令
8		"手眼标定"工具——标定的配置： 数据来源：字符串操作 . @ Trim2 标定模式：单相机 特征样式：棋盘格 完成后单击右下角"下一步"按钮
9		"手眼标定"工具——①图像： 安装方式：固定安装（相机非安装在旋转轴上，不可旋转） 移动步数：9（平移步数）+2（旋转步数） 图像来源：相机取像 机位编号1：移动CCD 完成后单击右下角"下一步"按钮
10		"手眼标定"工具——②指令： 此页无需配置，可直接单击右下角"下一步"按钮

（续）

步骤	示意图	操作说明
11	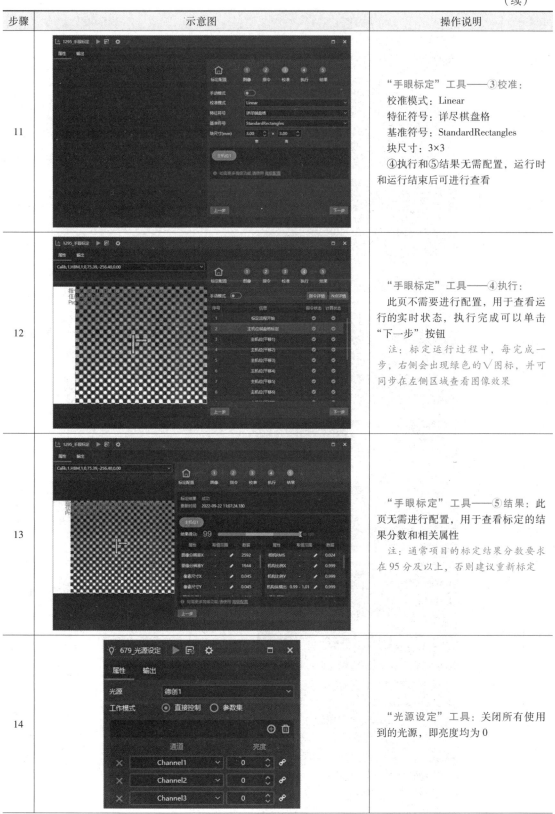	"手眼标定"工具——③校准： 校准模式：Linear 特征符号：详尽棋盘格 基准符号：StandardRectangles 块尺寸：3×3 ④执行和⑤结果无需配置，运行时和运行结束后可进行查看
12		"手眼标定"工具——④执行： 此页不需要进行配置，用于查看运行的实时状态，执行完成可以单击"下一步"按钮 注：标定运行过程中，每完成一步，右侧会出现绿色的√图标，并可同步在左侧区域查看图像效果
13		"手眼标定"工具——⑤结果：此页无需进行配置，用于查看标定的结果分数和相关属性 注：通常项目的标定结果分数要求在95分及以上，否则建议重新标定
14		"光源设定"工具：关闭所有使用到的光源，即亮度均为0

（续）

步骤	示意图	操作说明
15		"写日志"工具： 域：移动相机引导抓取 模块：手眼标定单步结果 内容：手眼标定 . SingleStepResult，用于记录手眼标定每个点的标定结果
16		"分支"工具： 数据：手眼标定 . Successfully 分支1：True 分支2：False
17		分支1对应的程序——"写PLC"寄存器： 地址名称：D190 写入值：1
18		"写日志"工具： 域：移动相机引导抓取 模块：相机标定步骤完成返回信息 内容：手眼标定 . Command，用于记录标定正确的点的指令字符串
19		分支2对应的程序——"写PLC"寄存器： 地址名称：D190 写入值：2
20		"写日志"工具： 域：移动相机引导抓取 模块：相机标定步骤完成返回信息 内容：手眼标定 . Command，用于记录标定错误的点的指令字符串

任务实施记录单 1

任务名称	锂电池手眼标定		实施日期	
任务要求	了解手眼标定的基本原理，正确进行手眼标定			
计划用时			实际用时	
组别			组长	
组员姓名				
成员任务分工				
实施场地				
所需设备或环境清单	（请列写所需设备或环境，并记录准备情况。若列表不全，请自行增加需补充部分）			

清单列表	主要器件及辅助配件
工业视觉系统硬件	
工业视觉系统软件	
软件编程环境	
工件（样品）	

补充：＿＿＿＿＿＿＿＿＿＿＿＿＿＿＿＿＿＿＿＿＿＿＿＿＿＿＿

实施步骤与信息记录	（在任务实施过程中重要的信息记录是撰写工程说明书和工程交接手册的主要文档资料） 手眼标定所需指令获取过程：＿＿＿＿＿＿＿＿＿＿＿＿＿＿＿ ＿＿＿＿＿＿＿＿＿＿＿＿＿＿＿＿＿＿＿＿＿＿＿＿＿＿＿＿＿＿＿ 光源设定和手眼标定过程：＿＿＿＿＿＿＿＿＿＿＿＿＿＿＿＿＿ ＿＿＿＿＿＿＿＿＿＿＿＿＿＿＿＿＿＿＿＿＿＿＿＿＿＿＿＿＿＿＿ 发送信号给 PLC 及设备操作过程：＿＿＿＿＿＿＿＿＿＿＿＿＿＿ ＿＿＿＿＿＿＿＿＿＿＿＿＿＿＿＿＿＿＿＿＿＿＿＿＿＿＿＿＿＿＿
遇到的问题及解决方案	（列写本任务完成过程中遇到的问题及解决方法，并提供纸质或电子文档）

任务 2　锂电池标准位示教

知识准备

一、标准位示教原理

在实际工业应用中，机械手或移动模组常配合吸盘、夹爪等抓取产品，不可避免存在抓取的点位与末端旋转轴不在同一轴中心的情况。此时就需要做标准位示教（也称"训练吸嘴"），以获取一个模板情况下的产品图像坐标和机械手实际坐标，使自动引导抓取时都能根据此模板位置进行计算，实现正确抓取。

标准位示教原理

二、标准位示教工具

V+平台软件的标准位示教工具如图 12.10 所示，其相关参数介绍见表 12.5。

标准位示教工具

a) 工具图标　　　　　　　　　　b) 界面

图 12.10　标准位示教工具图标及界面

表 12.5　标准位示教工具参数

名称	参数设置示意图	参数说明
输入设置	输入设置　标定设置　特征抓取 信号数据 图像 □ 创建Record　　下一步	信号数据：指定或关联信号的数据格式。鼠标放置于 时，可看到该工具需要的参考指令为"Train, N, TTN, C, 0, X, Y, A" 图像：链接外部输入图像 创建 Record：若勾选，则该工具可以创建结果图像
标定设置	输入设置　标定设置　特征抓取 标定文件列表　　操作 ❶ 如需更多高级功能，请使用 高级设置 □ 创建Record 上一步　　　　下一步	标定文件列表：由"手眼标定"工具自动生成，标定文件名对应"手眼标定——①图像"中的机位编号 ：刷新按钮，单击可刷新列表中的标定文件 ：打开文件夹按钮，单击可查看本地文件夹下的手眼标定文件和标准位示教文件 高级设置：单击可查看底层工具算法
特征抓取	输入设置　标定设置　特征抓取 特征抓取　○ 通用　● 高级 操作　　导入　导出 X　　X Y　　Y R　　R Record □ 创建Record 上一步	特征抓取："通用"选项为使用简单工具获取示教点，"高级"选项为使用 ToolBlock 工具获取示教点 操作：可导入或导出此示教文件 X/Y/R：链接"ToolBlock"的［Outputs］输出的示教点的 X/Y/R Record：可选择 ToolBlock 的图像缓冲区作为结果图像

任务实施

锂电池标准位示教程序如图 12.11 所示，具体操作步骤见表 12.6。

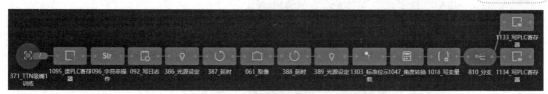

图 12.11　锂电池标准位示教程序

表 12.6　锂电池标准位示教程序操作步骤

步骤	示意图	操作说明
1	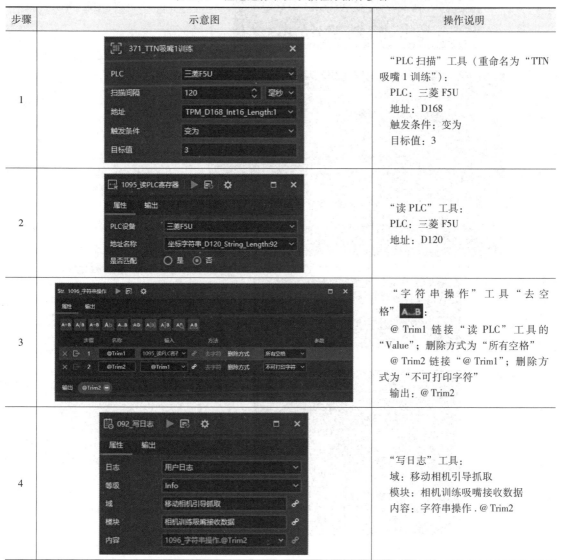	"PLC 扫描"工具（重命名为"TTN 吸嘴 1 训练"）： PLC：三菱 F5U 地址：D168 触发条件：变为 目标值：3
2		"读 PLC"工具： PLC：三菱 F5U 地址：D120
3		"字符串操作"工具"去空格"A_B： @ Trim1 链接"读 PLC"工具的"Value"；删除方式为"所有空格" @ Trim2 链接"@ Trim1"；删除方式为"不可打印字符" 输出：@ Trim2
4		"写日志"工具： 域：移动相机引导抓取 模块：相机训练吸嘴接收数据 内容：字符串操作 . @ Trim2

（续）

步骤	示意图	操作说明
5	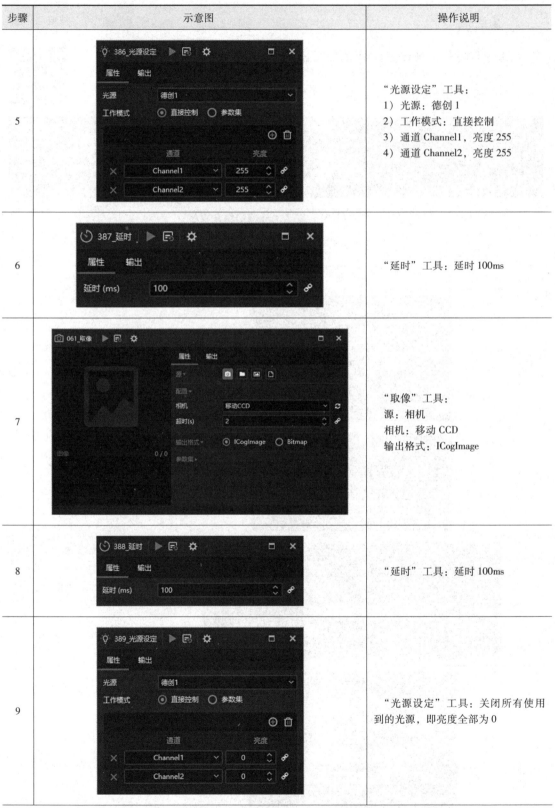	"光源设定"工具： 1）光源：德创 1 2）工作模式：直接控制 3）通道 Channel1，亮度 255 4）通道 Channel2，亮度 255
6		"延时"工具：延时 100ms
7		"取像"工具： 源：相机 相机：移动 CCD 输出格式：ICogImage
8		"延时"工具：延时 100ms
9		"光源设定"工具：关闭所有使用到的光源，即亮度全部为 0

（续）

步骤	示意图	操作说明
10	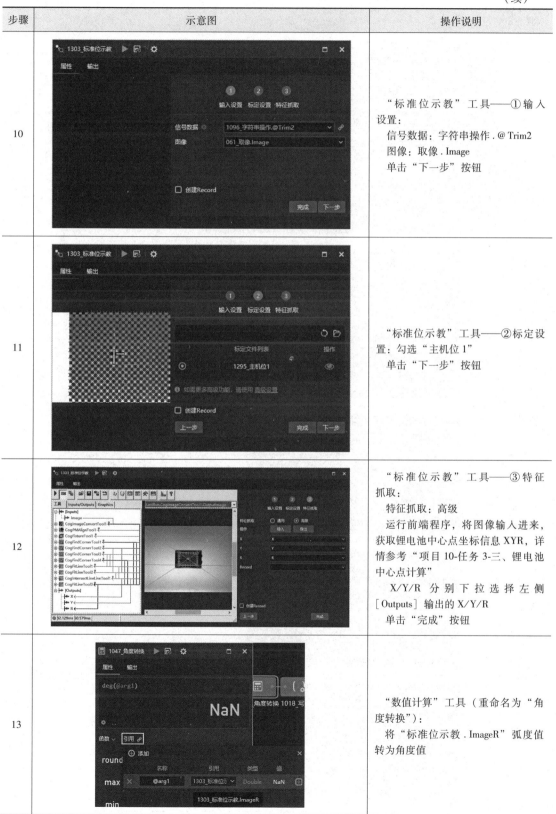	"标准位示教"工具——①输入设置： 　信号数据：字符串操作.@Trim2 　图像：取像.Image 　单击"下一步"按钮
11		"标准位示教"工具——②标定设置：勾选"主机位1" 　单击"下一步"按钮
12		"标准位示教"工具——③特征抓取： 　特征抓取：高级 　运行前端程序，将图像输入进来，获取锂电池中心点坐标信息XYR，详情参考"项目10-任务3-三、锂电池中心点计算" 　X/Y/R 分别下拉选择左侧[Outputs]输出的 X/Y/R 　单击"完成"按钮
13		"数值计算"工具（重命名为"角度转换"）： 　将"标准位示教.ImageR"弧度值转为角度值

（续）

步骤	示意图	操作说明
14		在"变量管理"中添加相关变量： Double 类型变量：1Image_X/1Image_Y/1Image_R、1Robot_X/1Robot_Y/1Robot_R、1TIX/1TIY/1TIR/1TRX/1TRY/1TRR、TrigX/TrigY，用于存储不同流程数据 String 类型变量：Model，用于在 HMI 界面显示锂电池类型
15		"写变量"工具： 1TRX←标准位示教.RobotX 1TRY←标准位示教.RobotY 1TRR←标准位示教.RobotR 1TIX←标准位示教.ImageX 1TIY←标准位示教.ImageY 1TIR←角度转换.Value
16		"分支"工具： 数据：标准位示教.Successfully 分支1：True 分支2：False
17		分支 1 对应的程序——"写 PLC"工具： 地址名称：D190 写入值：1
18		分支 2 对应的程序——"写 PLC"工具： 地址名称：D190 写入值：2

任务实施记录单 2

任务名称	锂电池标准位示教	实施日期	
任务要求	了解标准位示教基本原理，正确进行标准位示教，获取坐标信息并存入变量		
计划用时		实际用时	
组别		组长	
组员姓名			
成员任务分工			
实施场地			
所需设备或环境清单	（请列写所需设备或环境，并记录准备情况。若列表不全，请自行增加需补充部分） 清单列表 / 主要器件及辅助配件 工业视觉系统硬件 工业视觉系统软件 软件编程环境 工件（样品） 补充：＿＿＿＿＿＿＿＿＿＿＿＿＿＿＿＿＿＿＿＿＿		
实施步骤与信息记录	（在任务实施过程中重要的信息记录是撰写工程说明书和工程交接手册的主要文档资料） 获取标准位示教指令及取像过程：＿＿＿＿＿＿＿＿＿＿＿＿ 配置标准位示教过程：＿＿＿＿＿＿＿＿＿＿＿＿＿＿＿＿ 坐标保存至变量过程：＿＿＿＿＿＿＿＿＿＿＿＿＿＿＿＿		
遇到的问题及解决方案	（列写本任务完成过程中遇到的问题及解决方法，并提供纸质或电子文档）		

任务 3　锂电池移动抓取

知识准备

一、引导原理

1. 引导类型

在工业视觉引导的应用场景中，相机的安装方式可选择固定安装或随机构移动安装，也可以选择单个或多个相机与机构进行配合。其中，与机械手或移动模组相结合的应用最为普遍。关于此类场景，视觉定位引导可大致分

引导原理

为 4 种模式：引导抓取、引导组装、位置补正、相机轨迹运算定位引导，如图 12.12 所示。

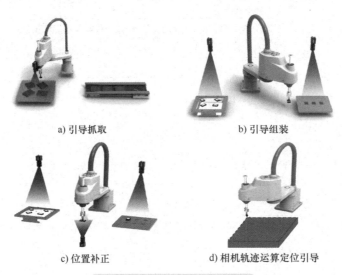

a) 引导抓取   b) 引导组装

c) 位置补正   d) 相机轨迹运算定位引导

图 12.12　工业视觉引导模式

（1）引导抓取　相机拍照计算机械手抓取位置，机械手根据视觉运算数据抓取，如在料盘中抓取、对流水线上产品进行抓取等。

（2）引导组装　相机拍产品的上下两部分，通过标定计算出机械手需要移动的距离，完成贴合动作，如屏幕贴合、产品组装等。

（3）位置补正（又称纠偏补正）　机械手抓完产品，移至相机视野下拍照，视觉计算机械手移动位置，将产品放置到固定位置。

（4）相机轨迹运算定位引导　相机拍照（一次或多次），计算出产品的中心和角度，根据设定好的轨迹点，计算出产品在不同状态下轨迹点的位置，如点胶轨迹运算、焊接轨迹运算等。

2. 引导原理

手眼标定是引导能否正确运行的关键因素，在标定坐标下，相机拍照获取当前图像，计算产品的当前图像坐标 X/Y/R，并根据此当前图像坐标与模板坐标等信息进行计算，获取补偿值，使机械手最终执行绝对值或相对值，产品当前位置与模板位置的差如图 12.13 所示。其中 $C(c,d)$ 为模板图像坐标，$A(x,y)$ 为当前图像坐标，且夹角都为已知。

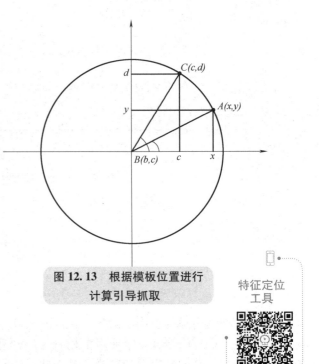

图 12.13　根据模板位置进行计算引导抓取

特征定位工具

二、特征定位工具

特征定位工具的界面布局及配置同"标准位示教"工具类似，不再赘述。不同之处在于二者输出的坐标合集格式不同，在后续"引导计算"工具中，可选择调用的文件不同，二者不可混用。

三、引导计算工具

V+平台软件的"引导计算"工具如图 12.14 所示，其中，"模式选择"的含义详见引导原理。该工具相关参数介绍见表 12.7。

引导计算
工具

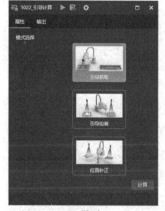

a) 工具图标　　　　　　　b) 界面

图 12.14　引导计算工具图标和界面

表 12.7　引导计算工具相关参数

名称	参数设置示意图	参数说明
位移计算（通用模式）	 	旋转轴方向：由机械手末端轴，或移动模组旋转轴的正负方向决定 数据源：分为"简易模式"和"通用模式"，不同模式对应的特征数据和训练数据的选项不同 特征数据：当前图像 TX、TY 和 TR 的值，可分别选择不同数据 训练数据：模板的图像坐标 TX、TY、TR 的值和机械手坐标 RX、RY、RR 的值，可分别选择不同来源的数据

（续）

名称	参数设置示意图	参数说明
位移计算（简易模式）		特征数据："特征定位"工具输出的当前图像坐标，可直接选择前端程序"特征定位"工具输出的整体文件 训练数据："标准位示教"工具输出的模板图像坐标和对应的机械手坐标，需要先用"标准位数据"工具得到标准位示教的 txt 坐标文件，再在此处下拉选择整体文件。并不是所有情况都可使用简易模式
补偿计算		在某些情况，需要通过增加固定方向或减少 X/Y/R 的值，以获取更好的引导效果
防呆保护		启用并设置机械手 X/Y/R 的安全值，及该安全值允许的上下限

任务实施

锂电池移动抓取的程序流程如图 12.15 所示，具体操作步骤见表 12.8。

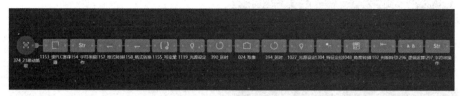

a) 程序细节1

b) 程序细节2

图 12.15　锂电池移动抓取程序流程

锂电池移动
抓取

表 12.8　锂电池移动抓取程序操作步骤

步骤	示意图	操作说明
1	374_21移动抓取 PLC：三菱F5U 扫描间隔：120 毫秒 地址：TPM_D168_Int16_Length:1 触发条件：变为 目标值：21	"PLC 扫描"工具（重命名为"21移动抓取"）： PLC：三菱 F5U 地址：D168 触发条件：变为 目标值：21
2	1153_读PLC寄存器 属性　输出 PLC设备：三菱F5U 地址名称：坐标字符串_D120_String_Length:92 是否匹配：○是 ◉否	"读 PLC"工具： PLC 设备：三菱 F5U 地址名称：D120
3	Str 1154_字符串操作 属性　输出 步骤　名称　输入　方法　参数 1　@Trim1　1153_读PLC寄存器　去字符　删除方式　所有空格 2　@Trim2　@Trim1　去字符　删除方式　不可打印字符 3　@Split1　@Trim2　分割　分隔符 ","　子串索引 0 4　@Split2　@Trim2　分割　分隔符 ","　子串索引 1 输出：@Trim2　@Split1　@Split2	在"字符串操作"工具添加"去空格"： @ Trim1 链接"读 PLC"工具的"Value"；删除方式为"所有空格" @ Trim2 链接"@ Trim1"；删除方式为"不可打印字符" 添加"分割"： @ Split1 链接"@ Trim2"；分隔符","；子串索引"0" @ Split2 链接"@ Trim2"；分隔符","；子串索引"1" 输出：@ Trim2、@ Split1、@ Split2

（续）

步骤	示意图	操作说明
4		"格式转换"工具： 输入数据：字符串操作.@Split1 String→Double 保留 3 位小数
5		"格式转换"工具： 输入数据：字符串操作.@Split2 String→Double 保留 3 位小数
6		"写变量"工具： 格式转换 1. Result→TrigX 格式转换 2. Result→TrigY 注：TrigX 和 TrigY 为当前轴所在位置的 XY 坐标
7		"光源设定"工具： 光源：德创 1 工作模式：直接控制 通道 Channel1，亮度 255 通道 Channel2，亮度 255 通道 Channel3，亮度 10

（续）

步骤	示意图	操作说明
8	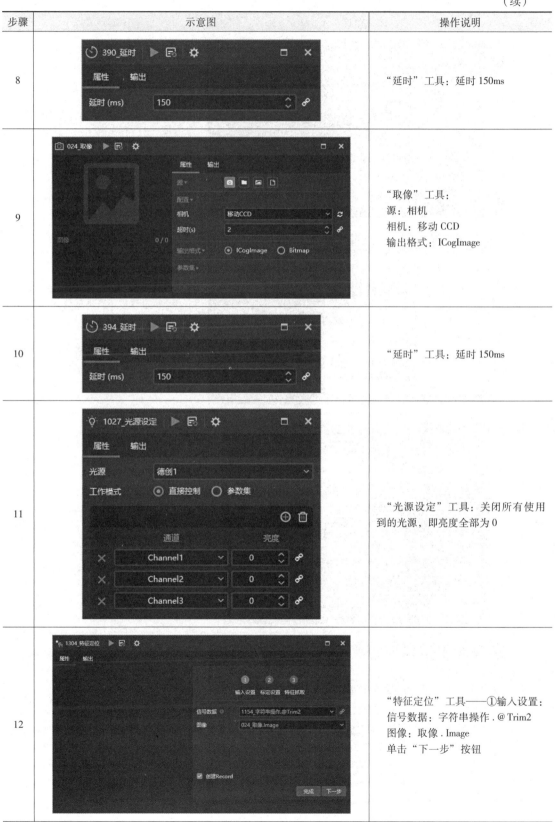	"延时"工具：延时150ms
9		"取像"工具： 源：相机 相机：移动CCD 输出格式：ICogImage
10		"延时"工具：延时150ms
11		"光源设定"工具：关闭所有使用到的光源，即亮度全部为0
12		"特征定位"工具——①输入设置： 信号数据：字符串操作.@Trim2 图像：取像.Image 单击"下一步"按钮

（续）

步骤	示意图	操作说明
13	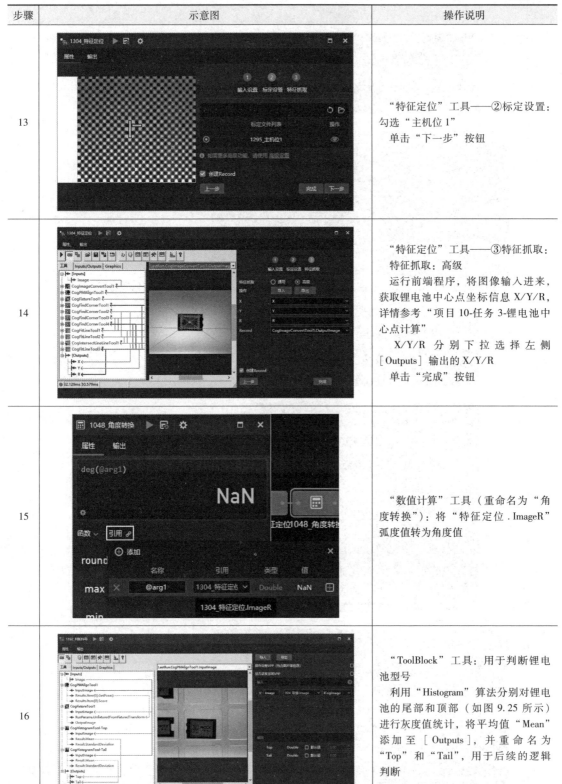	"特征定位"工具——②标定设置： 勾选"主机位1" 单击"下一步"按钮
14		"特征定位"工具——③特征抓取： 特征抓取：高级 运行前端程序，将图像输入进来，获取锂电池中心点坐标信息 X/Y/R，详情参考"项目10-任务3-锂电池中心点计算" X/Y/R 分别下拉选择左侧［Outputs］输出的 X/Y/R 单击"完成"按钮
15		"数值计算"工具（重命名为"角度转换"）：将"特征定位.ImageR"弧度值转为角度值
16		"ToolBlock"工具：用于判断锂电池型号 利用"Histogram"算法分别对锂电池的尾部和顶部（如图9.25所示）进行灰度值统计，将平均值"Mean"添加至［Outputs］，并重命名为"Top"和"Tail"，用于后续的逻辑判断

（续）

步骤	示意图	操作说明
17		"逻辑运算"工具： 对 ToolBlock 输出的"Top"和"Tail"进行判断，灰度平均值小于50则为 true，代表此处为全黑色，没有缺口。并将比较结果"@ Tail"和"@ Top"都进行输出
18		"字符串操作"工具： 将逻辑运算输出的两个 bool 值"@ Tail"和"@ Top"进行拼接，并勾选"bool 转 byte"，即 true 转为 1，false 转为 0 产品 A：结果为 11，都没缺口 产品 B：结果为 10，尾部带缺口，Tail>50 产品 C：结果为 01，顶部带缺口，Top>50
19		"分支"工具： 分支1：11，为产品 A 分支2：10，为产品 B 分支3：01，为产品 C
20		分支1对应的"写变量"工具： Model←A
21		分支2对应的"写变量"工具： Model←B
22		分支3对应的"写变量"工具： Model←C

（续）

步骤	示意图	操作说明
23	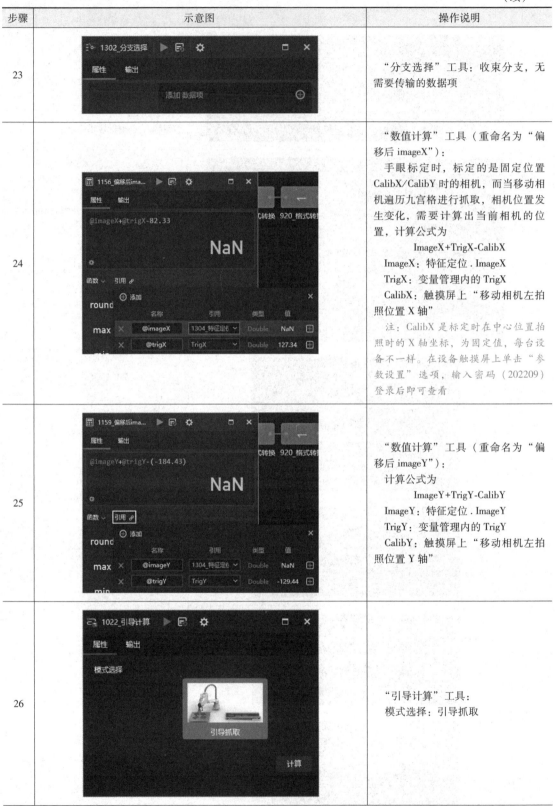	"分支选择"工具：收束分支，无需要传输的数据项
24		"数值计算"工具（重命名为"偏移后imageX"）： 手眼标定时，标定的是固定位置CalibX/CalibY时的相机，而当移动相机遍历九宫格进行抓取，相机位置发生变化，需要计算出当前相机的位置，计算公式为 ImageX+TrigX-CalibX ImageX：特征定位.ImageX TrigX：变量管理内的TrigX CalibX：触摸屏上"移动相机左拍照位置X轴" 注：CalibX是标定时在中心位置拍照时的X轴坐标，为固定值，每台设备不一样。在设备触摸屏上单击"参数设置"选项，输入密码（202209）登录后即可查看
25		"数值计算"工具（重命名为"偏移后imageY"）： 计算公式为 ImageY+TrigY-CalibY ImageY：特征定位.ImageY TrigY：变量管理内的TrigY CalibY：触摸屏上"移动相机左拍照位置Y轴"
26		"引导计算"工具： 模式选择：引导抓取

（续）

步骤	示意图	操作说明
27		① 位移计算： 旋转轴方向：顺时针为正 数据源：通用模式 特征数据： TX：偏移后 imageX. Value TY：偏移后 imageY. Value TR：角度转换 . Value
28		① 位移计算： 训练数据： TX：变量管理 1TIX TY：变量管理 1TIY TR：变量管理 1TIR RX：变量管理 1TRX RY：变量管理 1TRY RR：变量管理 1TRR 完成后单击"下一步"按钮
29		"写变量"工具： 1Image_X←偏移后 imageX. Value 1Image_Y←偏移后 imageY. Value 1Image_R←角度转换 . Value 1Robot_X←引导计算 . AbsoluteX 1Robot_Y←引导计算 . AbsoluteY 1Robot_R←引导计算 . AbsoluteR
30		"格式转换"工具1： 输入数据：引导计算 . AbsoluteX Double→Real

（续）

步骤	示意图	操作说明
31		"格式转换"工具2： 输入数据：引导计算 . AbsoluteY Double→Real
32		"格式转换"工具3： 输入数据：引导计算 . AbsoluteR Double→Real
33		"写PLC"工具： PLC：三菱 F5U 地址名称：D170；写入值：格式转换1. Result 地址名称：D172；写入值：格式转换2. Result 地址名称：D174；写入值：格式转换3. Result
34		"分支"工具： 数据：特征抓取 . Successfully 分支1：True 分支2：False

（续）

步骤	示意图	操作说明
35		分支 1 对应的程序——"写 PLC"工具： PLC：三菱 F5U 地址名称：D190；写入值：1
36		"写日志"工具： 域：移动相机引导抓取 模块：自动运行模块 内容：移动相机 OK
37		分支 1 对应的程序——"写 PLC"工具： PLC：三菱 F5U 地址名称：D190；写入值：3
38		"写日志"工具： 域：移动相机引导抓取 模块：自动运行模块 内容：移动相机 NG

任务实施记录单 3

任务名称	锂电池移动抓取	实施日期	
任务要求	了解引导的类型和基本原理，正确进行引导计算，正确抓取产品并判断产品种类		
计划用时		实际用时	
组别		组长	

（续）

组员姓名	
成员任务分工	
实施场地	
所需设备或环境清单	（请列写所需设备或环境，并记录准备情况。若列表不全，请自行增加需补充部分） 清单列表 / 主要器件及辅助配件 工业视觉系统硬件 工业视觉系统软件 软件编程环境 工件（样品） 补充： _____
实施步骤与信息记录	（在任务实施过程中重要的信息记录是撰写工程说明书和工程交接手册的主要文档资料） 特征定位过程： _____ _____ 判断产品类型过程： _____ _____ 引导计算过程： _____
遇到的问题及解决方案	（列写本任务完成过程中遇到的问题及解决方法，并提供纸质或电子文档）

技能训练　锂电池引导抓取综合应用

工业视觉引导抓取可以提高锂电池 PACK 生产线的生产率和产品质量。例如，利用视觉技术对锂电池极片进行检测，通过机械手等装置实现对锂电池极片的自动定位、夹取和放置，从而实现锂电池极片的自动化装配。此外，还可以减少人工检测的工作量和人为误差。

1. 训练要求

1）了解手眼标定原理，并正确进行手眼标定，标定结果分数达到 95 分以上。

2）了解标准位示教的含义，并正确进行标准位示教，将坐标信息存至变量管理。

3）了解引导类型和基本计算方式，利用移动相机完成锂电池类型判断，并正确进行引导抓取。

4）可自行选择添加其他工具完善各项功能，优化 HMI 界面，参考界面如图 12.16 所示。

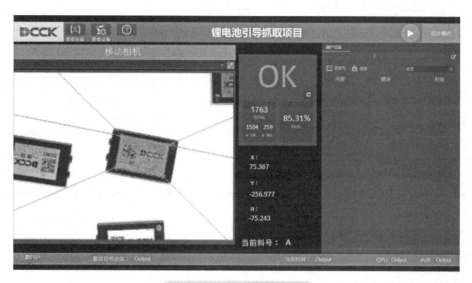

图 12.16　参考 HMI 界面

2. 任务实施验收单

任务名称		锂电池引导抓取综合应用	实施日期		
任务实施评价标准	项目列表	考核要求		配分	得分
	职业素养	遵守实训室纪律，不大声喧哗，不无故迟到、早退、旷课		5	
		遵守实训室安全管理规定及操作规范，使用完毕，及时关闭设备、清理归位		10	
		注重团队协作精神，按序操作设备		5	
		注重理论与实践相结合，提高自身素质和能力，增强自身的专业性和效率		5	
	职业技能	能正确进行手眼标定，标定结果分数达到 95 分以上		20	
		能正确控制光源的亮度及照明状态（亮和灭）		10	
		能正确进行标准位示教，将坐标信息存至变量管理		10	
		能正确选择引导类型		5	
		能正确进行引导抓取		15	
		可自行选择添加其他工具，完善 HMI 界面		10	
		能合理布局 HMI 界面，整体美观大方		5	
	合计			100	
	小组成员签名				
	指导教师签名				
	（备注：在使用实训设备或工件编程调试过程中，如发生设备碰撞、零部件损坏等，每处扣 10 分）				

（续）

综合评价	1. 目标完成情况
	2. 存在问题
	3. 优化建议

【知识测试】

简答题：

（1）标定的意义是什么？

（2）在标准位示教的过程中，为什么需要同步存储锂电池图像坐标值和轴的实际坐标值？

（3）是否有其他方法找到锂电池的中心点？

（4）在任务"锂电池移动抓取"中，为什么要计算偏移量？什么样的情况不用计算偏移量？

13

项目 13　前沿技术基础应用

《工业视觉系统运维员国家职业标准》工作要求（三级/高级工）			
职业功能	工作内容	技能要求	相关知识
系统编程与调试	程序调试	（1）能按方案要求完成功能模块化编程和调试图像算法工具参数 （2）能按方案要求配置系统程序功能参数 （3）能按方案要求联调系统并生成报告	（1）视觉程序的调试方法 （2）系统程序功能参数配置方法 （3）系统联调报告生成方法
《工业视觉系统运维员国家职业标准》工作要求（二级/技师）			
职业功能	工作内容	技能要求	相关知识
系统编程与调试	系统编程	能编写 3D 相机应用程序	视觉工具应用方法
《工业视觉系统运维员国家职业技能标准》工作要求（一级/高级技师）			
职业功能	工作内容	技能要求	相关知识要求
系统构建	视觉系统框架程序搭建	能调用深度学习模型库，完成框架程序搭建	深度学习模型库调用方法

🕮 任务引入

　　人工智能是数字时代中的基础性技术和内生型力量，如今正在成为重组全球要素资源的重要工具，而工业视觉作为人工智能的分支学科，是制造业智能化升级的关键技术引擎，其检测、识别、测量、定位等关键能力是构成高附加值、高效率、高精度的先进制造业必不可少的支撑要素。工业场景对检测精度、检测维度、灵活性和可靠性的需求越来越高，2D 视觉在复杂物体识别、尺寸标注的精度和距离测量方面具有局限性，使其在人类与机器人交互等复杂情况下使用受到限制，因此导致 3D 视觉和深度学习的需求不断增加。

　　工业视觉技术只有赋能实体产业，自身才有不断发展的动力之源。3D 视觉和深度学习增强了工厂自动化市场中机器人/机器系统的自主性和有效性，因为在高精度、更快速的质量检测以及逆向工程等领域中，2D视觉应用会受到限制，因此3D视觉和深度学习的应用至关重要。此外，视觉系统引导机器人的使用量正在增长，需要3D视觉来实现更好的远程引导、障碍识别和精确移动；产品型号的多样化、生产环境的复杂化也驱动了深度学习带来更加快捷、智能化、高端化的应用。

3D视觉正在影响社会，因为它能够为最终用户提供更安全、性能更好和更有效的辅助系统。例如，3D视觉是自动驾驶汽车、协作机器人等高级汽车辅助驱动系统的主要推动因素。

深度学习是机器学习的领域之一，它使计算机通过处理数据来模仿人类大脑的工作方式进行决策，结合工业视觉，就是让视觉系统能够通过大量样品进行训练，最终能进行更加精确地检测判断。

本项目基于V+平台软件，对工业视觉领域的3D视觉技术和深度学习算法进行学习和应用。

任务工单

任务名称	前沿技术基础应用		
设备清单	3D案例图像和深度学习案例图像；DCCKVisionPlus软件；工控机或笔记本计算机	实施场地	具备条件的工业视觉实训室或装有DCCKVisionPlus软件的机房
任务目的	熟悉3D视觉技术的类型，掌握3D工具的使用方法；了解深度学习技术，掌握DCCKOCRTool深度学习工具		
任务描述	使用3D工具完成简单的视觉测量项目；使用DCCKOCRTool深度学习工具完成模穴号字符识别		
素质目标	提升学生在工业视觉引导应用领域的专业知识和技能；增强学生的实践能力；培养学生独立解决软件问题的能力；工业视觉行业技术日新月异，不断学习各方面知识，培养学生的终身学习意识和自我发展的能力，深刻认识推进新型工业化的重大意义		
知识目标	熟悉3D取像工具的使用方法；掌握3D测量工具的功能和参数配置；了解深度学习的基本概念、模型和框架；熟悉深度学习在工业视觉领域中的常见应用；掌握深度学习相关工具		
能力目标	能使用3D取像工具从本地文件夹取像；能对3D图像中的几何特征进行尺寸测量；能正确转换3D图像格式；能正确设置DCCKOCRTool深度学习工具相关参数，完成不同场景字符的识别		
验收要求	能独立完成3D视觉测量项目的方案设计；能独立完成深度学习字符识别的任务。详见任务实施记录单和任务实施验收单		

任务分解导图

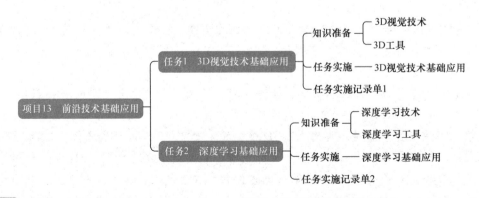

任务1　3D 视觉技术基础应用

📋 **知识准备**

📱 3D视觉技术

一、3D 视觉技术

1. 3D 视觉技术分类

3D 视觉技术是通过 3D 摄像头采集视野空间内每个点位的三维坐标信息，通过算法复原空间物体结构，不易受到外界环境、复杂光线的影响，技术更加稳定。

在过去的数十年中，2D 成像技术已发展相对成熟。图像算法及算力可以通过 2D 相机产生的平面图像对产品进行识别、检测和测量。然而，2D 图像仅能够提供固定平面内的形状及纹理信息，无法提供引导算法实现精准识别、追踪等功能所需的空间形貌、位姿等信息。3D 视觉技术充分弥补了 2D 成像技术的缺陷，在同步提供 2D 图像的同时，还能够提供视场内物体的深度、形貌、位姿等 3D 信息，使得人工智能的应用如生物识别、三维重建、骨架跟踪、AR 交互、数字孪生、自主定位导航等有了更好的体验。3D 视觉感知技术已经是促进人工智能更广泛应用的关键性技术。

目前 3D 视觉技术路线主要有主动视觉和被动视觉两大类，如图 13.1 所示。主动视觉需要特殊的光学投射器来产生一定的光模式进行取像，而被动视觉是基于一幅或多幅图像来获取三维信息。

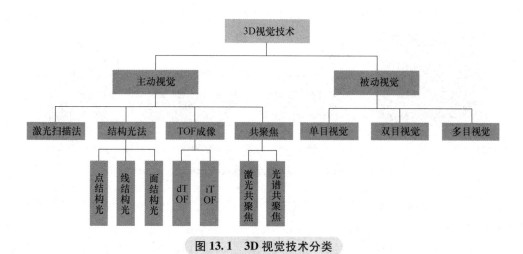

图 13.1　3D 视觉技术分类

2. 工业 3D 传感器类型

随着 3D 视觉技术的不断发展，市场上涌现出了各种不同类型的 3D 传感器。这些新型传感器能够满足不同行业和应用场景的需求，为工业生产、医疗保健、游戏娱乐等领域提供了更丰富、更精确的三维信息，推动了 3D 视觉技术的广泛应用和发展。常用的工业领域 3D 传感器类型有深视智能的线激光测量仪、康耐视的 3D 智能系统、康耐视的双目+面结构光扫描仪、SmartRay 激光位移测量仪，如图 13.2 所示。

a) 深视智能8000系列   b) 康耐视3D-L4000

c) 康耐视 A5000   d) SmartRay ECCO75

图 13.2   3D 传感器常见品牌

3. 3D 数据表示方法

3D 传感器获取的图像数据可以选择不同的方法进行存储，不同的存储方式对数据的访问速度、格式兼容性、空间占用率等方面都会有影响，因此需要根据实际情况进行选择。常用的 3D 数据表示方法有深度图、点云、体素和网格，其对应的图像表现形式如图 13.3 所示。

a) 深度图   b) 点云   c) 体素   d) 网格

图 13.3   3D 数据图像表现形式

（1）深度图   存储所有像素点的深度值的二维图像，有助于区分前景目标和背景，从而提高分割精度，深度值是相机坐标系下的 Z 坐标值，单位 mm。

（2）点云   3D 扫描设备获取的产品特征以点的形式存储，其中会包含对应点的坐标信息、色彩信息和反射面强度信息，是最接近原始传感器数据的表示形式。

（3）体素   3D 空间中量化的、大小固定的点，相当于三维空间中的最小单位像素。

（4）网格   网格是点云细化分割的一种呈现形式，可实现将多面体表示为顶点与面片的集合，包含了物体表面的拓扑信息，在工业视觉应用中为了快速处理数据用三角形的居多。

4. 3D 视觉应用案例

3D 视觉技术最早应用于工业领域，主要用于工业设备与零部件的高精度三维测量以及物体、材料的微小形变测量。具体案例分析见表 13.1。

表 13.1　3D 视觉应用案例

应用方向	案例实景	案例说明
曲面屏测量		**手机曲面屏幕测量：** 通过 3D 激光扫描传感器可实现对曲面玻璃的弧度、平面度、厚度以及三维轮廓等特征的测量或表面瑕疵检测
食品缺陷检测		**饼干缺陷检测：** 通过测量饼干长度、宽度和高度验证饼干的均匀性，通过检测饼干的缺陷，验证是否存在破碎或裂开的状态等
连接器测量		**连接器测量：** 测量针脚是否存在，针脚间的共面度以及针脚和基准面的高度差等
汽车装配检测		**汽车装配检测：** 采用 3D 扫描仪，进行非接触式无损检测汽车装配，并检测是否满足装配精度要求

　　目前，3D 视觉技术已经经历了从工业级向消费级拓展的过程，随着核心技术的不断突破和迭代，3D 视觉技术正在加快实现大规模产业化应用的步伐。在工业生产时，3D 视觉系统能够胜任大多数工业场景下的检测需求，以更高的检测精度和获取更多维度的信息等优势，持续为工业视觉技术在工业场景中的应用赋能，其技术主要集中在缺陷检测、智能制造等应用中，并且实现从质检等单场景发展到全生产线的赋能。

　　5. 3D 视觉技术的发展趋势

　　随着制造业的智能化和精密加工需求的增长，3D 视觉技术呈现出多样化和高性能化的发展趋势，主要体现在以下三个方面：

（1）高性能和多场景　3D视觉系统底层元器件、核心算法等技术的快速发展使得成像分辨率不断提高、图像采集速度和传输可靠性明显增强，丰富了工业视觉系统的应用场景。

（2）智能化和实时性　未来，随着人工智能、大数据和云计算等新技术的引入，工业3D视觉系统将变得更智能化、实时化。其中，5G技术的发展将有利于实时计算和数据安全，并降低网络中断的风险。

（3）集成化和融合化　工业3D视觉系统将朝着集成化、小型化的方向发展，各种模组（如光学模组、通讯模组和计算模组等）会逐渐集成在一个设备中；同时，工业视觉传感器与其他传感器相融合，从而实现多个相互协作的传感器进行多层次、多空间的信息互补和优化组合，产生对观测环境的一致性解释，最终得到高质量的判断结果，拓宽工业视觉的应用领域。

3D工具

二、3D 工具

1. 3D 取像工具

在V+平台软件中连接3D传感器（以深视智能相机为例）的工具界面如图13.4所示，主要分为以下四个模块：

（1）3D传感器　显示已添加的3D传感器设备。

（2）交互区　用于采集图像的显示。

（3）参数设置　配置所连接3D传感器的参数，具体说明见表13.2。

（4）高级选项　传感器高级参数配置，具体说明见表13.2。

图13.4　3D传感器连接界面

表 13.2　3D 传感器参数配置

模块	参数设置界面	参数及其说明
参数设置	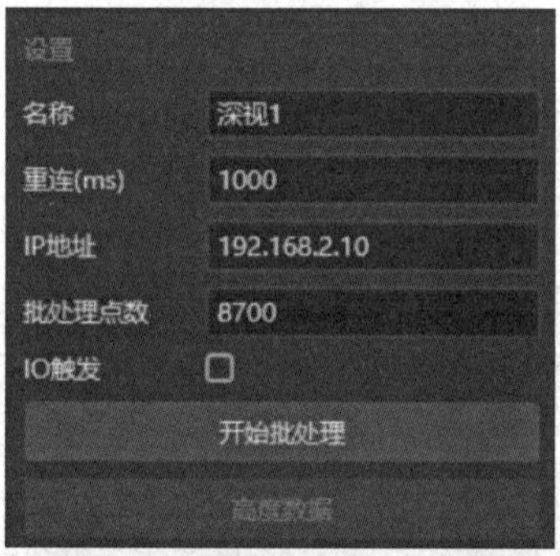 设置 名称　深视1 重连(ms)　1000 IP地址　192.168.2.10 批处理点数　8700 IO触发　☐ 开始批处理 高度数据	名称：所连接传感器的名称，可自定义 重连（ms）：传感器离线后重新连接的间隔时间 IP 地址：传感器的 IP 地址 批处理点数：传感器能采集的总行数 IO 触发：勾选即通过 IO 触发拍照 开始批处理：相机开始采集图像数据 高度数据：采集的 3D 数据查看
高级选项	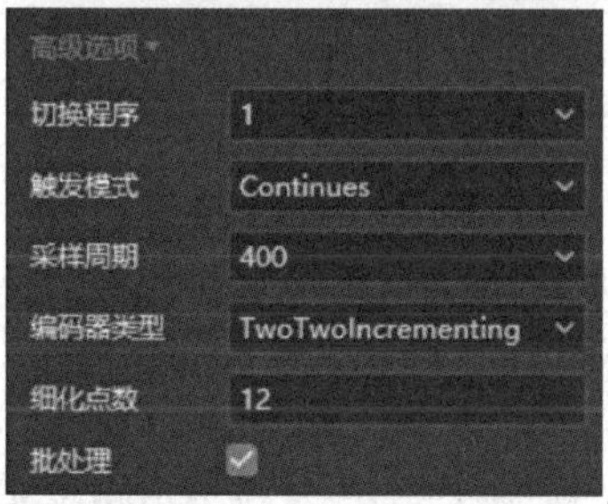 高级选项▾ 切换程序　1　∨ 触发模式　Continues　∨ 采样周期　400 编码器类型　TwoTwoIncrementing　∨ 细化点数　12 批处理　☑	切换程序：根据扫描产品不同可设置不同程序，默认为1 触发模式：选择项依次为连续触发、外部触发、编码器触发 采样周期：两次采样的间隔时间 编码器类型：选择项依次为 1 相 1 递增、2相 1 递增、2 相 2 递增、2 相 4 递增 细化点数：间隔多少脉冲采集一行数据 批处理：必须勾选才可以取像

　　在使用 3D 传感器来采集图像时，会使用 3D 取像工具、Z 转 CogImage16Range 工具，如图 13.5 所示，对应的属性配置说明见表 13.3。

a) 3D取像工具图标　　b) Z转CogImage16Range工具图标

图 13.5　3D 图像相关工具

　　（1）3D 取像工具　该工具实现从 3D 传感器或本地 3D 数据获取图像的功能，具体属性说明见表 13.3。

　　（2）Z 转 CogImage16Range 工具　从 3D 取像工具获取的图像需要经过该工具格式转换为高度图，方可在工具块中进行图像处理，具体属性说明见表 13.3。

表 13.3　3D 图像相关工具属性说明

工具	参数设置界面	参数及其说明
3D 取像工具	 属性　输出 源▾　📷 🖼 设备▾　深视1 参数组▾ 图像模式　○ 灰度　◉ 彩色 保存设置▾ 保存　☑ 路径　Images 文件名　3D_Data 文件类型　ZMAP 高级设置▾ 行数　1000 超时(s)　20	源：可选择相机或者本地图像 设备：选择已连接的 3D 传感器 图像模式：可选择灰度或者彩色 保存：勾选保存，即在取像完成后保存 路径：设置图像的存储路径，可选择指定文件夹或链接前置工具拼接的路径 文件名：自定义所取像的名称 文件类型：图像存储的类型，默认为 ZMAP 行数：需要和"批处理点数"保持一致 超时（s）：取像工具最长运行时间 注：当"源"选择本地图像时无高级设置参数

（续）

工具	参数设置界面	参数及其说明
Z 转 CogImage 16Range 工具	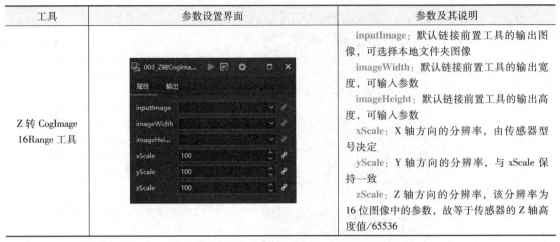	**inputImage**：默认链接前置工具的输出图像，可选择本地文件夹图像 **imageWidth**：默认链接前置工具的输出宽度，可输入参数 **imageHeight**：默认链接前置工具的输出高度，可输入参数 **xScale**：X 轴方向的分辨率，由传感器型号决定 **yScale**：Y 轴方向的分辨率，与 xScale 保持一致 **zScale**：Z 轴方向的分辨率，该分辨率为 16 位图像中的参数，故等于传感器的 Z 轴高度值/65536

2. 3D 测量工具

3D 测量技术指的是利用各种方法对被测物体进行全方位测量，在 V+平台软件中能实现的 3D 测量功能，主要包括平面夹角、高度测量、平面提取、体积测量，如图 13.6 所示。其相关工具在工具块中分别为 Cog3DPlanePlaneAngleScript（简称平面夹角测量工具）、Cog3DRangeImageHeightCalculatorTool（简称测高工具）、Cog3DRangeImagePlaneEstimatorTool（简称平面提取工具）、Cog3DRangeImageVolumeCalculatorTool（简称体积测量工具）。

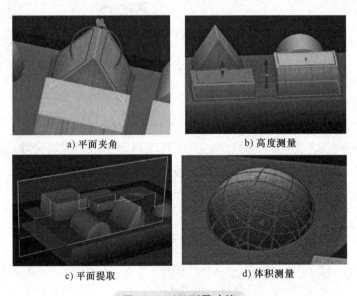

a) 平面夹角　　　　　　　　　　b) 高度测量

c) 平面提取　　　　　　　　　　d) 体积测量

图 13.6　3D 测量功能

例如在测量高度时，其测量流程为：首先，要使用平面提取工具确定测量高度的基准平面，其功能配置界面如图 13.7 所示；其次，使用测高工具确定被测平面并完成高度测量，其功能配置界面如图 13.8 所示。

平面提取工具在使用过程中仅需要三步配置：

1）图中①处为平面拟合算法选择，可选面积（Area）拟合或者多点（Points）拟合算法，多点拟合算法操作相对简单且准确度高。

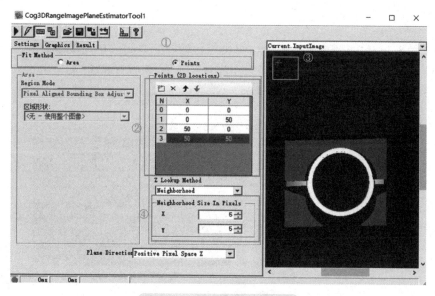

图 13.7　平面提取工具界面

2）当选择多点拟合算法时，在②处默认会给出用于拟合平面的四个点位置信息，其对应在图像中的位置如图中③所示，拖动四个点可将其放在被拟合平面上。

3）为使得拟合过程的鲁棒性更强，可以修改④处的拟合点邻域大小，当前值为"5"，表示会使用拟合点邻域 5 个像素范围内的区域为基准来进行拟合操作。

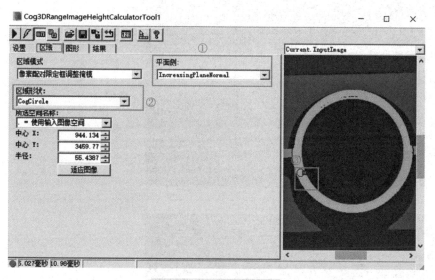

图 13.8　测高工具界面

测高工具在使用过程中可从以下两方面进行设置：

1）在①处设定高度的正方向，当选择法向量的正方向（即 IncreasingPlaneNormal）时，高度值为正；当选择法向量的反方向（即 DecreasingPlaneNormal）时，高度值为负。

2）在②处选择区域形状，当前为圆形，在 "Current. InputImage" 图像缓冲区调整圆形区域到被测高度的表面③处即可。

任务实施

3D 视觉技术相对 2D 视觉而言，可以提供更加精确的空间信息和深度信息，为深入了解 V+平台软件中 3D 工具的使用方法，现采用深视智能（SSZN）8060 型号的线激光测量仪，其 X 方向分辨率为 0.012mm，Z 轴高度为 18mm，对样品进行高度测量，如图 13.9 所示，其主要步骤见表 13.4。

a) SSZN 8060 线激光测量仪

b) 待测样品及其高度

图 13.9　3D 视觉测量基础应用

3D视觉技术
基础应用

表 13.4　3D 测量项目主要步骤

步骤	示意图	操作说明
1		（1）新建项目 13 解决方案，并保存为"项目 13-任务 1-3D 视觉技术基础应用-XXX" （2）单击"菜单"→"设备"→"3D 相机"选项，双击"深视"选项 （3）参照左图设置"深视 1"传感器参数
2		（1）添加"001_内部触发"工具 （2）双击或拖出"图像"工具包中的"3D 取像"工具，并链接至"001_内部触发"工具

（续）

步骤	示意图	操作说明
3	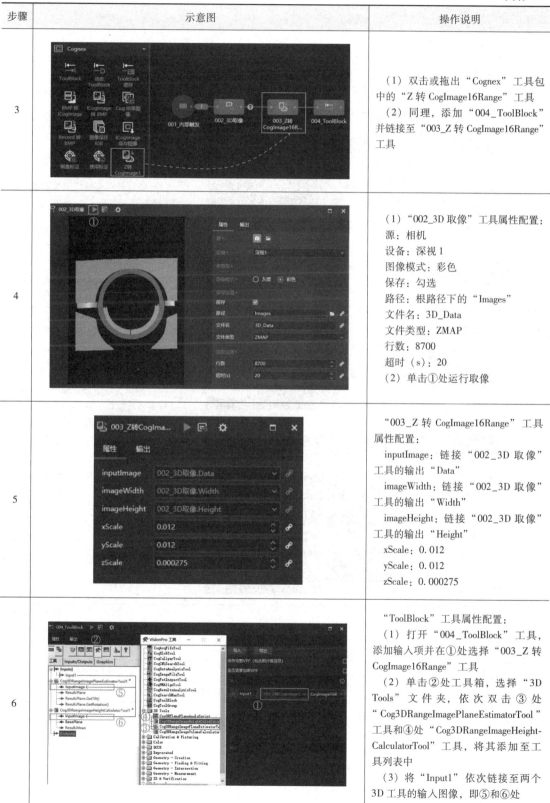	（1）双击或拖出"Cognex"工具包中的"Z 转 CogImage16Range"工具 （2）同理，添加"004_ToolBlock"并链接至"003_Z 转 CogImage16Range"工具
4		（1）"002_3D 取像"工具属性配置： 源：相机 设备：深视 1 图像模式：彩色 保存：勾选 路径：根路径下的"Images" 文件名：3D_Data 文件类型：ZMAP 行数：8700 超时（s）：20 （2）单击①处运行取像
5		"003_Z 转 CogImage16Range"工具属性配置： inputImage：链接"002_3D 取像"工具的输出"Data" imageWidth：链接"002_3D 取像"工具的输出"Width" imageHeight：链接"002_3D 取像"工具的输出"Height" xScale：0.012 yScale：0.012 zScale：0.000275
6		"ToolBlock"工具属性配置： （1）打开"004_ToolBlock"工具，添加输入项并在①处选择"003_Z 转 CogImage16Range"工具 （2）单击②处工具箱，选择"3D Tools"文件夹，依次双击③处"Cog3DRangeImagePlaneEstimatorTool"工具和④处"Cog3DRangeImageHeight-CalculatorTool"工具，将其添加至工具列表中 （3）将"Input1"依次链接至两个3D 工具的输入图像，即⑤和⑥处

（续）

步骤	示意图	操作说明
7	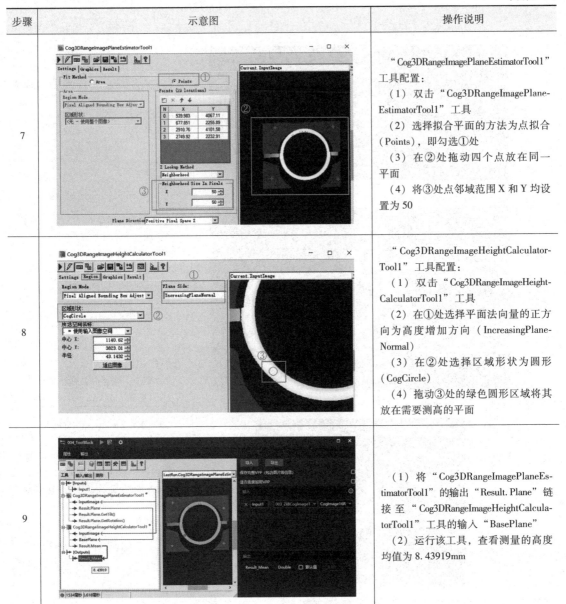	"Cog3DRangeImagePlaneEstimatorTool1"工具配置： （1）双击"Cog3DRangeImagePlane-EstimatorTool1"工具 （2）选择拟合平面的方法为点拟合（Points），即勾选①处 （3）在②处拖动四个点放在同一平面 （4）将③处点邻域范围 X 和 Y 均设置为 50
8		"Cog3DRangeImageHeightCalculator-Tool1"工具配置： （1）双击"Cog3DRangeImageHeight-CalculatorTool1"工具 （2）在①处选择平面法向量的正方向为高度增加方向（IncreasingPlane-Normal） （3）在②处选择区域形状为圆形（CogCircle） （4）拖动③处的绿色圆形区域将其放在需要测高的平面
9		（1）将"Cog3DRangeImagePlaneEs-timatorTool1"的输出"Result.Plane"链接至"Cog3DRangeImageHeightCalcula-torTool1"工具的输入"BasePlane" （2）运行该工具，查看测量的高度均值为 8.43919mm

任务实施记录单 1

任务名称	3D 视觉技术基础应用		实施日期	
任务要求	利用 V+平台软件的 3D 工具测量待测样品高度			
计划用时			实际用时	
组别			组长	
组员姓名				
成员任务分工				

（续）

实施场地	
所需设备 或环境清单	（请列写所需设备或环境，并记录准备情况。若列表不全，请自行增加需补充部分） 清单列表　　　　　　主要器件及辅助配件 工业视觉系统硬件 工业视觉系统软件 软件编程环境 工件（样品） 补充：＿＿＿＿＿＿＿＿＿＿＿＿＿＿＿＿＿＿＿＿＿＿
实施步骤 与信息记录	（在任务实施过程中重要的信息记录是撰写工程说明书和工程交接手册的主要文档资料） 3D相机的连接和取像过程：＿＿＿＿＿＿＿＿＿＿＿＿＿＿＿＿ ＿＿＿＿＿＿＿＿＿＿＿＿＿＿＿＿＿＿＿＿＿＿＿＿＿＿＿ 样品高度测量过程：＿＿＿＿＿＿＿＿＿＿＿＿＿＿＿＿＿＿＿ ＿＿＿＿＿＿＿＿＿＿＿＿＿＿＿＿＿＿＿＿＿＿＿＿＿＿＿
遇到的问题 及解决方案	（列写本任务完成过程中遇到的问题及解决方法，并提供纸质或电子文档）

任务2　深度学习基础应用

 知识准备

深度
学习技术

一、深度学习技术

1. 深度学习概念

概括来说人工智能、机器学习和深度学习覆盖的技术范畴是逐层递减的，三者的关系如图13.10所示。

人工智能（Artificial Intelligence，AI）是最宽泛的概念，是研究、开发用于模拟、延伸、扩展人类智能的理论、方法、技术及应用系统的一门技术科学，通过了解智能的实质，产生一种新的能以人类智能相似的方式做出反应的智能机器。

机器学习（Machine Learning，ML）是当前比较有效的一种实现人工智能的方式，是研究计算机怎样模拟或实现人类的学习行为，以获取新的知识或技能，重新组织已有的知识结构使之不断改善自身的性能。

图13.10　人工智能、机器学习和
深度学习的关系

深度学习（Deep Learning）是一种新的机器学习方法，它基于神经网络（Neural Networks）来处理和分析大量数据，是通过建立能模拟人脑进行分析学习的神经网络模型，计算观测数据的多层特征或标示。与传统的机器学习算法相比，深度学习具有更强的表达能力和更高的准确性，其在许多领域都有广泛的应用，如机器视觉、自然语言处理、语音识别、推荐系统、游戏 AI 等。随着计算能力的提高和大数据的普及，深度学习将进一步推动人工智能技术的发展。

2. 深度学习模型

深度学习模型有很多种，常见的深度学习模型有卷积神经网络、循环神经网络、长短记忆网络、强化学习模型等。其中，卷积神经网络（Convolutional Neural Network，CNN）主要用于模式分类、物体检测等计算机视觉任务。该网络避免了对图像的复杂前期预处理，可以直接输入原始图像，因而得到了更为广泛的应用。

CNN 的核心思想是利用局部连接权值共享的方式来减少网络参数和计算量。与传统的神经网络相比，CNN 可以更好地处理高维数据，并且具有平移不变性和局部相关性等特点。

在传统的工业视觉任务中，算法的性能好坏很大程度上取决于是否能选择合适的特征，而这恰恰是最耗费时间和人力的，所以在图像、语言、视频处理中就显得更加困难。CNN 可以做到从原始数据出发，避免前期的特征提取，在数据中找出规律，进而完成任务。

卷积神经网络一般由输入层、隐含层、全连接层以及输出层组成，如图 13.11 所示。其中，输入层用于接受对应的输入图像数据；隐含层通常由若干卷积层和池化层连接而成，负责特征的提取和组合；提取的特征送入全连接层，并通过激活函数得到最终的输出层判别结果。值得注意的是，整个网络中每一层均由不同权重值的神经元构成，连接前后层网络，起到正向传输预测值和反向调整权重参数的作用。卷积神经网络结构特点及作用如图 13.12 所示。

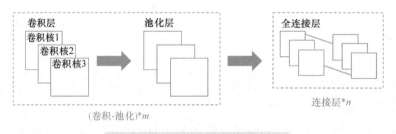

(卷积-池化)*m

图 13.11　卷积神经网络典型结构

（1）卷积层　在卷积层中，输入数据被滑动到一定大小的窗口内，然后与每个窗口内的所有卷积核进行卷积运算。由于卷积核的大小和数量可以根据具体任务进行调整，因此可以提取不同大小、不同形状的特征。这一层的主要目的是将数据与权重矩阵（滤波器）进行线性乘积并输出特征图。

（2）池化层　在卷积神经网络中，池化层对输入的特征图进行压缩，一方面使特征图变小，简化网络计算复杂度。另一方面进行特征压缩，提取主要特征。采用池化层可以忽略目标的倾斜、旋转之类的相对位置的变化，以提高精度，同时降低了特征图的维度，并且在一定程度上可以避免过拟合。池化层通常非常简单，通常取最大值或平均值来创建自己的特征图，如图 13.13 所示。

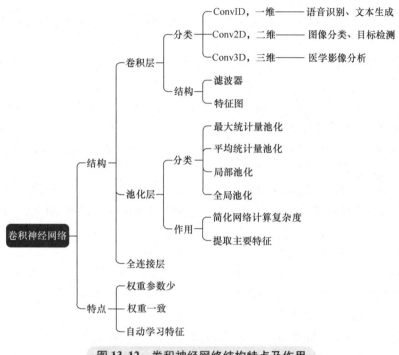

图 13.12　卷积神经网络结构特点及作用

（3）全连接层　在全连接层中，前面的卷积层和池化层提取出的特征图被展开成一维向量，并通过一系列全连接层进行分类或回归等任务。由于全连接层的参数数量非常大，因此可以使用反向传播算法进行训练。

3. 深度学习框架

深度学习框架是指通过高级编程接口为深度神经网络的设计、训练、验证提供组件和构建模块。常用的深度学习框架有 TensorFlow、PyTorch、Keras、Caffe、MXNet 等。

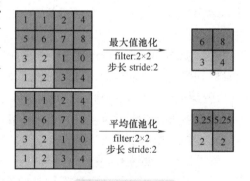

图 13.13　池化层

（1）TensorFlow　TensorFlow 是一个基于数据流编程（Dataflow Programming）的符号数学系统，被广泛应用于各类机器学习算法的编程实现，其前身是谷歌的神经网络算法库 DistBelief。Tensorflow 拥有多层级结构，可部署于各类服务器、PC 终端和网页并支持 GPU 和 TPU 高性能数值计算，被广泛应用于谷歌内部的产品开发和各领域的科学研究。TensorFlow 由 "谷歌大脑"（Google Brain）开发和维护，拥有包括 TensorFlow Hub、TensorFlow Lite、TensorFlow Research Cloud 在内的多个项目以及各类应用程序接口（Application Programming Interface，API）。自 2015 年 11 月 9 日起，TensorFlow 开放了源代码。该平台的优点如下：

1）灵活性。TensorFlow 具有高度的灵活性，可以用于各种类型的机器学习任务，包括图像识别、自然语言处理、语音识别等。

2）开源。TensorFlow 是开源的，这意味着任何人都可以使用和修改它，从而加速研究和发展。

3）GPU 加速。TensorFlow 支持 GPU 加速，这使得训练大规模神经网络的速度大大提高。

4）分布式计算。TensorFlow 支持分布式计算，这使得在多个计算机上同时运行模型成为可能。

5）强大的工具集。TensorFlow 提供了许多强大的工具集，如 TF-Slim、TF-Learn 等，这些工具可以帮助用户更轻松地构建和训练模型。

6）社区支持。TensorFlow 有一个庞大的社区支持，这意味着用户可以从其他用户的代码和经验中受益，并获得及时的技术支持。

（2）PyTorch　PyTorch 是一个由 Facebook 开发的，基于 Python 的科学计算包，它提供了一个强大、动态的计算图构建系统和用于训练深度神经网络的高级 API。它提供了动态计算图、JIT 编译、自动求导等功能，以及丰富的深度学习框架特性，使得开发者能够快速搭建和训练各种复杂的神经网络模型。以下是 PyTorch 的一些主要特点：

1）动态计算图。PyTorch 采用动态计算图的方式来构建和操作神经网络模型。这意味着可以在运行时修改模型结构，而无需重新定义整个模型，这使得模型开发更加高效，同时也允许在训练过程中进行更细粒度的调整。

2）JIT 编译。PyTorch 使用 JIT（Just-In-Time）编译技术将计算图中的大部分操作转换为机器代码，这有助于提高模型的执行速度，特别是在大规模数据集上训练模型时。

3）张量处理。PyTorch 的核心数据结构是张量（Tensor），它可以表示标量、向量、矩阵等数据类型。张量支持多种运算，如加法、减法、乘法、除法等，以及各种激活函数、损失函数等。

4）自动求导。PyTorch 实现了自动求导功能，允许在计算图中自动计算梯度，这使得优化神经网络变得更加简单，同时提高了训练效率。

5）深度学习框架。除了提供底层的张量操作和自动求导功能外，PyTorch 还提供了丰富的深度学习框架特性，如卷积神经网络（CNN）、循环神经网络（RNN）、生成对抗网络（GAN）等。这些功能可以帮助快速搭建和训练各种深度学习模型。

除此之外，也支持 GPU 加速和社区支持。

（3）Keras　Keras 是一个高级神经网络 API，它允许用户通过简单的 Python 代码构建、训练和部署各种深度学习模型。Keras 基于 TensorFlow 和 NumPy，可以在多种硬件上运行，包括 CPU、GPU 和 TPU。除了具有 PyTorch 的几大特点，还提供了大量的预训练模型，包括图像分类、自然语言处理、语音识别等领域的模型。这些模型可以在不进行额外训练的情况下用于特定的任务。

（4）Caffe　Caffe 是一个基于 C++的深度学习框架，它提供了一个灵活、高效和可扩展的平台，用于训练和部署各种深度学习模型。Caffe 最初是由 Berkeley Vision and Learning Center（BVLC）开发的，并在 2014 年成为 Apache 软件基金会的顶级项目之一。它提供了卷积神经网络、动态计算图、GPU 加速等功能，以及多层网络结构和自定义层接口等特性，方便用户搭建和训练各种深度学习模型。

（5）MXNet 平台　MXNet 是一个开源的深度学习框架，由亚马逊公司开发和维护。它支持多种编程语言和硬件平台，包括 Python、Scala、Java、R 等，并提供了高性能的分布式计算能力，适合大规模数据处理和分布式训练。

除了以上列举的平台，还有很多其他的深度学习平台，如 Torch、CNTK、ONNX 等。不同的框架有不同的特点和适用场景，选择合适的框架可以提高开发效率和模型性能。

4. 深度学习在工业视觉领域的应用案例

传统工业视觉项目的程序设计一般包括预处理、特征提取、参数设置等若干步骤，后续设计的顺利与否很大程度上取决于技术人员手动设计的特征好坏。因此面临的核心难点问题是，人工设计的特征如何适应不同位姿、不同光照、不同大小，甚至目标遮挡、交叠、扭曲、弯折的情况。那么深度学习搭载在工业视觉中，要实现的关键目标便是：不需要人工来设计特征，而由机器根据经验来自动设定；无需人工设置或修改过多的工作参数；视觉算法具备不断改进的构架。

为了满足工业生产实际或其他应用场景对时间与精度的要求，以前采用的方法是尽可能通过光源或光学成像系统的设计或其他约束条件，来尽量降低图像或视频的多变性和复杂性，降低噪声与干扰，尽量使识别目标种类较少、形状特征相对简单。但是客观上，一方面有不少工业应用场景同样存在复杂多变的特点，很难通过外部条件约束来达到传统简单工业视觉算法所要求的条件；另一方面，有些工业产品对象的图像检测分析任务对于传统工业视觉算法来说一直是一个巨大挑战。

下面展示几个深度学习在工业视觉领域和工业生产过程中的实际案例。

（1）工件颜色分类 在实际生产快速上下料分类的过程中，产品常常不能保持固定的位姿和角度，加之产品颜色的多样化，使其在同种同角度光源下，常存在不同视觉效果。传统的视觉方案常通过多种光源、多种角度进行拍摄，获取稳定的图片效果，但效率较低，且仍然存在一定概率的产品超出视野范围、图像模糊、过曝等情况，如图 13.14 所示。

图 13.14 工件颜色分类图像

训练多姿态、多颜色、多种打光效果的图片，使用深度学习分类工具可以正确区分颜色，并将颜色名称和得分情况显示在图片中，如图 13.15所示。

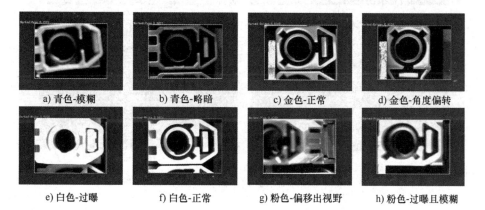

a) 青色-模糊　　b) 青色-略暗　　c) 金色-正常　　d) 金色-角度偏转

e) 白色-过曝　　f) 白色-正常　　g) 粉色-偏移出视野　　h) 粉色-过曝且模糊

图 13.15 工件颜色分类深度学习结果

（2）柱状塞芯外观缺陷检测　柱状塞芯一般为柱状体，相机架设于产品柱状侧面，机构带动产品旋转一周取图，如图 13.16 所示。

图 13.16　柱状塞芯外观缺陷检测图像

产品本身体积较小，出现缺陷的位置、种类、图像效果都不一致，且有些缺陷并不明显，用传统视觉技术较难找出外观缺陷，此时需要用深度学习缺陷检测工具实现该项目功能，如图 13.17 所示。

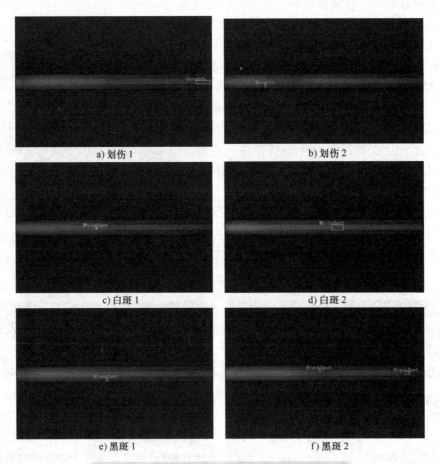

a) 划伤 1　　　　　　　　　　　b) 划伤 2

c) 白斑 1　　　　　　　　　　　d) 白斑 2

e) 黑斑 1　　　　　　　　　　　f) 黑斑 2

图 13.17　柱状塞芯外观缺陷检测深度学习结果

（3）模穴号字符识别　产品表面雕刻模穴号时，常常存在字体不同、凹凸状态不同、金属材质不同所导致的图像效果差异大的问题。使用传统 OCR 工具进行识别时，需要人工训练大量的字符，而导入通用的 OCR 字符识别深度学习模型，可快速识别不同场景的不同字符，且配置简单、准确性更高，如图 13.18 所示。

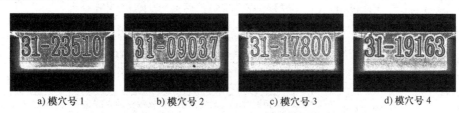

a) 模穴号 1　　　　b) 模穴号 2　　　　c) 模穴号 3　　　　d) 模穴号 4

图 13.18　模穴号字符识别深度学习结果

二、深度学习工具

近年来深度学习在工厂端的落地场景越来越成熟，德创作为国内视觉软件的先驱者和引领者之一，也在不断投入技术研发来解决深度学习在工厂端落地的痛点。在长周期的深度学习产品的过程中，如何降低人工成本，缩短训练验证到部署的周期，一直是困扰使用者的头等难题。**德创新发布的 DCCK DeepLearning 工具包，是专为工厂自动化设计的深度学习视觉软件，其包含了用于对象和场景分类的 Classify 工具，用于缺陷探测和分割的 Detection 工具，用于文本和字符读取的 OCR 工具，如图 13.19 所示。本章节仅介绍 DCCKOCRTool 及其应用。**

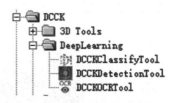

图 13.19　DCCK DeepLearning 工具包

1. DCCKOCRTool 的作用

DCCKOCRTool 提供了图形用户界面，包含预训练模型，无需训练就可快速识别字符文本并显示在图像中。该工具基本支持包含英文、数字和标点符号的全部场景的字符识别，如卷曲、折页、污损、亮度不同、凹凸不同等多种场景，遇到预训练模型识别不准确时，可以通过添加至训练集生成新模型。

2. DCCKOCRTool 的组成

（1）DCCKOCRTool 配置选项卡界面　DCCKOCRTool 配置选项卡界面用于加载模型及配置参数，如图 13.20 所示，相关参数见表 13.5。

图 13.20　DCCKOCRTool 配置选项卡界面

表 13.5　DCCKOCRTool 配置选项卡参数

序号	参数		说明
1	模式	定位+识别	该模式需要先定位字符串位置，再进行识别
2		识别	该模式无需定位，直接进行识别
3	模型加载	定位模型未加载	模式为"定位+识别"时，需要加载已训练的定位区域模型文件所在文件夹；模式为"识别"时，该按钮不存在
4		识别模型未加载	加载已训练的识别模型文件所在文件夹；OCR 训练模型基本通用，可用于多种情况识别字符
5	参数	处理核数	CPU 预测时的线程数，在机器核数充足的情况下，该值越大，预测速度越快，但是核数超出机器的最大值，速度将不再增加，甚至会机器卡顿
6		字符阈值	识别字符的阈值，常规情况下不建议更改，对于背景与字符过亮，可选择降低该值
7		定位框阈值	定位框的阈值，常规情况下不建议更改
8		放大比率	表示定位框与字符所在区域的比率，若字符定位框区域与字符过于紧凑，边缘区域可能会识别错误，可以适当增大该值

（2）DCCKOCRTool 结果选项卡界面　DCCKOCRTool 结果选项卡界面用于显示识别的字符串及分数，如图 13.21 所示。

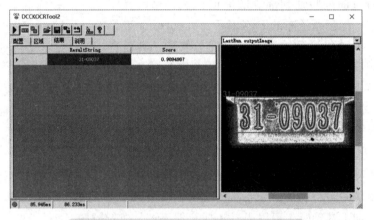

图 13.21　DCCKOCRTool 结果选项卡界面

（3）DCCKOCRTool 说明选项卡界面　DCCKOCRTool 说明选项卡界面用于显示配置参数说明，如图 13.22 所示。

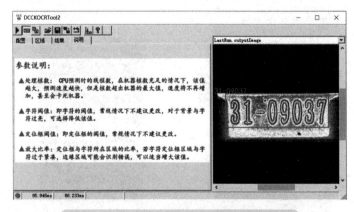

图 13.22　DCCKOCRTool 说明选项卡界面

（4）DCCKOCRTool 默认输入输出项　DCCKOCRTool 默认输入项为灰度图像，默认输出项为识别的字符串文本，如图 13.23 所示。

图 13.23　DCCKOCRTool 默认输入输出项

其中，框选字符串的矩形框的高和宽可由外部进行输入，并且添加输入终端，如图 13.24 所示。

其他深度学习工具（如 DCCKClassifyTool、DCCKDetectionTool 等）操作方式类似，导入训练模型后，可快速运行查看结果，不再赘述。

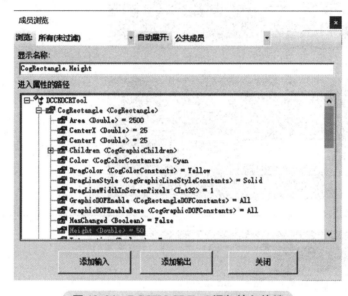

图 13.24　DCCKOCRTool 添加输入终端

深度学习基础应用

任务实施

OCR 深度学习的具体操作步骤见表 13.6。

表 13.6　OCR 深度学习操作步骤

步骤	示意图	操作说明
1		新建"空白"解决方案，保存并命名为"项目 13-任务 2-深度学习基础应用-XXX" 添加"内部触发"和"取像"工具，并相互链接

（续）

步骤	示意图	操作说明
2	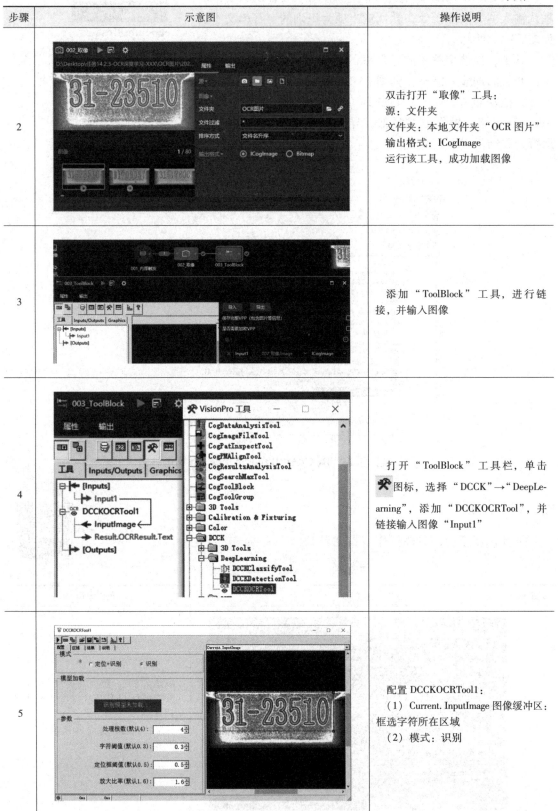	双击打开"取像"工具： 源：文件夹 文件夹：本地文件夹"OCR 图片" 输出格式：ICogImage 运行该工具，成功加载图像
3		添加"ToolBlock"工具，进行链接，并输入图像
4		打开"ToolBlock"工具栏，单击 工 图标，选择"DCCK"→"DeepLearning"，添加"DCCKOCRTool"，并链接输入图像"Input1"
5		配置 DCCKOCRTool1： （1）Current.InputImage 图像缓冲区：框选字符所在区域 （2）模式：识别

（续）

步骤	示意图	操作说明
5	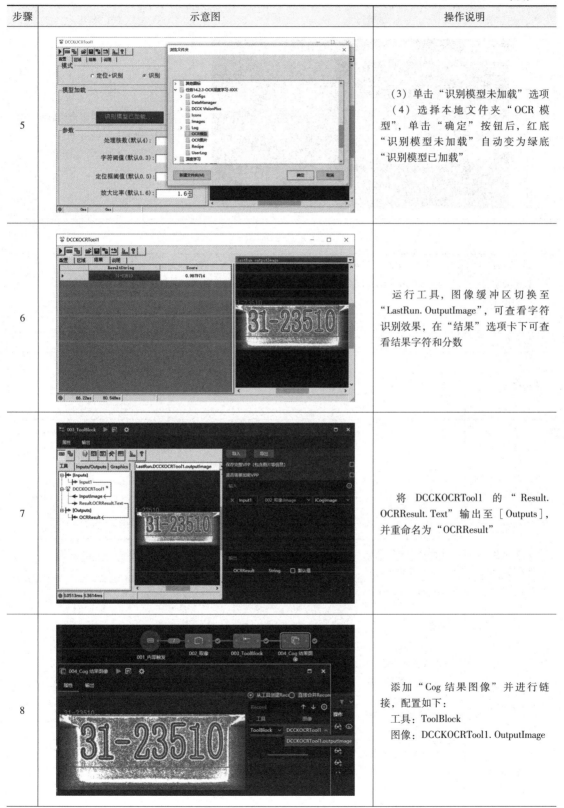	（3）单击"识别模型未加载"选项 （4）选择本地文件夹"OCR 模型"，单击"确定"按钮后，红底"识别模型未加载"自动变为绿底"识别模型已加载"
6		运行工具，图像缓冲区切换至"LastRun. OutputImage"，可查看字符识别效果，在"结果"选项卡下可查看结果字符和分数
7		将 DCCKOCRTool1 的 "Result. OCRResult. Text"输出至［Outputs］，并重命名为"OCRResult"
8		添加"Cog 结果图像"并进行链接，配置如下： 工具：ToolBlock 图像：DCCKOCRTool1. OutputImage

（续）

步骤	示意图	操作说明
9	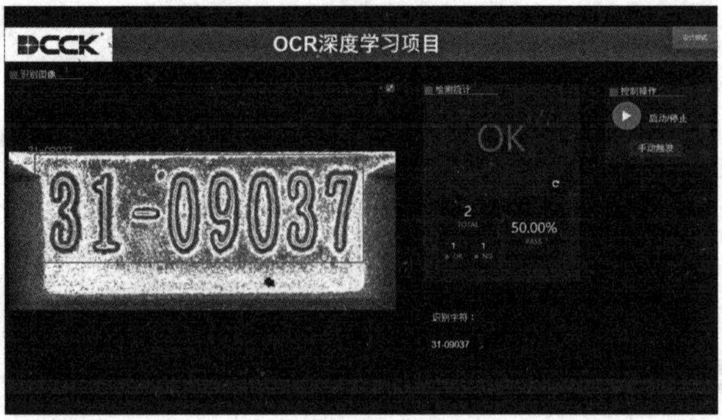	设计 HMI 界面，将识别图像和字符显示到界面中

任务实施记录单 2

任务名称	深度学习基础应用	实施日期	
任务要求	利用 DCCKOCRTool 深度学习工具，正确导入训练模型，识别多场景字符		
计划用时		实际用时	
组别		组长	
组员姓名			
成员任务分工			
实施场地			

所需设备或环境清单	（请列写所需设备或环境，并记录准备情况。若列表不全，请自行增加需补充部分）

清单列表	主要器件及辅助配件
工业视觉系统硬件	
工业视觉系统软件	
软件编程环境	
工件（样品）	

补充：_____

实施步骤与信息记录	（在任务实施过程中重要的信息记录是撰写工程说明书和工程交接手册的主要文档资料） 添加训练模型过程：_____ 输出字符文本过程：_____
遇到的问题及解决方案	（列写本任务完成过程中遇到的问题及解决方法，并提供纸质或电子文档）

技能训练 前沿技术基础应用

随着柔性化、智能生产线的发展，对于应用于各生产加工环节中的三维测量技术提出了更多需求。在智能生产线中运用测量技术能够实现对工件快速准确的三维测量，通过实时获取工件三维尺寸信息能够快速进行后续加工工序，从而提升整个生产线的生产率。而工业视觉产业的快速发展推动着新的技术不断更新迭代，因此，能快速学习和使用先进技术对个人职业发展和前景规划都是至关重要的。

1. 训练要求

1）使用"3D取像"工具读取"项目13-任务1-3D视觉技术基础应用"根路径下"Images"文件夹所提供的"3D.ZMAP"图像数据。

2）测量出图13.9b中圆柱的高度，并保证高度值为正，当高度值在 [8.445, 8.465] mm 范围内则为OK，否则为NG。

3）在HMI界面显示3D图像和测量结果，并优化界面布局。

2. 解决方案

与训练要求对应的参考解决方案如图13.25所示，其HMI界面如图13.26所示。

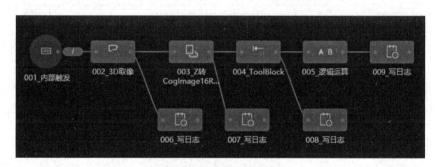

图13.25 参考解决方案

图13.26 参考HMI界面

3. 任务实施验收单

任务名称		前沿技术基础应用		实施日期		
任务实施评价标准	项目列表	考核要求			配分	得分
	职业素养	遵守实训室纪律，不大声喧哗，不无故迟到、早退、旷课			5	
		遵守实训室安全管理规定及操作规范，使用完毕，及时关闭设备、清理归位			10	
		注重团队协作精神，按序操作设备			5	
		注重理论与实践相结合，提高自身素质和能力，增强自身的专业性和效率			5	
	职业技能	能正确使用 3D 取像工具读取本地 3D 图像数据			5	
		能正确使用 Z 转 CogImage16Range 工具			10	
		能在工具块中合理提取测高的基准平面			10	
		能在工具块中正确选择需要测高的平面			15	
		能合理设置参数，保证高度值为正值			10	
		能合理配置平面提取工具中拟合点的相邻区域			10	
		可自行选择添加其他工具，完善 HMI 界面			10	
		能合理布局 HMI 界面，整体美观大方			5	
	合计				100	
	小组成员签名					
	指导教师签名					

（备注：在使用实训设备或工件编程调试过程中，如发生设备碰撞、零部件损坏等，每处扣10分）

综合评价	1. 目标完成情况
	2. 存在问题
	3. 优化建议

 【知识测试】

1. 判断题

（1）3D 视觉技术主要分为主动视觉和被动视觉两大类。（　　　）

（2）3D 点云数据包括被测样品的坐标信息、色彩信息和反射面强度信息。（　　）

（3）Z 转 CogImage16Range 工具只能将深视智能相机获取的 3D 图像转换成高度图。（　　）

（4）3D 视觉传感器可获取的图像类型包括点云图像、深度图像、2D 图像。（　　）

2. 思考题

（1）简述 3D 线激光扫描传感器与双目视觉的差异性？

（2）利用深度学习的 DCCKOCRTool 工具，识别其他场景字符。

参 考 文 献

［1］刘韬，葛大伟. 机器视觉及其应用技术［M］. 北京：机械工业出版社，2019.

［2］宋春华，彭泫知. 机器视觉研究与发展综述［J］. 装备制造技术，2019（06）：213-216.

［3］袁静娴. 攻克工业视觉关键技术［N］. 深圳商报，2023-02-17（A02）.

［4］丁少华，李雄军，周天强. 机器视觉技术与应用实战［M］. 北京：人民邮电出版社，2022.

［5］谢妍，李牧，汪芳. 小型 PLC 的工业以太网通讯研究［J］. 科技信息，2009（06）：204-205.

［6］宋丽梅，朱新军. 机器视觉与机器学习：算法原理、框架应用与代码实现［M］. 北京：机械工业出版社，2020.

［7］宋慧欣. 3D 视觉，机器视觉未来蓝海［J］. 自动化博览，2019（12）：3.

［8］郑太雄，黄帅，李永福，冯明驰. 基于视觉的三维重建关键技术研究综述［J］. 自动化学报，2020，46（04）.

［9］张兰. 3D 视觉检测让智造大开眼界［N］. 机电商报，2022-04-18（A03）.

［10］刘志海，代振锐，田绍鲁，刘飞熠. 非接触式三维重建技术综述［J］. 科学技术与工程，2022，22（23）：9897-9908.

［11］孙毅. 结合 3D 视觉与深度学习的机械臂应用研究［D］. 上海电机学院，2021，DOI：10.27818.